电动挖掘机关键技术及应用

林添良　陈其怀　付胜杰　编著

机械工业出版社

本书针对液压挖掘机的电动化，从工程机械电动化的背景和意义入手，详细介绍了液压挖掘机的基本知识和电动化的关键技术；重点对电动挖掘机的动力系统和驱动方案、主驱电动机及其矢量脉宽调制原理、新型电液控制系统建模及参数优化、新型自动怠速控制技术、基于变转速控制的变压差闭环控制负载敏感系统和基于电动机控制的新型恒功率控制等展开深入的讨论；结合目前的总体研究进展，对各种典型的电动化工程机械样机案例进行介绍和分析。最后，总结了电动工程机械与其他领域应用的电驱动技术的差异，剖析了电动挖掘机技术发展瓶颈与难点，并对未来发展趋势进行了分析。

本书为有志于促进工程机械电动化的技术人员提供研究方向、关键技术和典型案例，可作为机械工程类、电气工程类本科生、研究生的教材或主要参考书，也可以作为专业技术人员和管理人员的专业培训用书。

图书在版编目（CIP）数据

电动挖掘机关键技术及应用/林添良，陈其怀，付胜杰编著 . —北京：机械工业出版社，2020. 8
ISBN 978-7-111-66310-2

Ⅰ.①电… Ⅱ.①林… ②陈… ③付… Ⅲ.①液压式挖掘机 – 研究 Ⅳ.①TU621

中国版本图书馆 CIP 数据核字（2020）第 148307 号

机械工业出版社（北京市百万庄大街 22 号 邮政编码 100037）
策划编辑：张秀恩 责任编辑：张秀恩 刘本明
责任校对：王明欣 封面设计：马精明
责任印制：李 昂
北京铭成印刷有限公司印刷
2020 年 11 月第 1 版第 1 次印刷
169mm×239mm · 16.5 印张 · 340 千字
0 001—1 500 册
标准书号：ISBN 978 - 7 - 111 -66310-2
定价：79.00 元

电话服务　　　　　　　网络服务
客服电话：010-88361066　机 工 官 网：www. cmpbook. com
　　　　　010-88379833　机 工 官 博：weibo. com/cmp1952
　　　　　010-68326294　金 书 网：www. golden-book. com
封底无防伪标均为盗版　机工教育服务网：www. cmpedu. com

前　言

随着社会经济的高速发展，能源和环境保护成为全球面临的共同问题。工程机械是能源消耗大户，也是环境污染的重要黑手，因此，针对工程机械的节能减排，国内外学者进行了大量的研究。随着电动汽车的大规模使用，工程机械的电动化也逐渐引起各主机厂和研究机构的注意。但目前的电动化仅仅是以电动机代替内燃发动机，没有充分发挥电动机的优势，也没有按照电动机的工作特性匹配液压系统。本书作者及所在团队自2011年开始进行电动工程机械相关研究，与国内外多家知名厂家进行了深入合作，研发出了电动轮式挖掘机、电动履带挖掘机、电动装载机、电动重型叉车等多种样机，有些样机已经在工地进行现场施工，获得了使用方的肯定。作者总结了电动工程机械方面的研究心得，并结合目前的研究现状、关键技术等，为从事电动工程机械的科研人员和技术人员提供研发参考，并提供新的研究思路。

本书按照电动液压挖掘机的关键技术展开，系统地分析了电动挖掘机的动力系统及其驱动方案、主驱电动机及液压系统的控制策略等，并结合目前的典型样机，说明目前的技术应用情况。本书第1章简单介绍了工程机械电动化的背景和意义，包括电动挖掘机，电动汽车关键技术、工业用电动机驱动技术及油电混合动力系统的相关技术在电动挖掘机技术中的移植性；第2章对液压挖掘机的发展历程、基本工作循环及挖掘机常用液压系统及其控制策略进行了详细介绍，分析了挖掘机的典型工况及主要的关键技术；第3章首先分析了挖掘机的动力系统和动力总成的复合模式，并对挖掘机的直线运动和旋转运动执行器进行了讨论，最后讨论了几种典型的电动挖掘机的驱动方案；第4章主要讨论了电动挖掘机主驱电动机及矢量脉宽调制原理，从常用电动机介绍、电动机数学模型建立、与电动机连接的液压泵的数学模型建立、空间矢量脉宽调制的基本原理、永磁同步电动机矢量控制策略、矢量控制系统调节器设计及电动机控制策略仿真等方面展开详细讨论；第5章主要讨论了电动挖掘机新型电液控制系统、系统速度控制数学模型的建立及关键元件参数优化设计等；第6章主要讨论了电动挖掘机新型自动怠速控制技术，从怠速系统的分段划分规则、分段控制策略及液压蓄能器与最大负载的压力适应补偿压差优化策略及试验等方面展开，并讨论了永磁同步电动机驱动型电动挖掘机自动怠速控制；第7章主要针对液压挖掘机的液压系统，讨论了基于变转速控制的定量泵负载敏感控制策略、基于变转速控制的变量泵负载敏感控制策略和基于变转速控制的正流量液压系统等，分别讨论了它们的方案、控制策略、仿真和试验；第8章主要讨论了基于电动机控制的新型恒功率控制，详细介绍了分段恒功率控制方案设计、仿真和试验；第9章主要介绍了目前典型的电动化工程机械的总体研究进展，并对改装型电动挖掘机、移动电源车供电型电动挖掘机、蓄电池供电型电动挖掘机、电网蓄电池复合供电型电动履带式挖掘机和全电动挖掘机等典型案例进行了详细介绍；第10章总结了目前电动工程机械技术的特点，分析了电动挖掘机技术发展的技术瓶颈与难点，并对未来发展趋势进行了展望和预测。

本书内容是作者及所在团队在电驱动领域近十年的研究经验和积累，很多研究方案和研究成果均为本团队的研发成果，经过了试验验证和样机的测试。通过阅读本书，读者能够了解目前较为成熟的电驱动方案，包括电动机选型及控制、蓄电池选择、液压系统及控制策略、动力系统匹配等。本书中的大部分方案和结构均为本团队成员及所指导研究生的原创性成果，希望与广大读者共同探讨。

本书由林添良撰写第1~3章和第5~7章，陈其怀撰写第8~10章，付胜杰撰写第4章，全书由林添良统稿。本书在撰写过程中，获得了国内外相关专家学者的支持和肯定，感谢所有从事工程机械节能研究和电驱动研究工作的专家学者，尤其是本书所有引用参考文献的作者，为本书的写作提供的基本素材。感谢作者所在团队的老师和研究生为本书提供的数据、图片等素材，并对初稿提出的一些建设性意见，及在绘制插图和对文字校订工作中付出的辛勤劳动。由于本书的字数较多，参考文献众多，对一些相近的研究只给出了部分的参考文献，而没有一一进行罗列，恳请相关作者谅解。

感谢浙江大学流体动力与机电系统国家重点实验室杨华勇院士、王庆丰教授、徐兵教授和谢海波教授等长期对华侨大学智能电液控制与节能技术研究团队成员的栽培和支持；感谢太原理工大学权龙教授课题组、哈尔滨工业大学姜继海教授课题组、燕山大学孔祥东教授课题组、北京航空航天大学焦宗夏教授课题组、日本日立建机株式会社（Hitachi Construction Machinery Co., Ltd.）、福建华南重工机械制造有限公司、厦门厦工机械股份有限公司等对华侨大学智能电液控制与节能技术研究团队的支持和关心！

本书在成稿过程中难免存在疏漏和不足之处，恳请读者批评指正。

作者

目　录

第1章 工程机械电动化的背景和意义

1.1 工程机械节能的背景和意义

1. 能源危机和环境污染

随着社会经济高速发展，我国对石油的需求量也越来越大。从1993年起，我国已成为石油净进口国，2019年我国进口原油已达5.06亿t，对外依存度高达70.8%。《BP世界能源统计年鉴2019》调查报告指出，尽管中国的经济增长正在放缓且经历结构转型，但中国仍保持其作为世界上最大的能源消费国、生产国和净进口国的角色，其中2018年中国占全球能源消费量的24%和全球能源消费增长的34%。我国连续12年成为全球能源消费增长最主要的来源。研究数据显示，由于新发现储油地的进程较为缓慢，且石油消耗量依然维持较高的增长率，若依照现在的趋势，则全世界石油资源只可用到2038年。我国由于地理位置特殊，石油问题相对于其他发达国家更加严重。

从对环境污染的角度来看，内燃发动机消耗的燃油越多，排放出来的污染物也越多，排放中的有害物质包括氮氧化物、碳氧化物以及硫氧化物等。这些有害物质的排放不仅会危害人体健康和严重影响植物正常生长，而且会导致气温异常变化。随着城市化、工业化发展，内燃发动机驱动型车辆的有害排放物已成为城市空气的主要污染源。

2. 日益严格的排放标准

全球环境污染不断恶化，世界各国十分重视绿色环保问题。美国自2011年1月1日起，对于非道路使用的中、重型柴油发动机和功率大于560kW的大功率内燃发动机，实施了Tier4排放标准；自2013年1月4日起，欧盟宣布对部分新款公共汽车和重型载货车辆执行欧Ⅳ排放标准。为防治污染、保护和改善生态环境，我国也于2014年6月发布了《非道路移动机械用柴油机排气污染物排放限值及测量方法（中国第三、四阶段）》（GB 20891—2014）国家标准，该标准规定自2014年10月1日起，凡进行排气污染物排放型式核准的非道路移动机械用柴油机都必须符合标准第三阶段要求，进一步减轻因为此类机械设备不断增长的保有量和使用量给环境带来的压力。2018年，生态环境部发布的《非道路移动机械污染防治技术政策》提出，以柴油机等内燃发动机作为动力的非道路移动机械至2020年要求达到国四的排放标准，至2025年达到国际先进排放标准。

3. 工程机械油耗大和排放差

作为内燃机产品除汽车行业之外的第二大用户，工程机械所用柴油发动机排量大、油耗高，但由于我国内燃发动机研发水平和经济成本的双重压力使得我国工程机械的排放标准难以升级，与汽车行业相比更为宽松，因此对环境的污染比其他内燃机使用行业更为严重。统计数据表明，工程机械领域中污染物的排放量占全部移动机械排放源排量的14%，已成为全球环境最为严重的污染源之一。以挖掘机为例，其燃油消耗量占全国各行业燃油消耗量的9.7%，是不可忽视的主要污染排放源。在一些特殊的作业环境下，如封闭的隧道、高原环境、市区作业、矿山作业，传统工程机械依然存在较多问题。

以某型号20t挖掘机为例，每小时的耗油量在20~30L左右，相当于一辆小型汽车行驶300~450km的耗油量；在正常工作相同时间内，一台20t挖掘机的废气排放量相当于30辆小型汽车的废气排放量。因此，工程机械行业节能减排责任格外重大。

4. 节能减排符合国家发展规划

2011年，中国工程机械行业协会发布的"十二五"产业发展规划中，将"开展工程机械产品节能技术研究和工程机械产品能源多样性技术研究"作为"十二五"期间重点突破的科技发展目标。在"十二五"期间，节能减排、绿色制造成果丰硕。在节能技术方面实现轮式装载机节能5%~12%，液压挖掘机节能5%。通过产品结构优化和轻量化设计，装载机、叉车等产品取得降低整机质量5%~8%。减振降噪的科技攻关也取得重大突破，装载机整机噪声降到72dB，液压挖掘机整机噪声降到71dB，达到了国际先进水平。全行业单位工业增加值综合能耗从2010年的0.0758t标煤/万元，到2014年下降为0.0688t标煤/万元，整体保持下降趋势。2016年3月28日发布的"十三五"产业发展规划中将绿色节能产品继续列为"十三五"期间行业需要重点开发的九大类创新产品之一，力争在"十三五"期间实现我国工程机械提质增效升级，产业能耗强度下降，综合利用率大幅提升。因此，从长远来看，节能环保型工程机械将成为市场的基本准入标准，节能技术研究可以为国家、社会乃至用户带来显著的经济社会效益。

5. 弯道超车，实现工程机械强国梦

我国工程机械产业经过多年的发展，已经成为我国的支柱产业。但我国是一个工程机械大国，而不是工程机械强国。尤其是在内燃发动机和高端液压件方面一直无法超越发达国家。而在发展新能源工程机械上，中国与发达国家站在同一起跑线上，且还在关键技术领域处于领先地位。但是与汽车相比，工程机械的工况波动更为剧烈，工作模式更为复杂，汽车领域的电动化技术并不能直接移植到工程机械领域。因此，以工程机械电动化为契机，推进工程机械进程，不仅可以实现在液压行业引领全球，也可以从整体上推动我国工程机械技术的发展，实现我国从工程机械大国迈向工程机械强国的目标。

综上所述，工程机械的节能效果已成为衡量其先进性的一项重要指标，国内企业生产的工程机械产品能量利用效率低下、排放污染严重、噪声大，因此，在未来相当长的一段时间内，节能减排仍然是工程机械行业的重要研究方向。在此背景下，国家在环保方面对工程机械企业实施一些技术整改政策，主要集中在排放标准的升级和新能源使用两个方面。环保型产品的研发已经关系到企业的生存与发展，工程机械企业纷纷努力寻求新的节能减排技术突破，以提高产品的市场竞争力。与此同时，我国工程机械行业也逐渐开始了技术升级和创新，环保节能型产品是未来的发展方向。

1.2 工程机械动力节能技术

为适应恶劣的工作环境和剧烈波动的负载，工程机械主要以机械式柴油发动机为原动机，通过液压系统来传递动力。受制于负载工况的剧变特性，动力源、液压系统和负载较难完全匹配，使得内燃发动机的燃油经济性较差，能量损失十分严重。随着电喷内燃发动机、高效率液压柱塞泵、马达以及其他液压元器件等的装机应用，工程机械的能量利用率得到一定提高。但动力源、液压系统和负载三者之间的功率不能实现完全匹配始终是工程机械难以克服的问题，且该难点造成内燃发动机和液压系统的能量损失各占工程机械总能量损失的 35% 左右。此外，随着世界各国对绿色节能与环保问题的日益重视，特别是在城市的园林建设和市政工程中，柴油发动机的废气排放和噪声污染是需要重点解决的问题。对此，国内外对工程机械动力技术均做了大量的研究。如图 1-1 所示，主要包括基于传统柴油发动机的功

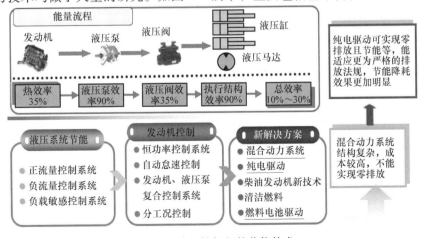

图 1-1 液压挖掘机的节能技术

率匹配技术、混合动力技术、新型内燃发动机技术以及电驱动技术等。

1.2.1 基于内燃发动机的功率匹配技术

如图 1-2 所示，由于内燃发动机输出功率随外负载功率剧烈波动，使内燃发动机工作点分布在各个效率区，导致内燃发动机燃油经济性差。而影响工程机械燃油经济性的一项主要因素是系统的功率匹配。功率匹配主要是采用先进的控制技术，如分工况控制、转速感应控制、恒功率控制、变功率控制、内燃发动机停缸控制以及自动怠速控制等来降低燃油消耗率。这些控制技术在一定程度上提高了动力系统的节能效果，已经被用户和制造商广泛应用于工程机械产品中。

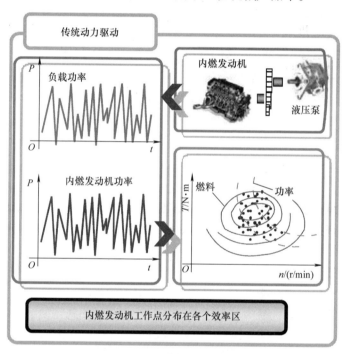

图 1-2 传统内燃发动机驱动系统的功率特点

1. 分工况控制

作为一种典型的工程机械，液压挖掘机能完成多种作业内容：挖掘、装载、破碎、整修和平地等。不同的作业和使用工况中液压泵对功率的需求是不一样的。因此，为了根据实际使用要求来对柴油机和液压泵进行优化匹配，需要进行分工况控制。目前液压挖掘机都有不同的动力模式可供选择，如怠速工况、轻载工况、经济工况和重载工况等，可保证系统既节能高效，又能够满足不同的功能需求。

以国内某厂家的传统 20t 级液压挖掘机为例，内燃发动机的挡位通过旋钮分成十个挡位，驾驶人可以通过显示屏设定负载模式（重载、中载和轻载）。不同挡位、不同负载模式时变量泵的比例电磁铁控制电流的对应关系见表1-1～表1-3。分工况控制实际上就是内燃发动机输出功率的分段输出，因此也必须限制变量泵变量机构的电比例减压阀的控制电流来调整变量泵的吸收功率。

表1-1　重载模式（H模式）下不同挡位和内燃发动机转速、变量泵变量机构的电比例减压阀控制电流的关系

H模式：转速范围：1000～2150r/min；电比例减压阀控制电流：（380±15～635±15）mA（根据负载的不同而变化）

挡位	1	2	3	4	5	6	7	8	9	10
转速 r/min	1000	1200	1350	1500	1600	1700	1800	1900	2000	2150
电流/mA	0	0	0	380	420	430	450	500	580	635

表1-2　中载模式（S模式）下不同挡位和内燃发动机转速、变量泵变量机构的电比例减压阀控制电流的关系

S模式：转速范围：1000～2100r/min；电比例减压阀控制电流：（300±15～485±15）mA（根据负载的不同而变化）

挡位	1	2	3	4	5	6	7	8	9	10
转速 r/min	1000	1200	1350	1500	1600	1700	1800	1900	2000	2000
电流/mA	0	0	0	300	360	410	430	450	485	485

表1-3　轻载模式（L模式）下不同挡位和内燃发动机转速、变量泵变量机构的电比例减压阀控制电流的关系

L模式：转速范围：1000～1800r/min；电比例减压阀控制电流：0mA（根据负载的不同而变化）

挡位	1	2	3	4	5	6	7	8	9	10
转速 r/min	1000	1200	1350	1500	1600	1700	1800	1800	1800	1800
电流/mA	0	0	0	0	0	0	0	0	0	0

在分工况控制中，内燃发动机的油门位置由驾驶人根据负载的类型按重载、中载和轻载等设定，功率匹配主要通过调整液压泵的排量来最大程度地吸收内燃发动机的输出功率以及防止内燃发动机熄火。因此，分工况控制具有以下特点。

1）只有在最大负载功率下，内燃发动机-液压泵-负载的功率才能匹配得较好，使内燃发动机工作点位于经济工作区。

2）由于挖掘机工况复杂，负载波动剧烈，在实际工作中，最大和最小负载功率是交替变化的。在大部分场合下，虽然液压泵吸收了内燃发动机在其工作模式下所对应的最大输出功率，但负载所需功率远远小于内燃发动机的输出功率，所以内燃发动机输出轴上的转矩也剧烈波动，使内燃发动机在小负载时工作点严重偏离经济工作区。因此，这种传统的功率匹配是不完全的。

3）为满足最大负载工况的要求，在挖掘机的设计中必须按照工作过程中的峰值功率来选择内燃发动机，因此内燃发动机装机功率普遍偏大，燃油经济性差。如果按平均功率选择内燃发动机，容易造成内燃发动机过载，导致内燃发动机过热。

2. 转速感应控制

当柴油机运行在最大功率点时出现过载，其转速会急剧下降直至熄火。转速感应控制中系统实时检测内燃发动机的转速，若发现失速，控制器立刻发出控制信号降低液压泵的排量，进而降低液压泵的吸收功率，可以有效防止失速停车的现象发生。因此，转速感应控制实际上更多是基于内燃发动机的熄火保护，而不是节能优化。图 1-3 为转速感应控制曲线，具体工作原理如下。

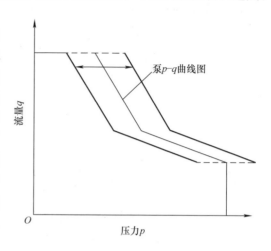

图 1-3　转速感应控制曲线

1) 内燃发动机的目标转速通过内燃发动机控制表盘控制。

2) 整机控制器计算出转速传感器所检测的实际转速和发动机的目标转速的差值，然后整机控制器根据一定的算法产生输出信号，并将控制信号发送到转矩控制电磁阀。

3) 转矩控制电磁阀根据整机控制器的信号将先导压力油供给泵，调节控制泵流量。

4) 如果内燃发动机的负载增加且实际转速比目标转速慢，则泵的斜盘倾角减小，泵输出流量减少，使发动机的负载减小，以防止发动机失速。

5) 如果内燃发动机的实际转速比目标转速快，则泵斜盘倾角加大，使泵输出流量增加，这样可以更有效地利用内燃发动机的输出功率。

3. 恒功率控制

在实际操作中，操作人员不可能根据实际工作情况随时调节柴油机的调速拉杆，只能对当前工作进行经验判断，将调速拉杆固定在某一位置来完成工作。因此，柴油机只有一个最大功率点。为了保证内燃发动机的输出功率得到充分利用，需要对液压泵进行相应的恒功率控制。如图 1-4 所示，液压挖掘机等多执行器复合控制的工程机械一般采用双泵双回路系统。在这种回路中分别对两个液压泵进行全功率控制、分功率控制以及交叉传感控制，保证柴油机处于最大功率点时输出功率被液压泵充分吸收，提高工作效率。但恒功率控制只保证了内燃发动机 - 液压泵之间的功率匹配，而忽视了液压泵 - 执行器之间的功率匹配，因此仍然会存在总功率损失。

4. 变功率控制

针对恒功率控制的缺点，很多学者重视起柴油机‒液压泵‒执行器联合功率匹配控制的研究。高峰等学者提出一种挖掘机载荷自适应节能控制方案，由于负载的波动经液压系统传递后表现为液压泵出口压力的波动，因此通过实时检测液压泵出口压力的变化来控制柴油机调速拉杆位置，使得柴油机输出功率与系统实际所需功率相匹配，从而提高能量利用率。但是由于反馈

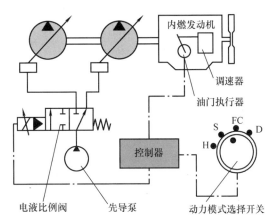

图 1-4　神钢 SK200 动力控制模式

信号只有压力，并不是真正意义上的功率反馈，因此也无法实现柴油机功率的完全匹配。

工程机械的负载变化具有复杂性和多样性，为了进一步提高燃油利用率和整机效率，往往需要综合以上两种或者几种功率匹配控制方法。图 1-5 为一种恒功率与变功率联合的控制策略，控制器综合各种反馈信号，同时对内燃发动机和液压泵进行控制，使内燃发动机‒液压泵‒负载达到良好的匹配。

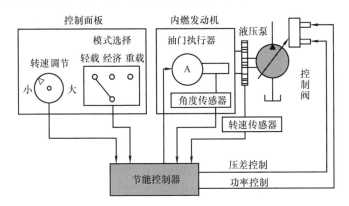

图 1-5　恒功率与变功率联合的控制策略

5. 内燃发动机停缸控制

在工程机械的一个作业循环中，液压泵的瞬时功率较大而输出功率平均值较小，发动机的负荷变化剧烈，为了动态地匹配内燃发动机和液压系统的功率，在分功率控制的基础上，太原理工大学权龙教授团队进一步提出采用发动机停缸控制的方法，在小负荷或怠速时切断部分气缸的供油进行内燃发动机停缸控制，提高内燃发动机的负荷率；在大负荷时恢复供油，使内燃发动机跟踪负荷工作在高效区域，

降低燃油消耗，减少排放，提高内燃发动机在工程机械整个工作循环中的燃油经济性，并保证整机的动力性和较低的制造成本。图1-6为试验测试挖掘机重载模式下（内燃发动机转速 2200r/min），内燃发动机全部气缸工作和内燃发动机第1缸断油停缸时的油耗对比曲线。经测试可知：在重载工作模式下，采用停缸控制技术能使每个工作循环油耗量平均下降13%。内燃发动机转速越高，部分负载工况下越是偏离其高效区，停缸节能效果越明显。

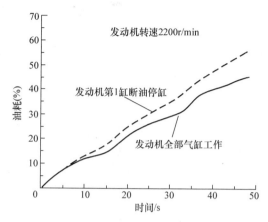

图1-6　重载模式下传统内燃发动机和单缸断油工作节能对比

试验测试也表明，当发动机工作在 2000r/min 的经济模式下，停缸控制技术能使每个工作循环油耗量平均下降11%。

综上所述，基于传统内燃发动机的功率匹配控制能够在一定程度上提高发动机输出功率的有效利用率以及防止熄火，但是由于内燃发动机输出功率波动较大，效率较低，并且只有在最大负载功率下，柴油机与液压泵的功率才能得到较好的匹配，因此节能空间十分有限，且仍存在排放差和噪声大等问题。

1.2.2　混合动力技术

混合动力技术是国际上公认的节能最佳方案之一。最初在汽车领域取得成功，后来受到各工程机械制造企业的青睐，纷纷开展了混合动力系统的研究，逐渐成为工程机械节能减排的重要方案。根据其储能装置的不同，混合动力系统主要包括油电混合动力和液压混合动力。基于不同的储能元件，利用电动/发电动机或者泵/马达的削峰填谷作用，对内燃发动机输出转矩进行均衡控制，从而降低内燃发动机的功率等级，使内燃发动机工作点始终位于经济工作区；同时基于电量储存单元也可以对回转制动动能和机械臂的重力势能等进行电气式回收与再利用。

混合动力系统的功率特点如图1-7所示。

1. 油电混合动力技术

根据原动机配置形式的不同，油电混合动力可分为串联式、并联式和混联式。混合动力系统中的超级电容和蓄电池作为蓄能元件，可以维持内燃发动机工作在高效区内，提高燃料的利用率，降低尾气排放。在综合考虑了系统的节能、排放、布局和成本等因素的基础上，工程机械上应用的油电混合动力驱动方式主要有两种：串联混合动力驱动方式和并联混合动力驱动方式，而结构设计更加复杂的混联式混合动力系统还没有成熟的应用。

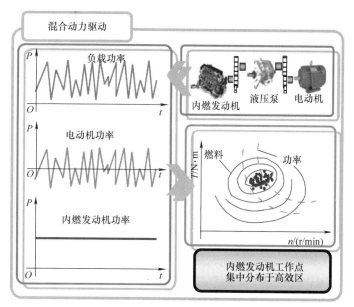

图 1-7　混合动力系统的功率特点

油电混合动力的优点主要体现在以下三个方面：①利用电动/发电动机的削峰填谷作用，对内燃发动机输出转矩进行均衡控制，不仅可以降低内燃发动机的功率等级，而且能使内燃发动机工作点始终处于经济工作区；②基于油电混合动力系统中的电量储存单元，可对回转动能和机械臂的重力势能等进行回收；③利用电动机控制技术，对每一个执行器都采用闭式传动方案，从而取消了多路阀控制，彻底消除了阀内的节流损失。

近年来，采用内燃发动机和电动机进行复合驱动的油电混合动力挖掘机成为了国内外的研究热点之一。目前，国内外有多个行业巨头和科研机构正在进行油电混合动力挖掘机的研发，国外有小松、日立建机、神钢、卡特彼勒、凯斯、早稻田大学、首尔大学、蔚山大学等，国内有浙江大学、三一重工、中联重科、山河智能、柳工、徐工、江麓机电、吉林大学、中南大学等。

（1）国外研究现状

2004 年 5 月，小松研制出了世界上第一台油电混合动力液压挖掘机；2006 年，纽荷兰与神钢联合研制推出了 7t 串联式油电混合动力液压挖掘机；2008 年 6 月，小松率先推出世界首台 20t 级 PC200 - 8 型油电混合动力挖掘机，采用并联式混合动力系统；2009 年 5 月，凯斯推出 CX210B 型混合动力挖掘机；2011 年，日立建机在"2011NEW 环境展"上推出了油电混合动力液压挖掘机"ZH200"，燃油效率比该公司原产品"ZX200 - 3"提高了 20%；2011 年，小松在北京 BICES2011 展会上推出了新一代油电混合动力液压挖掘机 HB205 - 1，实现了对发电动机、回转电动机、内燃发动机的最佳控制；神钢建机在 BICES 2011 上也展出了油电混合动力液压挖掘机 SK80H－2，该挖掘机可降低 40% 的 CO_2 排放，降低燃耗 20%；2012年 4 月，法国巴黎举行的 INTERMAT2012 展会上，日本小松又推出了 HB215LC－1 第二代混合动力液压挖掘机；2013 年，在德国慕尼黑工程机械宝马展上，利勃海尔推出了世界上第一台油电液混合驱动 R9XX 概念型混合动力液压挖掘机。这款挖掘机整机质量约为 40t，将电能回收技术与液压能回收技术相结合，提出了"液压－电－能量管理"的技术。该挖掘机工作时，上车平台回转由电动机驱动，可实现回转制动时的能量回收，所回收的电能储存在超级电容中；动臂下降时通过液压方式将其势能转化成液压能，并储存在蓄能器中，这样就最大程度上减小了液压系统的节流损失。这些储存在超级电容和蓄能器中的能量，不仅可以用来驱动回转和动臂的提升动作，还可以分别通过安装在内燃发动机上的电动机以及可逆泵/马达辅助驱动内燃发动机工作。该集成动力系统可实现两倍于内燃发动机装机功率的峰值驱动能力。因此，R9XX 仅需要配备 160kW 的内燃发动机即可，而通常情况下，40t 级的液压挖掘机至少需要使用 200kW 左右的内燃发动机才能满足系统对动力的要求。国外油电混合动力液压挖掘机样机如图 1-8 所示。

小松　　　　　　日立　　　　　　神钢　　　　　　现代

利勃海尔　　　　　　　凯斯　　　　　　　卡特彼勒

图 1-8　国外油电混合动力液压挖掘机样机

串联式油电混合动力的代表是神户制钢所的串联式油电混合动力液压挖掘机，动力系统如图 1-9 所示，该系统同时采用蓄电池和超级电容为储能元件，综合了蓄电池比能量高和超级电容比功率高的优点。这种串联式结构中，内燃发动机与负载之间无直接机械连接，因此内燃发动机工况稳定，排放低；但是由于内燃发动机输出的能量要经过机械能－电能－机械能的转换流程才能驱动液压系统，因此效率较低，元件的装机功率较大。

并联式油电混合动力液压挖掘机的代表是小松公司采用并联式油电混合动力驱动的液压挖掘机系统方案，如图 1-10 所示。该系统的特点在于内燃发动机输出的

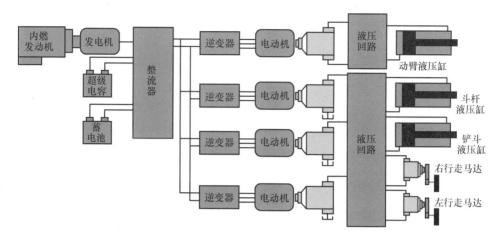

图 1-9　神户制钢所的串联式油电混合动力液压挖掘机动力系统

能量并不是全部用来发电，而仅仅是将驱动液压泵剩余部分的机械能通过电动/发电动机转化为电能，经整流储存在储能单元中并再利用。与串联式系统相比，并联式油电混合动力系统的布局比较复杂，对控制系统的要求比较高，但内燃发动机的装机功率相对要小，能量转化流程较短。因此整体驱动效率较高，油耗较低。

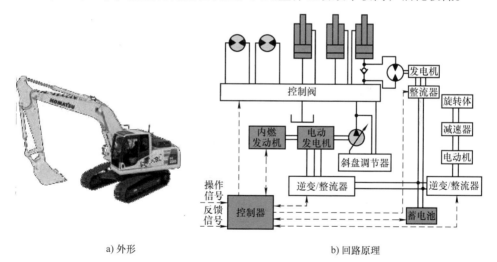

a) 外形　　　　　　　　　　　b) 回路原理

图 1-10　小松并联式油电混合动力液压挖掘机系统方案

（2）国内

国内的浙江大学流体动力与机电系统国家重点实验室自 2003 年开始油电混合动力液压挖掘机的研究工作，在动力复合模式与参数优化、动力系统控制、电动回转及制动能量回收、机械臂势能回收等关键技术方面进行了系统性的研究，并成功研制了集整机能量管理与控制、内燃发动机工作点动态优化、电动回转制动能量回收、机械臂势能回收等技术为一体的油电混合动力液压挖掘机综合试验样机，如图1-11所示。

此外，在国家科技部863重点项目的推动下，国内其他各研究单位（吉林大学、北京理工大学，太原理工大学、中南大学、上海交通大学等）和各主机厂家（三一、山河智能、柳工、江麓机电等）从2008年开始积极开展油电混合动力液压挖掘机样机的研制，也先后推出了各自的油电混合动力液压

图1-11　油电混合动力液压挖掘机综合试验样机

挖掘机，如图1-12所示。山河智能、柳工、徐工、三一、江麓机电等推出的机型采用并联式油电混合动力系统，上车机构采用一个电动/发电动机代替液压马达进行驱动，并通过该回转电动/发电动机来回收上车机构的回转制动动能。

柳工

中联

山河智能

三一

江麓机电

图1-12　国内各油电混合动力液压挖掘机样机

2. 工程机械油电混合动力系统的不足之处

目前，虽然油电混合动力技术在工程机械的节能减排方面取得了一定的成绩，但油电混合动力系统同样具有以下不足之处，限制了该系统的进一步产业化。

（1）能量转换环节较多，导致效率不高

由于能量转换经历了内燃发动机、发电动机、电量储存单元、电动机、液压泵、液压缸、液压马达等多个环节，每一个环节都存在能量损失，因此导致整个转

换过程中的能量损失较大，从而在一定程度上抵消了采用这种技术所能取得的节能效果。同时由于能量存储装置（蓄电池）的功率较小，短时间无法接收和释放较大的能量。因此所吸收的制动能量少（对于制动能量的回收效率只有20%左右），效率低。

（2）成本高

油电混合动力技术使工程机械动力系统从结构上发生了根本变化，对整机制造体系影响巨大，从而造成生产成本的上升，尤其是油电混合动力系统中的电能储存单元的价格偏高，这些缺点无疑严重制约了油电混合动力技术在工程机械上的应用。

（3）系统过于复杂

系统越复杂，技术要求越高，如蓄电池寿命、电源转换效率、重量、可靠性等，都有待进一步提高。用于油电混合动力系统的电动/发电机必须要同时具备可控性好、容错能力强、噪声低、效率高、对电压波动不敏感等性能特点。

3. 液压混合动力技术

液压混合动力系统的辅助动力装置由能量转换元件（液压泵/马达）和储能元件（液压蓄能器）组成，利用液压蓄能器能量暂存特性和液压泵/马达可工作于四象限的特点，对内燃发动机进行功率调峰和再生制动。系统工作时，液压辅助动力装置主动调节内燃发动机工作于燃油经济性较高区域，根据控制策略可以单独或与内燃发动机一起输出动力；制动时，液压泵/马达将制动能转换成液压能，储存在液压蓄能器中，在随后的起动、加速或正常运行工况，制动过程中回收的液压能通过液压马达释放出来，辅助内燃发动机或者单独驱动车辆行驶。

液压混合动力技术能显著降低油耗和提高经济性，主要体现在以下四个方面。

（1）运用再生制动技术回收制动能，减少了能量损耗

传统装载机、推土机等在减速或者制动时，大部分的动能都以制动蹄片的摩擦、内燃发动机的机械摩擦、泵损失等形式耗散。同理，传统液压挖掘机在机械臂下放和转台制动时也存在大量的负值负载消耗在节流口上。液压混合动力系统采用液压二次元件（液压泵/马达）和液压蓄能器可以对负值负载进行能量回收，在装载机加速或起动时释放或者液压挖掘机驱动重载时释放，辅助内燃发动机驱动负载，从而减少内燃发动机的输出功率。

（2）降低了内燃发动机的装机功率，提高了经济性

在液压混合动力系统中，液压泵/马达还具有为内燃发动机提供功率辅助输出的作用。工程机械在正常工作时并不总是需要内燃发动机提供峰值功率，在降低内燃发动机的排量时，液压马达为内燃发动机提供短暂的峰值功率，使得车辆的动力性并未因内燃发动机排量的降低而减弱。同时内燃发动机排量减小带来的另外一个

优势是，在给定的负荷条件下，排量小的内燃发动机摩擦损失、热损失等方面都较小。

（3）运用主动调节技术稳定和优化内燃发动机工作点

由于利用液压二次元件的液压混合动力系统对内燃发动机的输出特性具有"削峰填谷"的作用，控制变量液压泵/马达的功率状态，可以使内燃发动机持续运行在高效区域。同时减小燃烧不充分带来的效率低下和排放恶化。此外，由于内燃发动机的工况更为平稳，因此可以采用一个国产的内燃发动机代替进口内燃发动机，同样提高了经济性，而这点往往被忽略。

（4）通过内燃发动机怠速来优化节能效果

装载机在作业时，内燃发动机平均有 20% 的时间处于怠速状态。当内燃发动机处于怠速或车辆减速时，将内燃发动机关闭能降低大约 5%～8% 的燃油消耗。与传统的起动电动机相比，液压混合动力工程机械使用的大功率液压泵/马达（工作在马达模式）能够快速起动内燃发动机，在起动初期的 0.5s 之内就把内燃发动机拖动到正常怠速时的转速之上，降低了油耗，减少了燃料的不完全燃烧时间及由此引起的尾气排放量。

液压混合动力技术改善内燃发动机尾气排放的途径表现在以下三个方面：①混合动力整机的经济性提高，直接降低了油耗量。②优化了内燃发动机的工作点，降低了污染物排放的强度。③内燃发动机动态过程相对稳定，为内燃发动机排放的后处理降低了技术难度。

总体上，油电混合动力技术和液压混合动力各具有自身的优势和不足之处，而且其优缺点也是针对不同时代的技术而言。在现有的技术条件下，与油电混合动力技术相比，液压混合动力技术具有以下优势。

（1）功率密度大

能量密度和功率密度是储能元件最重要的两个参数。由图 1-13 和表 1-4 可知，从能量密度来看，蓄电池（30W·h/kg）和超级电容（10W·h/kg）优于液压蓄能器（1.9W·h/kg），可以长时间提供能量；从功率密度角度来看，液压蓄能器（2500W/kg）优于其他能量存储方式（铅酸蓄电池 200W/kg，镍氢蓄电池 650W/kg，超级电容 1000W/kg）。只有高功率密度系统才能在短时间内满足制动时的能量转换和储能要求。虽然超级电容的功率密度、效率、放能度和环保性能优良，但其较高的使用成本和尚不成熟的技术限制了其应用。从整体上看，液压混合动力具有较高的能量密度，液压元件（液压泵、马达、液压蓄能器）的平均功率密度（1458W/kg）是电传动元件（发电机、电动机、蓄电池）平均功率密度（283W/kg）的 5.15 倍多。因此，对于同等功率的混合动力工程机械，液压混合动力技术可以大大减少质量。与其他能量存储方式相比，液压蓄能器更适用于中重型城市公共汽车、载货车辆和工程机械。

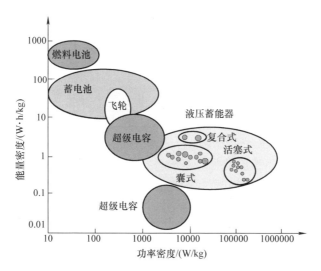

图 1-13　不同储能元件能量密度和功率密度对比

表 1-4　两种混合动力系统功率密度、能量密度和效率对比

系统	关键元件	功率密度 W/kg	能量密度 W·h/kg	效率 100%/20% 功率
液压混合动力	液压泵/马达	3500		96%/85%
	液压蓄能器	2500	1.9	95%/98%
	系统平均	1458		85%
油电混合动力	电动/发电机	600		94%/85%
	电动机控制器	3000	30	—
	镍氢蓄电池	650		77%/93%
	系统平均	283		<50%

（2）循环效率高

循环效率指制动动能从驱动轴进入能量回收系统到回收的能量再次进入驱动轴的效率。与油电混合动力系统相比，液压混合动力系统的能量转换元件——液压泵/马达与电动/发电机的效率相差无几（约89%~93%），但液压混合动力系统没有多次能源转换的循环效率和时间效应的影响。由图 1-14 可见，液压储能系统的循环

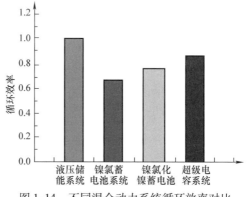

图 1-14　不同混合动力系统循环效率对比

效率明显高于蓄电池系统，甚至高于超级电容系统。新型复合材料蓄能器的出现和液压泵/马达技术的提高，使得液压储能系统的能量循环效率得到了进一步的提升，循环效率可达82%。

（3）成本较低

液压元件目前已经非常广泛地应用在工业的各个领域，其中工程机械大量采用液压驱动方式，经受了各种复杂工况的考验，已经作为工业通用元件大批量生产，因此具有较低的制造成本。而油电混合动力系统中的蓄电池、超级电容、高性能永磁电动/发电机及控制器等成本居高不下。与其他类型的储能系统相比，液压储能系统价格更为低廉。以20t液压挖掘机为例，液压混合动力增加的成本大约为6万元，而油电混合动力系统增加的成本至少17.5万元以上，见表1-5。

表1-5　某20t液压挖掘机不同驱动系统的价格对比（万元）

关键元器件	驱动系统		
	传统驱动	油电混合动力	液压混合动力
内燃发动机	6	5	5
电动机及控制器	0	3	0
回转电动机及控制器	0	3	0
液压泵/马达	0	0	5
液压蓄能器	0	0	1
回收发电机	0	2	0
蓄电池/超级电容	0	6/12	0
电动/发电机冷却系统等	0	0.5	0
液压阀	0	0	1
总计	6	19.5/25.5	12

（4）对环境污染小

蓄电池的使用是不可逆的过程，蓄电池含有大量的有毒原料，如浓缩酸和重金属等，报废后如果处理不当会对环境造成很大的污染。而液压元件的使用具有可逆性，其传动介质是矿物油，目前在大力研究的水液压传动更使液压传动具有良好的环保性能。

（5）可靠性高

液压元件有很成熟的使用经验，有强度较高的外壳，能够承受较大的外力作用，同时其内部的动力传递及存储是物理过程，使用较为安全。液压蓄能器壳体强度大，能够承受来自内部的极限压力，使用寿命长，适于多次、快速、大能量流的能量存储。在工作时可以在液压蓄能器的出口设置一个安全阀，来保证液压蓄能器的工作压力不会超出其合理范围。即使在停机时，液压储能系统还可以自动卸压，避免了自燃、爆炸等危险的发生。液压储能系统可工作于恶劣环境下，受高温、严寒和潮湿的影响明显小于油电混合动力系统。液压蓄能器已广泛地应用于工业领域，技术成熟。因此，液压混合动力系统可靠性更高，易于集成，设备维护简单。而蓄电池内部的能量存储和释放主要是化学过程，安全性不易得到保证。

（6）储能装置重量轻

油电混合动力车辆采用蓄电池或者超级电容等作为能量存储单元，蓄电池通常采用镍氢电池和钠氯化镍电池，液压混合动力系统采用液压蓄能器来存储能量。对于同一类型的混合动力系统，镍氢蓄电池和钠氯化镍蓄电池储能系统质量比液压储能系统高出近 1 倍，超级电容系统的质量也比液压储能系统高出 40%。虽然工程机械由于自身需要配置一定质量的配重，元件质量的增加可以通过合理设置配重来抵消元件质量的增加。但当前在配重位置放置储能元件的方式，由于配重难以装卸的特点，也存在维修不方便等不足之处。因此，更轻的储能系统可以为工程机械合理布置储能元件提供更大的灵活性。

美国卡特彼勒在 2012 年推出了以液压蓄能器为储能元件的第一款液压混合动力挖掘机 Cat336eh，如图 1-15 所示。不同于其他混合动力产品，该机型以回转制动能量回收为主要节能途径，在一个典型的 15s 装载和卸载循环中有两次起动和停止。当回转减速时，液压系统回收能量，当再次起动回转时能量被重新利用。与普通机型相比，该系统的油耗降低约 25%。

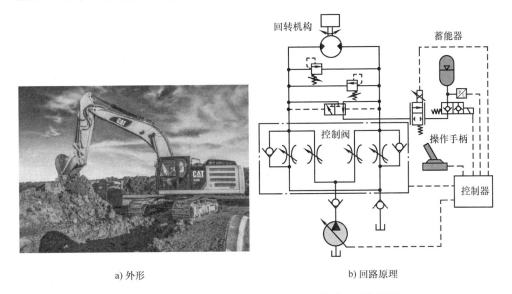

a) 外形　　　　　　　　　　　　b) 回路原理

图 1-15　卡特彼勒液压混合动力挖掘机外形和回路原理

美国普渡大学的 Monika Ivantysynova 教授等成功研发出采用直接泵控技术的 6t 液压混合动力挖掘机，整机回路原理如图 1-16 所示，液压混合辅助动力单元采用转矩耦联方式接入系统。经试验验证，在保持相同工作效率的前提下，较同规格机型降低内燃发动机装机功率50%，较现有负载敏感系统节约燃油50%左右。

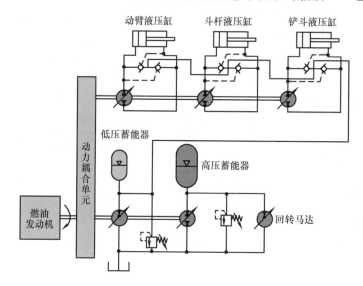

图 1-16　美国普渡大学 6t 液压混合动力挖掘机回路原理

　　国内针对挖掘机整机的液压混合动力研究主要有浙江大学、哈尔滨工业大学和华侨大学等高校以及部分主机厂，如图 1-17 所示。其中山河智能推出的 ES 系列液压混合动力液压挖掘机集成了包括多液压缸机械臂能量回收、回转流量自匹配等多项技术。与传统同级别液压挖掘机相比，节能效果明显，整机油耗最大可降低27%，作业效率提高 25% 以上。此外，徐工、三一均推出了相应的液压混合动力液压挖掘机。

山河智能　　　　　　　　　　徐工　　　　　　　　　　三一

图 1-17　国内各液压混合动力液压挖掘机

4. 混合动力技术的瓶颈

　　综上所述，无论是油电混合动力技术，还是液压混合动力技术，当前混合动力技术始终不能全面普及的原因如下。

　　1) 与车辆不同，工程机械大都为单泵多执行器的系统，内燃发动机功率并不能轻易降低，导致内燃发动机的节能效果比较有限。

　　2) 由于液压回路较长，负载的波动并不能真正实时地传递到液压泵；同时，由于蓄电池充放电速度、液压泵/马达或电动/发电机等混合动力单元难以精确控制转矩和转速，因此动力系统的混合动力单元难以实时动态补偿负载的波动。

3）油电混合动力系统中的能量转换环节较多，且对负载波动剧烈的工程机械来说，油电混合动力系统的电能储存单元更适合采用超级电容，但目前超级电容的价格昂贵。

4）液压混合动力系统采用液压泵/马达 – 液压蓄能器作为能量转换和储能单元，虽然液压蓄能器功率密度大，全充全放能力强，但是液压蓄能器的能量密度小，在吸收内燃发动机富余功率和长时间提供能量方面不如油电混合动力系统，且液压泵/马达的噪声问题也会对其应用领域产生制约。

5）混合动力系统的主要动力单元仍然是柴油发动机，难以从根本上解决排放污染差，噪声大等问题。

1.2.3 CNG/LNG 工程机械

天然气作为燃料，有 CNG 与 LNG 的区别。CNG 是压缩天然气（Compressed Natural Gas，CNG），是天然气加压（超过 3600lbf/in，1lbf/in = 6894.76Pa）并以气态储存在容器中，它与管道天然气的成分相同。液化天然气即为液态的天然气（Liquefied Natural Gas，LNG），是天然气经过低温冷凝等一系列处理，使天然气在超低温（–162℃）常压状态下液化，成为液化天然气。由于 CNG 与 LNG 密度比为 1:3，所以 LNG 发动机的续航能力更长，在工程机械上更具有发展的潜力。

普通的柴油工程机械设备的主要排放物是一氧化碳以及一些氮氧化物，都属于主要的大气污染物；而 LNG 工程机械设备只排放二氧化碳和水，不排放氮氧化物。据统计，LNG 工程机械设备能减少 93% 的一氧化碳、33% 的氮氧化物和 50% 的活性烃气体排放。可见，大规模使用 LNG 工程机械产品将对我国防治大气污染、保护环境起到至关重要的作用。

目前，中国品牌主机企业在 LNG 产品开发中取得一定成果，如在装载机方面，徐工 LNG 装载机在世界上率先应用和实现批量销售（徐工 2011 年在北京 BICES 展会上推出了全球第一台 LNG 装载机）；同时，雷沃重工、临工、厦工等也相继推出了 LNG 装载机系列。在挖掘机方面，山重建机的 LNG 挖掘机也在世界上率先得到应用，并取得一定成绩（山重建机 2012 年在上海 Bauma 展上展出了 LNG 挖掘机）。另外，LNG 在混凝土机械上也取得很好的应用，中联重科、三一重工和中集凌宇还推出了多款技术成熟的混凝土搅拌车等。

然而，LNG 发动机也存在一些问题需要解决：

1）燃气发动机与同级别柴油发动机相比，动力性能还有差别。例如，在重负载工作时，动力调节滞后，不能很好地适应负载变化。

2）不能在密闭的空间里作业。LNG 气瓶在内部压力高时，会通过放气阀门释放瓶内压力，以保证瓶内压力在安全压力内。

3）LNG 气体加注时，需要特殊设备。目前 LNG 工程机械车辆在工地上加注具有很大的局限性，这在一定的程度上限制 LNG 的推广使用。

但是与普通柴油发动机相比，LNG 发动机排放污染物明显减少。研究表明，CO_2 减少 23%、SO_2 减少 70%、CO 减少 50%，为 LNG 发动机尾气或作为燃料使用时排放满足更加严格的标准创造了条件，这对改善 LNG 发动机尾气对大气的污染具有十分重要的意义。

天然气装载机和挖掘机的外形如图 1-18 所示。

图 1-18　天然气装载机和挖掘机

1.2.4　双动力工程机械

双动力工程机械是采用内燃发动机与电动机双独立动力源的驱动模式。内燃发动机与电动机可单独工作也可同时输出，可根据工作场合及要求选择不同的驱动方式。该类型工程机械的工作方式较为灵活、噪声低，既可保证工程机械的爆发能力，又可在一定程度上减少排放，但双动力方案成本较高，控制策略较为复杂，且并未从根本上取代内燃发动机。有代表性的双动力挖掘机主要包括卡特彼勒的300.9D VPS、威克诺森的 803 Dual power 和竹内的 TB216H。

如图 1-19 所示，卡特 300.9D VPS 是一款 1t 级的微型挖掘机，采用洋马9.7kW 内燃发动机，VPS 意为多功能动力系统。该机在卡特 300.9D 挖掘机的基础上，允许机器与其他单独的液压动力单元一起工作，卡特彼勒标配的移动动力单元是卡特 HPU300。卡特 HPU300 采用 2 轮小车式底盘，质量 192kg，安装有一台三相交流电动机，电压 480V，功率 7.5kW，通过液压泵，可对外提供 20L/min、19MPa的液压油。连接软管长度为 10m，可保证损失的能量最小。在室外工作时，卡特300.9D VPS 可不外接 HPU300 动力单元，使用自身的柴油机作为动力，而在室内或者紧邻建筑物工作时，则可接上动力单元，并接通电源，使用电力作为动力，这样即可实现零排放和低噪声。为减少牵引钩等装置，HPU300 动力单元的运输采用驮运的方式，即挖掘机用推土铲托起动力单元，将其挂在车体后部进行移动。当然，短距离移动则通常采用人力推动。

图 1-19　卡特彼勒的 300.9D VPS& HPU300 组合

如图 1-20 所示，德国威克诺森 803 Dual power 挖掘机与卡特 300.9D VPS & HPU300 组合非常类似，该机以威克诺森 803 挖掘机为基础，通过安装外接动力适配装置，并接上 HPU8 动力单元，就变身成为双动力挖掘机。威克诺森 803 Dual power 与卡特 300.9D VPS & HPU300 组合在技术参数上也比较接近。挖掘机都是 1t 级，但功率稍大，内燃发动机也采用洋马，功率 11.5kW，HPU8 上的电动机功率为 9kW，液压方面与卡特的相同，另外其软管长度为 12m，略长于卡特。动力单元的移动方式也与卡特相同。

图 1-20　威克诺森 803 Dual power 挖掘机

如图 1-21 所示，与上述两款不同，竹内 TB216H 挖掘机采用了更加简洁的解决方案，该机以 2t 级的竹内 TB216H 挖掘机为基础，直接增加了一台三相交流电动机。由于微型挖掘机本来就很紧凑了，机体内没有多余的空间，因此增加的部分如同挂在了车体之外。为了避免增加新的动力传动装置，产生布置和安装的麻烦，竹内 TB216H 为电动机配套了独立的液压泵及相应的管路。该机采用的洋马内燃发动机功率为 11.1kW，480V 电动机的功率为 10.6kW。在运用上，竹内 TB216H 挖掘机与前述两款基本类似。要用一句话总结与上述二者的区别，那就是卡特彼勒和威克诺森采用分体式设计，而竹内将外置动力单元集成在机体上。因此与上述二者的区别也就体现在集成与分体上。集成式的无疑更简洁，也无需频繁连接，减小了液压系统污染的可能性，但电缆会相对麻烦。分体式的更灵活，户外工作可以不接动力单元，在室内工作时可以将动力单元停在电缆摆放方便的位置。同时，分体式的可以在现有型号上简单改造，而集成式的就需要专门设计。

图 1-21　竹内 TB216H

无论哪种形式，双动力挖掘机无非是为了满足一些特定的需求。上述三款产品更是针对北美市场，因为使用 480V 工业电压的只有美国、加拿大和少数欧洲国家。对于更广泛的应用而言，接入工业电源并没有那么容易，因此采用柴油机 + 外接电源的双动力并没有很大的发展空间，而以蓄电池提供动力更能满足实际需求。因为小型设备的出动率不高，可以有充足的时间进行充电。

1.3　电动挖掘机简介

1.3.1　电动挖掘机的定义

目前，对电动挖掘机并没有国际标准进行定义，参考电动汽车行业的定义，可定义电动挖掘机为：以车载电源、蓄电池为动力，用电动机驱动液压系统或行走系统的挖掘机。

挖掘机的执行器包括了动臂、斗杆、铲斗等直线运动执行器和回转马达、行走马达等旋转运动执行器。

对于直线运动执行器，电动挖掘机具有多种驱动模式：

1）蓄电池 – 电动缸：采用电动缸技术，无液压传递损失，能耗较低。

2）蓄电池 – 电机泵 – 阀 – 液压缸：保留了传统的阀控技术。

3）蓄电池 – 电机泵 – 液压缸：基于电传动后，新型电液控制节能技术，进一步降低液压系统的能耗。

对于旋转运动执行器，电动挖掘机也具有多种驱动模式：

1）蓄电池 – 电动机 – 减速器：类似新能源汽车，直接电传动，无液压系统损失。

2）蓄电池 – 电机泵 – 阀 – 液压马达 – 减速器：保留了传统的阀控技术。

3）蓄电池 – 电机泵 – 液压马达 – 减速器：采用了泵控马达技术，液压系统能耗较低。

液压挖掘机电动化后，各执行器的驱动可以采用上面几种途径的组合。

1.3.2　电动挖掘机的优势

如图 1-22 所示，与传统内燃发动机驱动或混合动力驱动相比，电驱动是一种真正意义上的零排放驱动系统。工程机械采用电驱动技术具有以下特点。

（1）零排放、零污染、切断传统工程机械对石油的依赖

电动工程机械在行驶及工作过程中没有废气及有害气体排放，对环境保护具有重大意义。电动工程机械的电能可从多种途径获得，如：太阳能、地热能、生物能、潮汐能、水能、核能等，有的为可再生能源，彻底切断对石油的依赖。

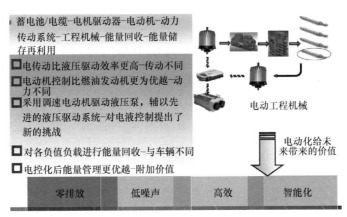

图 1-22　电动化工程机械的优势

（2）效率更高

内燃机效率低，仅有 30% 燃料燃烧释放的能量转化为有效的机械功，其余

70%的能量转换为热量而耗散。而电动机的效率为80%～97%，电驱动系统能量利用率可以达到90%，比内燃发动机驱动系统更加高效节能。电传动技术在传统的固定机械场合具有各种液压节能技术，为将电传动技术应用于工程机械奠定了很好的基础。此外，可以通过进一步优化电液控制技术，降低能耗。

（3）成本收回时间短

随着油价的上涨，用户逐渐越来越容易接受使用成本较低的产品。以8t级发动机驱动液压挖掘机为例，每小时耗油约为10L，按每升柴油7元计算，每小时需要70元；采用电驱动系统后，可以充分发挥电动机在大范围内具有较高工作效率的特点，每小时大约耗电10kW·h，每kW·h按1元计算，则电动挖掘机每小时耗费10元。由此可以看出，电动工程机械大约为传统工程机械耗费的七分之一。8t挖掘机电动化成本大概在10万～15万元，用户基本可在2000～3000h或1～2年即可收回成本。

（4）低噪声

电驱动系统采用变转速电动机代替内燃发动机驱动定量液压泵，相对于内燃发动机，电动机具有优良的调速特性和较宽的调速范围，动力部分引起的噪声和振动，即使是在额定工作转速点，电驱动系统能都将噪声控制在60dB以下，而目前液压挖掘机的最低噪声是71dB；特别是在加速时，电动工程机械的噪声和振动要比传统工程机械低得多。

（5）智能化程度高

电动工程机械的机电一体化程度更高，电动工程机械更利于采用先进的电子信息技术，例如可以借鉴电动汽车的智能化发展，工程机械的智能化可以实现单机集成智能化控制（无人操作技术）、智能数据管理（监控、检测、预报、远程故障诊断与维护等）、基于大数据网络的机群集成控制与智能化管理等，提高工程机械的智能化程度。

（6）安全性更高

电动工程机械在一些特殊应用场合更具优势。比如，在有易燃易爆气体的场所作业时，燃油型工程机械有引爆的隐患；在海拔较高或空气流通不畅的场合，燃油型工程机械容易燃烧不良，导致内燃发动机的工作效率低，出现使用寿命大大缩短的风险。

1.3.3 电动挖掘机的类型

如图1-23所示，电动挖掘机按供电方式可以分为蓄电池供电型、电源拖车供电型、电缆供电型和蓄电池电缆复合供电型四种类型。

1）蓄电池供电型：蓄电池、电动机、电控等三电系统均布置在整机上，三电系统是整机的核心部件，蓄电池的容量决定了整机的作业时间和成本。同时蓄电池需要定期充电，因此适用于轮式挖掘机。目前，动力总成功率小于30kW的迷你挖掘机，其工作电压一般在 DC 300 ~400V 之间，小型以上的挖掘机一般采用 DC 450 ~710V 的工作电压，甚至更高的电压等级。

2）电源拖车供电型：整机的布置和电缆供电型类似，但把蓄电池通过一个单独的装置布置，代替电网对整机进行供电，解决了电网供电的盲区问题。采用移动电源车供电的方法可解决工程机械取电难的问题，通过提升电源车的蓄电池容量可提高工程机械的工作时间以降低整机成本，但在工作过程中需要拖曳电池车移动，限制了工程机械的行走便捷性。该方案更侧重于电池车租赁模式，或作为应急供电备用方案。采用电源拖车供电型并不能从根本上解决工程机械的供电问题。

3）电缆供电型：采用电网直接供电，作业时间不受影响，但是由于液压挖掘机上车机构需要 360°旋转，电网供电装置需要特殊设计，以保证挖掘机做旋转运动时不会对电缆产生影响。电网供电可节省蓄电池成本，但工作范围受到一定的限制，适合在取电方便的区域工作，且由于电缆的限制，工作的灵活度大幅降低。

4）蓄电池电缆复合供电型：整机既可以通过电缆供电也可以通过蓄电池供电。蓄电池的容量可以根据用户的实际工作需求来选配。该方案特别适用于履带式液压挖掘机。

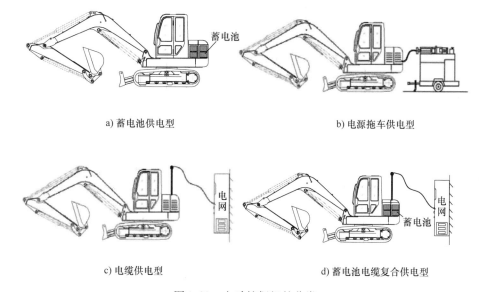

a) 蓄电池供电型　　　　　　　　　　　　b) 电源拖车供电型

c) 电缆供电型　　　　　　　　　d) 蓄电池电缆复合供电型

图 1-23　电动挖掘机的分类

对于上述四种供电类型的电动挖掘机，性能各有利弊，根据使用环境的不同可以选择不同的供电方式。可从以下几方面对其性能进行比较和评估。

1）经济性：从制造、维护和成本考虑。

2）能量密度：从续航能力考虑。

3）安全性：从系统安全角度考虑。

4）工作灵活性：主要从液压挖掘机的取电方式考虑。

5）寿命：主要考虑相关结构元件的寿命，如电池寿命等。

在经济性方面，由于动力蓄电池成本较高，且在充电放电过程中，电能－化学能－电能能量转换环节过多，能量转换效率较低，在用电方面能耗较高。电网取电成本较低且能量转换环节少，因此电缆供电型挖掘机在经济性方面优于蓄电池电缆复合供电型、蓄电池供电型和电源拖车供电型。

能量密度和功率密度方面，由于动力蓄电池发展水平限制，能量密度有限，且续航时长有限，遇到大负载时爆发力不足。而电缆供电型挖掘机从电网取电，具有无可比拟的能量密度和功率密度，续航能力理论上没有上限。因此蓄电池供电型挖掘机和电源拖车供电型挖掘机的功率密度和能量密度都不如电缆供电型挖掘机和复合供电型挖掘机。

安全性方面，动力蓄电池在挖掘机恶劣的工况下容易发生损坏甚至爆炸，电缆供电具有较好的安全性。因此在安全性方面电缆型供电最好，复合型安全性较好，电源拖车型供电由于有外壳保护安全性好于蓄电池型。

从使用寿命方面考虑，动力电池的使用寿命有限，另外由于挖掘机振动等影响，蓄电池供电型挖掘机的蓄电池寿命还要短于电源拖车上的蓄电池寿命，但是电缆供电的结构简单、结实耐用，具有良好的使用寿命。因此在寿命性方面，电缆型和复合供电型最好，电源拖车型次之，蓄电池型最差。

但是从工作灵活性方面考虑，因受电缆长度的限制，电缆型挖掘机只能在一定范围内工作，蓄电池型挖掘机和电源拖车型挖掘机则不受此限制，因此，工作灵活性方面，蓄电池型、电源拖车型和复合型供电方式具有较大优势。

综上所述，电动挖掘机四种供电方案的综合性能见表1-6，四者进行对比，都存在优点和缺点，选择供电方案时可以根据所设计产品的实际工况和用户需求进行选择。

表1-6　电动挖掘机四种供电方案的综合性能比较

供电方式	经济性	能量密度	安全性	机动性	寿命性
蓄电池型	差	一般	较差	好	差
电源拖车型	较差	一般	一般	较好	一般
电缆型	好	好	好	差	好
复合型	一般	好	较好	好	好

1.4　电动汽车关键技术在电动挖掘机技术的移植性

当前电驱动系统在车辆上的应用较为成功，但电动汽车用电动机驱动技术难以直接移植到电动工程机械领域。与车辆相比，应用于工程机械领域的电驱动系统与车辆领域的电驱动系统有着显著的区别，下面以典型工程机械液压挖掘机为例进行说明。

（1）电动机的负载特性不同

液压挖掘机作为一种多用途的工程机械，可进行挖掘、平地、装载、破碎等多种工作模式；挖掘机的工况也较为复杂，一般把工况分为重载、中载、轻载三种。液压挖掘机在工作中通常重复地进行同样的动作，动力源的输出功率波动剧烈并具有一定周期性（15~20s）。以某小型液压挖掘机为例（图1-24），动力源输出功率在大约20s时间里，负载功率在2~15kW之间剧烈变化，导致电动工程机械的运行工况、环境较为复杂且功率密度大，对其各主要部件有更高的动态响应和脉冲过载能力要求。而汽车工况较为平稳，主要包括起动、加速、匀速、制动、上下坡等工况，在大多数平稳行驶过程中，负载稳定，并不需要时刻跟随负载变化而变化，通过一定的控制策略可以使电动机比较稳定地运行在理想区域；而工程机械在工作过程中，负载时刻都在变化，电动机需要随负载的变化而不断地调整以匹配负载需求。

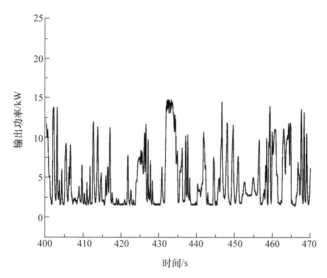

图1-24　某小型液压挖掘机的动力源输出功率曲线

（2）电动机的工作转速范围不同

如图1-25所示，电动汽车用电动机主要是发挥电动机的低速大转矩的特点，在汽车起动时实现快速起动，而在汽车高速行走时，电动机的工作转速较大，但输出转矩较小，即电动机在高速区间采用弱磁控制，扩大电动机的工作范围。而电动液压挖掘机用电动机与电动汽车的工作转速范围不同。传统挖掘机的内燃发动机工作区域为1600~2000r/min，相对其整个转速范围（0~2000r/min）为高速区域。采用电动机驱动后，可以充分利用电动机具有良好的调速性能的特点，电动机的工作转速范围相对原来柴油发动机驱动的工作转速范围更大（300~2500r/min）。但为了保证电动挖掘机在工作转速范围内的作业性能，一般要求电动机在其工作转速范围内的最大输出转矩均不能降低或者恒功率区间不能较小。

（3）动力源各部件之间协调控制问题

挖掘机的负载波动非常剧烈，循环周期短，控制对象除了电动机外，还有液压系统各控制元件和各种状态量（压力）的检测，如何根据液压系统的状态信号反馈动态控制电动机，进而使得整机的效率和操作性能最佳，是一个较大的挑战。而电动汽

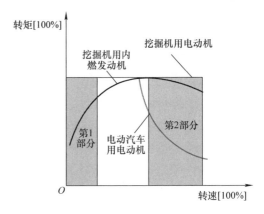

图 1-25　电动汽车和电动液压挖掘机用电动机的外特性曲线

车领域大都为机械传动，电动机驱动器的输入信号主要为油门信号、制动信号等，无须与液压系统相结合，与负载的动力匹配也主要通过机械结构的变速箱来优化。

（4）再生控制不同

电动汽车中，驱动途径和再生途径为一个相同的系统，而且驱动车轮是唯一的负载。在制动时，再生控制策略需要协调再生制动与摩擦制动的关系，保证整车制动性能的安定性，避免再生制动过程中因天气原因、路面状况、制动深度变化引起的制动跑偏、驱动轮抱死等危险；但是液压挖掘机为多执行器负载，驱动途径和能量回收途径一般为两个不同的系统，两者之间通过电能储存单元耦合。同时对于液压挖掘机来说，其机械臂制动和回转制动过程中，驱动器的控制策略侧重点在于如何在保证操作性能的前提下最大程度地回收能量，而不是协调和摩擦制动的关系。

因此，针对电动汽车所面临的具体问题而研究开发的电驱动系统和技术直接移植到工程机械上是不可行的。为了实现工程机械的节能目标，必须针对工程机械的实际作业特点，同样需要开展工程机械用电驱动系统及其控制策略的研究。

1.5　工业用电动机驱动技术难以直接移植到工程机械

工业用电动机一般直接从电网取电，而工程机械一般为移动机械装备，需要采用蓄电池供电，同时工程机械运行工况复杂。因此，与工业用电动机控制系统相比，工程机械电驱动系统对电动机、用电安全及控制系统要求更高。

1）电动工程机械为了动态匹配液压泵和负载的流量，在一个标准工作周期（大约15~20s）能够频繁加速/减速，且加速性能要好，因此对电动机的动态响应要求较高。

2）电动工程机械采用调速电动机后，为了发挥电动机的优势和简化液压系统，

可采用定量泵代替原来的变量泵，必然要求电动机有较宽的调速范围（由液压泵的工作转速范围决定）。

3）电动挖掘机需要长时间工作在挖掘模式，过载能力强。

4）为了提高蓄电池一次充满电后的工作时间，要求动力系统效率高。

5）电动工程机械需要户外作业，对整机用电安全性、可靠性要求更高，比如防护等级 IP68。

因此，工业用电动机驱动系统相关技术不能完全移植到电动工程机械。

1.6 工程机械油电混合动力系统的相关技术在电动领域的移植性

当前，油电混合动力系统主要采用并联式动力系统和上车机构回转电驱动方案，整机的节能效果大约在 10% ~ 30% 之间。由于应用的对象相同，其电动机控制器的相关技术可以为电驱动技术提供借鉴，但和电驱动系统用电动机相比仍然具有以下不同之处。

（1）工作原理不同

油电混合动力系统中电动/发电机主要是平衡负载相对内燃发动机的最佳工作点对应的目标转矩的波动，需要在电动和发电模式之间不断地切换，要求电动机具有较高的功率密度和快速充放电速率，电动机为断续工作制；而电动挖掘机用电动机则为连续工作制，电动机是唯一的动力源，电动/发电机大部分时间都工作在电动模式。

（2）目标不同

油电混合动力电动机的工作转速主要由内燃发动机的油门位置决定，大约在 1600 ~ 2000r/min 之间，电动/发电机主要在某个工作转速范围内提供大范围变化的电动转矩和发电转矩；在电动工程机械中，采用电动/发电机来替代内燃发动机，为了更好地匹配动力源和负载的流量，电动机的工作转速由液压泵的类型限制在 500 ~ 3000r/min 之间，转矩变化范围也很大，而且需要低速大转矩，同时要求电动机运行在较高的效率范围内，避免发生在低速高转矩时烧毁电动机和控制器。电动挖掘机用驱动系统不仅需要追求高效，克服制约电驱动发展的瓶颈问题（动力蓄电池一次充电的工作时间和成本），同时需要保证电动机在宽转速和宽转矩范围内具有良好的工作特性，以适应不同的负载。因此，与混合动力系统相比，电驱动的电动机驱动系统追求的目标更多，且随负载变化而变化。

（3）电动机的工作模式不同

油电混合动力系统中，内燃发动机和电动机机械相连，其工作转速一般通过内燃发动机来设定，电动机倘若也工作在转速模式，必然会导致两个动力源的转矩耦合紊乱，因此，电动机一般主要工作在转矩模式。而电动液压挖掘机中，液压挖掘机的工况更为复杂，要求电动机可以工作在以下多种模式。

- 转速模式

流量匹配：和内燃发动机调速相比，采用电驱动后，考虑到变频电动机在动态响应、速度控制精度等方面的优势，为了提高液压系统的能量利用率，一般通过电动机调速实现液压泵的流量和负载所需要的流量匹配。

精细操作：动作缓慢而细致的作业，如起重、吊装和焊接等。要求液压泵流量较小，但必须稳定。此时电动机的转速较低，但要求转速非常稳定。

- 转矩模式

液压挖掘机在挖掘时，液压系统只需要提供较大的挖掘力，而输出流量非常小，此时电动机工作在低速大转矩模式。同时，当电动挖掘机取消自动怠速时，为了迅速建立起克服负载所需的压力，一般以最大负载压力为目标来驱动电动机，即电动机工作在转矩模式。

（4）对可靠性和安全性的要求更高

与油电混合动力系统相比，在电驱动系统中电动机是唯一的动力源，而电动工程机经常在室外作业，所以必须保证机械装置安全可靠、电路设计合理以及软件稳定安全，要保证小型工程机械的最小返程距离。其次，在某些故障出现时，可以通过切换算法，使电动工程机械能在牺牲一定操作性能的情况下行驶至安全区域或者进站维修。切换过程要保证不损坏硬件电路，切换后工程机械运行平稳。

因此，目前各个领域用的电动机驱动系统都不能直接移植到工程机械用电驱动系统中。

1.7 本章总结

综上所述，工程机械自身的发展特点和新能源汽车三电技术的快速发展决定了混合动力系统难以实现全面商业化，并不适应于工程机械未来的发展趋势。现今，社会的电气化和信息化程度越来越高，而电动驱动不仅是一种真正意义上的零排放高效驱动系统，而且由于整机机电一体化、信息化程度的提高，为在工程机械上应用先进的电力电子控制技术奠定了基础。因此，电驱动系统是工程机械未来发展的必然趋势。

第2章 液压挖掘机简介和电动化关键技术

2.1 液压挖掘机概述

2.1.1 挖掘机分类

液压挖掘机作为国家基础建设的重要工程机械之一，已经广泛应用于建筑、交通、水利、矿山以及军事领域中，是工程机械的主力机种。挖掘机的类型很多，常用的分类和各类型的特点如下。

1）按土方斗数，挖掘机可分为单斗挖掘机和多斗挖掘机。其中，单斗液压挖掘机是一种采用液压传动并以一个铲斗进行挖掘作业的机械，是目前挖掘机械中最重要的品种。单斗液压挖掘机由工作装置、回转机构及行走机构三部分组成。工作装置包括动臂、斗杆及铲斗。若更换工作装置，还可进行正铲、抓斗及装载作业。上述所有机构的动作均由液压驱动。

2）据其工作装置的不同，挖掘机可分为正铲、反铲、拉铲、抓铲四种。正铲挖掘机的铲斗铰装于斗杆端部，由动臂支持，其挖掘动作由下向上，斗齿尖轨迹常呈弧线，适于开挖停机面以上的土壤。反铲挖掘机的铲斗也与斗杆铰接，其挖掘动作通常由上向下，斗齿轨迹呈圆弧线，适于开挖停机面以下的土壤。拉铲挖掘机的铲斗呈畚箕形，斗底前缘装斗齿。工作时，将铲斗向外抛掷于挖掘面上，铲斗靠重力切入土中，然后由牵引索拉曳铲斗挖土，挖满后由提升索将铲斗提起，转台转向卸土点，铲斗翻转卸土。可挖停机面以下的土壤，还可进行水下挖掘，挖掘范围大，但挖掘精确度差。抓铲挖掘机的铲斗由两个或多个颚瓣铰接而成，颚瓣张开，掷于挖掘面时，瓣的刃口切入土中，利用钢索或液压缸收拢颚瓣，挖抓土壤。松开颚瓣即可卸土。用于基坑或水下挖掘，挖掘深度大；也可用于装载颗粒物料。

3）按整车的吨位，挖掘机可分为迷你型（4t 以下）、小型（4~10t）、中型（10~40t）和大型（40t 以上）。日本神钢推出的 Kobelcoss-60 迷你型挖掘机，整机宽约 0.5m、重 250kg、履带宽 14cm，主要用来做玩具和在室内地下室挖管道。

该机是电动的，有110V和240V两种供电模式，整机功率仅2.6kW。大型挖掘机的功率较大，比如，特雷克斯推出的大型液压挖掘机RH400，由柴油机驱动，也有电动机驱动。第一台大型液压挖掘机（830t）于1997年制造，柴油机版使用了两台Cummins QSK60-C柴油机（16缸，涡轮增压），油箱容量为16000L。整机质量1008t，最大功率3235kW，铲斗容量43.58m^3。目前，液压挖掘机的质量从数百千克至数百吨，斗容量从0.01m^{3}到50多m^3，其质量比高达1000倍左右，开发范围相当宽广，生产量在不断扩大。提高机械化程度，大幅度提高生产率，降低人工费用，成为目前挖掘机行业的主要目标。特别是近年来，建筑开发周期缩短，对施工机械要求更高，使得微型液压挖掘机得到了较快的发展，小型挖掘机已达到世界总产量的20%左右。而大型液压挖掘机以同样的速度得到发展，从100t级到800t级，用于大型矿山和建设工程的超大型液压挖掘机不断被开发和生产。以前普通工程施工常用的10t级挖掘机逐步被20t级代替，以提高工作效率。

4）按行走形式，挖掘机可分为轮式挖掘机和履带式挖掘机。如图2-1所示，轮式挖掘机移动方便，行走速度快，一般时速可达到40~50km/h，一般不会破坏路面；但其使用范围狭窄，多以路政或者市内工程为主，不能进入矿山或者泥泞地带，爬坡能力差。履带式挖掘机的优势主要集中到底盘方面。因履带与地面接触面积大，所以在泥泞、湿地等容易陷进去的地方比较好用，所以，履带挖掘机的使用范围比较广泛；另外，因履带是金属制品，在矿山或者工况恶劣的地方也能胜任挖掘作业，越野能力强。但是，履带挖掘机的移动性不好，最高设计时速仅5~7km/h，长距离移动一般只能依赖板车运输。

图2-1 轮式挖掘机和履带式挖掘机

2.1.2 挖掘机发展历程

最初的挖掘机是手动的，从发明到现在已经有约140年的历史，期间经历了由蒸汽驱动回转挖掘机到电力驱动和内燃机驱动回转挖掘机、应用机电液一体化技术的全自动液压挖掘机的逐步发展过程。第一台液压挖掘机由法国波克兰工厂发明成功。由于液压技术的应用，20世纪40年代，研制出了在拖拉机上配装液压反铲的悬挂式挖掘机。1951 年，第一台全液压反铲挖掘机由位于法国的 Poclain（波克兰）工厂推出，从而在挖掘机的技术发展领域开创了全新空间。20 世纪 50 年代初期和中期，相继研制出拖式全回转液压挖掘机和履带式全液压挖掘机。初期试制的液压挖掘机采用飞机和机床的液压技术，缺少适用于挖掘机各种工况的液压元件，制造质量不够稳定，配套件也不齐全。从 20 世纪 60 年代起，液压挖掘机进入推广和蓬勃发展的阶段，各国挖掘机制造厂和挖掘机品种增加很快，产量猛增。1968—1970 年，液压挖掘机产量已占挖掘机总产量的 83%，目前已接近 100%。

第一代挖掘机：电动机、内燃机的出现，使挖掘机有了先进而合适的驱动装置，于是各种挖掘机产品相继诞生。1899 年，第一台电动挖掘机诞生。第一次世界大战后，柴油发动机也应用在挖掘机上。这种柴油发动机（或电动机）驱动的机械式挖掘机是第一代挖掘机。

第二代挖掘机：随着液压技术的广泛使用，使挖掘机有了更加科学适用的传动装置，液压传动代替机械传动是挖掘机技术的一次重大飞跃。1950 年，德国生产的第一台液压挖掘机诞生了。机械传动液压化是第二代挖掘机。

第三代挖掘机：电子技术尤其是计算机技术的广泛应用，使挖掘机有了自动化的控制系统，也使挖掘机向高性能、自动化和智能化方向发展。机电一体化的萌芽约发生在 1965 年前后，而在批量生产的液压挖掘机上采用机电一体化技术则是在 1985 年前后，当时主要目的是为了节能。挖掘机电子化是第三代挖掘机的标志。

（1）国外

挖掘机的发展史可追溯到 19 世纪三四十年代。1833—1835 年，美国费城的铁路工程师威廉·奥蒂斯（William Otis）设计和制造了一台以蒸汽机驱动、安装在铁路平车上的吊臂式单斗挖掘机（图 2-2），成为现代挖掘机的鼻祖。其采用铁木混合结构，吊臂回转依然靠人力用绳牵引，通过不断延伸铁轨实现带状开挖，因此被称为铁路铲（蒸汽铲）。但由于奥蒂斯英年早逝，以及专利保护费用

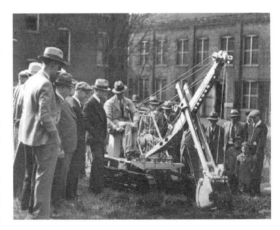

图 2-2　第一台以蒸汽机驱动的吊臂式单斗挖掘机

少、人力成本低廉等因素，奥蒂斯式蒸汽铲没有推广应用。

法国于 1860 年生产了世界上最早的、结构比较成熟的多斗挖掘机（图 2-3），用于苏伊士运河开挖工程。

直到 1870 年以后，美国大规模建设铁路，蒸汽铲的发展进入黄金时代，性能得到不断改进，开始应用于铁路建设、开挖运河、露天矿剥离等领域。

1880 年，出现了一批以拖拉机为底盘的半回转式蒸汽铲。

19 世纪末，斗轮挖掘机在德国褐煤采掘中得到广泛应用；至 1958 年，每个铲斗容量已达 3600L。

1889 年，美国生产的多斗挖沟机可挖宽 0.29m、深 1.4m 的沟渠。

1910 年，美国出现了第一台电动机驱动的蒸汽铲（图 2-4），并开始应用履带行走装置。

图 2-3　多斗挖掘机

1912 年，出现了汽油机和煤油机驱动的全回转式蒸汽铲。

1916 年，出现了柴油发电动机驱动的蒸汽铲。

1924 年，柴油机直接驱动挖掘机开始用于单斗挖掘机上。此后，随着汽车工业的发展，轮胎式底盘开始逐步应用于小型挖掘机。

随着液压技术的应用，1951 年，法国 Poclain（波克兰）公司推出世界上第一台全液压挖掘机。1927 年，波克兰公司创始人——乔治·巴塔伊（Georges Bataille）和工程师安东尼·莱杰合伙成立公司，主要业务为修理农用机械；1930 年，公司改名为波克兰制造公司。该公司从 1948 年开始制造小型轮式挖掘机，员工数量增至 120 人。1951 年 10 月，波克兰制造公司研制了一台正铲液压挖掘机（图 2-5），它采用道奇 4×4 改装的轮式底盘，前部为汽车驾驶室，后部为液压挖掘机。由控制台、机械臂、铲斗等组成的上车体围绕底盘后轴上方的立柱旋转，正方形铲斗容积约 $1m^3$。

图 2-4　第一台电动机驱动的蒸汽铲

图 2-5　波克兰制造公司的正铲液压挖掘机

1953 年，德国利勃海尔生产了世界上第一台全回转液压挖掘机（图 2-6）。

图 2-6　世界上一台全回转液压挖掘机

1961 年，波克兰制造公司推出的 TY45 型轮式液压挖掘机（图 2-7）采用独特的前三轮式底盘，总功率 48 马力（1 马力 = 735W），质量 10t，该机型至 1982 年共销售了 3 万台。1974 年，波克兰制造公司的挖掘机业务被美国凯斯集团兼并，仅保留了液压元件业务。凯斯集团创立于 1842 年，是世界上第一家生产蒸汽机式脱粒机的企业，1912 年开始生产蒸汽压路机、平地机等产品。1957 年，凯斯集团收购了印第安那州的美国拖拉机公司，当时，这家公司已经开发出了履带式液压挖掘机。

图 2-7　TY45 型轮式液压挖掘机

1977 年，德国制造了当时世界上最大的斗轮挖掘机（图 2-8），其生产率为 24 万 m^3/d。

（2）国内

1）20 世纪五六十年代。我国挖掘机生产起步较晚，1954 年，经过有志之士们的不懈努力，我国第一台机械式挖掘机在抚顺矿务局机电厂试制成功。1956 年，在国庆典礼上展出了抚顺挖掘机厂生产的 1 m^3 履带式正铲挖掘机。

1963 年，通过吸取各方液压技术的经验，我国第一台履带式液压挖掘机终于在抚顺挖掘机制造厂研制成功。此后，全国陆续有多家企业研发出液压挖掘机。到 20 世纪 60 年代末，我国挖掘机生产厂家共有 14 家，形成了 2 个系列 8 个等级 20

图 2-8　斗轮挖掘机

多个型号的产品。主要产品有上海建筑机械厂的 WY100 型、贵阳矿山机器厂的 W4-60 型、合肥矿山机器厂的 WY60 型挖掘机（轮式钢绳提拉挖掘机）。不过，当时我国液压挖掘机的技术还不十分成熟。

2）20 世纪七八十年代。20 世纪 70 年代后，长江挖掘机厂生产了 WY160 型挖掘机，杭州重型机械厂生产了 ZY250 型挖掘机等产品。它们使我国液压挖掘机行业的形成和发展，迈出了极其重要的一步。到了 20 世纪 80 年代，我国进入了基建大发展时期，国产的挖掘机无论从数量上还是质量上，都难以满足市场需求，不少挖掘机企业开始引进德国利勃海尔公司的技术。引进技术后，国内的企业通过多年的消化、吸收和移植，使国产液压挖掘机的性能指标，基本达到国际 20 世纪 80 年代初期的水平，产品产量也逐年提高。到 20 世纪 80 年代末，我国挖掘机生产厂已有 30 多家，形成了包括抚顺挖掘机厂、北京建筑机械厂、上海建筑机械厂、合肥矿山机器厂、贵阳矿山机器厂和长江挖掘机厂等在内的行业骨干企业。中小型液压挖掘机已形成系列，生产的产品型号达到 30 多个。

3）20 世纪 90 年代。由于当时挖掘机技术的引进多侧重于产品图样、工艺等，却忽视了加工设备等硬件的引进。所以，到了 20 世纪 90 年代初，我国自主品牌挖掘机的内燃发动机、液压件等关键零部件的短板开始凸显，液压挖掘机与世界先进水平相比，一度缩小的差距又拉大了。很快，经过市场的检验，业内许多厂家纷纷意识到了这个问题，开始寻求解决之道。

于是，在 20 世纪 90 年代，国内挖掘机行业掀起了与外国厂商合资生产的热潮。外资企业的加入，带来了先进的技术与管理模式，迅速推动了我国挖掘机行业的发展和壮大，使得我国的液压技术水平与生产规模进入了一个新的发展阶段。

随着国内对液压挖掘机需求量的不断增加，不少其他机械行业的制造厂看好并加入液压挖掘机行业。这些企业借助自身多年从事工程机械制造的丰富经验和雄厚实力、广泛和有效的销售网络，发展极快，打破了多年主要由少数几家挖掘机制造企业垄断国内液压挖掘机市场的局面。例如，玉柴机器股份有限公司20世纪90年代初开发的小型液压挖掘机，连续多年批量出口到欧洲、美国等国家和地区，成为我国挖掘机行业唯一能批量出口的企业。

4）21世纪以来。在积累学习国外优秀经验，专注研发创新技术近半个世纪之后，我国自主品牌的挖掘机终于开始崛起。21世纪以来，我国挖掘机行业进入跨越式发展阶段，国产品牌逐渐凭借优秀的品质与具有竞争力的价格，涌现出了一大批如三一、徐工、中联、柳工、临工、龙工、厦工、山河智能和雷沃等优秀的中国挖掘机品牌，打破了多年来外资品牌市场垄断的局面，并逐渐进入国际市场。2018年，我国自主品牌的挖掘机每月出口销量均在千台以上，全年出口量增幅达97.5%。根据中国工程机械工业协会数据显示，截至2018年，三一挖掘机在国内市场的销量领先第二名的卡特彼勒10个百分点，而徐工与柳工则以国内市场销量的11.5%、7%占据国内市场销量第三和第五的位置。

2.1.3 挖掘机液压系统的基本动作分析

如图2-9所示，以日立ZAXIS200中型挖掘机为例说明液压挖掘机的工作原理及特点。液压挖掘机的执行机构包括行走机构、上车机构、动臂、斗杆和铲斗等，分别由左行走马达、右行走马达、回转马达、动臂液压缸、斗杆液压缸和铲斗液压缸等驱动。由内燃发动机驱动两个液压泵，并将压力油输送到两组多路阀中，操纵多路阀，将压力油送往直线运动与旋转运动的元件，以完成挖掘、回转、卸载、返回及行走等动作。

其工作循环主要包括：

（1）挖掘

一般以斗杆液压缸动作为主，用铲斗液压缸调整切削角度，配合挖掘。必要时（如铲平基坑底面或修整斜坡等有特殊要求的挖掘动作），铲斗、斗杆、动臂三个液压缸须根据作业要求复合动作，以保证铲斗按特定轨迹运动。

（2）满斗提升及回转

挖掘结束时，铲斗液压缸伸出，动臂液压缸顶起，满斗提升。同时，回转液压马达转动，驱动回转平台向卸载位置旋转。

（3）卸载

当转台回转到卸载位置时，回转停止。通过动臂液压缸和铲斗液压缸配合动作调整铲斗卸载位置。然后，铲斗液压缸内缩，铲斗向上翻转完成卸载。

（4）返回

卸载结束后，转台反转，配以动臂液压缸、斗杆液压缸及铲斗液压缸的复合动作，将空斗返回到新的挖掘位置，开始下一个工作循环。

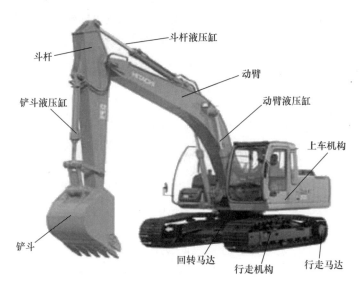

图 2-9　日立 ZAXIS200 中型挖掘机

2.2　挖掘机常用液压系统工作原理

2.2.1　液压系统概述

　　液压系统是挖掘机的重要组成部分之一。按照挖掘机工作装置和各个机构的传动要求，把各种液压元件用管路有机地连接起来就组成一个挖掘机液压系统。它是以油液为工作介质、利用液压泵将内燃发动机的机械能转变为液压能并进行传递，然后通过液压缸和液压马达等执行元件将液压能转变为机械能，进而实现挖掘机的各种动作。按照不同的功能，可将挖掘机液压系统分为三个基本部分：工作装置系统、回转系统和行走系统。挖掘机的工作装置主要由动臂、斗杆、铲斗及相应的液压缸组成，它包括动臂、斗杆、铲斗三个液压回路。回转装置的功能是将工作装置和上部转台进行回转，以便进行挖掘和卸料，完成该动作的液压元件是回转马达。回转系统工作时，必须满足如下条件：回转迅速，起动和制动无冲击、振动和摇摆，与其他机构同时动作时，能合理地分配去往各机构的流量。行走装置的作用是支撑挖掘机的整机质量并完成行走任务，多采用履带式和轮胎式机构，所用的液压元件主要是行走马达。行走系统的设计要考虑直线行驶问题，即在挖掘机行走过程中，如果某一工作装置动作，不至于造成挖掘机发生行走偏转现象。

　　目前应用于液压挖掘机的液压系统主要有三种类型：一是在国内比较常见的负流量系统，二是正流量系统，三是欧州最为常用的负载敏感系统。正流量系统与负流量系统一般都是开中心系统，负载敏感系统一般为闭中心系统。

在操控性方面，因欧美地区的生活水平较高，整机的操作人对整机的可操作性要求高。因此，动作具有可预测性且与负载无关的负载敏感系统在欧州最为常用，但其价格较高。在我国，由于很长一段时间劳动力相对便宜且劳动力充足，因此，更偏向于采用需要经验比较丰富才能操作好与负载压力有关的负流量系统。目前，一般的小型液压挖掘机也会采用负载敏感系统。但随着我国生活水平的提高、劳动力成本的上升，负载敏感系统将会逐渐代替传统的负流量系统和正流量系统。

2.2.2　负流量、正流量系统

液压挖掘机采用负流量和正流量系统的多路阀都是开式的六通型多路阀，其微调特性可以参考文献。这里简述其工作原理：

如图 2-10 所示，多路阀入口压力油经一条专用的直通油道，即中立位置回油道（P→P_1→C→T）回油箱。该回油道由每联换向阀的两个腔（E，F）组成，当各联阀均在中间位置时，每联换向阀的这两个腔都是连通的，从而使整个中立位置回油管道通畅，液压泵来的油液直接经此油道回油箱。当多路阀任何一联换向阀换向时，都会把此油道切断，液压泵来的油液，就从这联阀经已接通的工作油口进入所控制的执行元件。

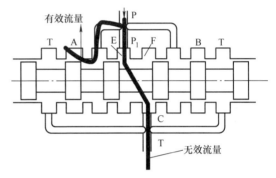

图 2-10　六通型多路阀的结构原理图

换向阀阀杆在移动过程中，中立位置回油道是逐渐减小最后被切断的，从此阀口回油箱的流量是逐渐减小，并一直减小到零；而进入执行元件的流量，则从零逐渐增加并一直增大到泵的供油量。

因此，采用六通型多路阀的液压挖掘机，其液压泵输出的油液被分成两部分：一部分用来驱动液压缸或液压马达工作，属于有效流量；另一部分通过多路阀的中位回到油箱，属于无效流量。要提高系统工作效率，就需要减小无效流量，无效流量占总输入流量的比例越小越好。

1. 负流量系统

（1）工作原理

在挖掘机领域，为了减少六通多路阀中产生的旁路回油损失，目前广泛应用于中型液压挖掘机的是负流量系统。如图 2-11 所示，在多路阀的最后一联和油箱之间设置流量检测装置，主控阀中有一条中心油道 P_1–C，当主控阀各阀芯处于中位时（手柄无操作时）或者阀芯微动时（手柄微操作时），液压泵的液压油通过多路阀中心油道 P_1–C 到达主控阀底部流量检测装置，经过底部流量检测装置节流口的增压产生方向流。当回路中所有换向阀阀芯处于中位，泵的全部流量卸荷时，通

过节流口的流量 q 达到最大值，负流量控制压力 Δp 也最大。负流量控制压力 $\Delta p = \Delta p_{max}$（$\Delta p_{max}$ 由与节流口 NR1 或节流口 NR2 并联的溢流阀调定）。由 FR 或 FL 取出的信号控制泵的排量与旁路回油流量成负线性关系，从而降低旁路回油功率损失。当多路换向阀任意一联处于最大开度时，液压泵输出流量几乎全部进入相应的执行器，通过节流口的回油量很小（接近于 0），负流量控制压力 Δp 最小，几乎为零，此时主泵的排量自动增加到最大以满足作业速度的需要。当多路换向阀的开度在中位和最大开度之间微动时，变量泵的控制压力 Δp 在 $\Delta p_{max} \sim \Delta p_{min}$ 之间，而液压泵的排量也在最小和最大排量之间变化，且 p_i 越大，液压泵的排量越小，即液压泵的控制压力与液压泵的排量成反比。

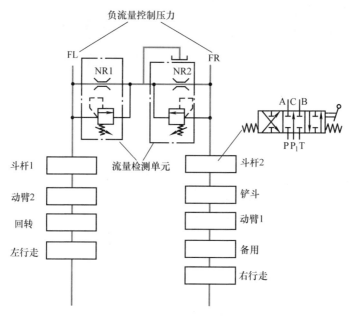

图 2-11　负流量控制系统多路阀原理图

在图 2-12 中，用三个节流阀来模拟采用负流量的多路阀等效控制回路，它们的开口大小均受手柄（图中未给出）的控制，具体操作过程为：手柄行程越大，对应的二次先导压力也会越大，由二次先导压力控制的主阀芯的开度也会越大；与之对应，主阀芯的开度越大，即图 2-12 中进油节流阀的开口越大，主油路分向执行器的油越多，执行器的速度就会越快，通过中位流经流量检测装置的油（即图 2-12 中旁路回油节流）越少，负流量控制压力就会越小。反之，如果手柄行程越小，对应的二次先导压力也会越小，由二次先导压力控制的主阀芯的开度也会越小；与之对应，主阀芯的开度越小，主油路分向执行器的油（即图 2-12 中进油节流）越少，执行器的速度就会越慢，通过中位流经流量检测装置的油（即图 2-12 中旁路回油节流）就越多，负流量控制压力就会越大。如图 2-13 所示，主泵根据负流量控制压力的大小对其排量进行控制。负流量控制压力越大，主泵的排量控制伺服活塞大腔的压力降低，排量减小；反之，负流量控制压力越小，液压泵的排量控制伺服活塞大腔的压力升高，排量减增大，这就是负流量系统的控制特性。

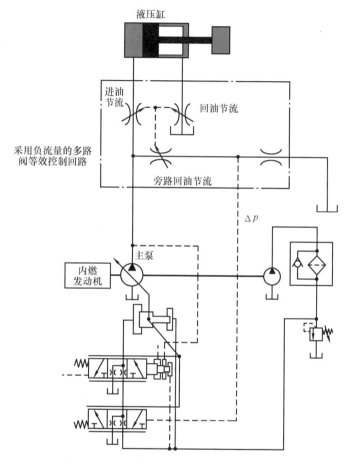

图 2-12　负流量系统多路阀 – 液压泵原理图

（2）节能特性分析

负流量控制系统本质上是一个恒流量控制，通过在多路阀旁路回油通道上设置流量检测单元，最终达到控制旁路回油流量为一个较小的恒定值，最终转换成旁路回油节流口处的恒压控制。负流量控制系统的关键点是旁路回油压力如何设定，旁路回油设定压力高，则泵的输出压力也高，系统可以迅速建立起克服负载所需要的压

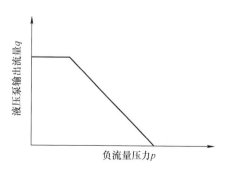

图 2-13　负流量系统的控制特性

力，系统的调速性较好，驾驶人操作时无滞后感；但旁路损失功率增大，尤其是当驱动轻负载时，旁路回油设定压力过高并无实际意义。反之，旁路回油设定压力低时，系统调速性能会变差，但更为节能。当前，旁路回油设定压力一般设定在3～5MPa左右。下面分析负流量系统能耗高的主要原因。

1）液压挖掘机不工作时的能量消耗。以川崎中型挖掘机用负流量系统为例，即使操作手柄处于中位，一个变量泵仍然有20～30L/min左右的流量通过多路阀中位进入油箱，双泵系统则大约有60L/min左右的流量损失。按当前的旁路回油设定压力5MPa为例，即使挖掘机不工作，其旁路损失功率也有5kW。如果把负流量的中位流量调小，又会造成执行器工作时的响应速度不快。

2）挖掘机实际作业工况时的能量消耗。轻载移动时，一般速度较快，系统压力较小，大部分液压泵的流量进入液压缸或液压马达的驱动腔，而通过多路阀中位进入油箱的流量较少，负流量控制压力较小，液压泵的排量也较大；但当负载增加到很大，执行器的速度较小，一般情况下先导操作压力也较小，多路阀并没有越过调速区域，进入负载驱动液压缸或液压马达的驱动腔的流量较小，通过多路阀中位回到油箱的流量会增大，然后液压泵排量逐渐减小，当旁路流量达到近30L/min后，液压泵的排量也基本降到最小，负载的动作速度降到非常慢，系统压力也基本在30MPa左右，通过计算，这种工况时的旁路节流损失大约为30kW（双泵）。

（3）操控性分析

1）调速特性不好。六通型多路阀的比例调节区域是指多路阀的旁路回路 P_1 - C 逐渐关闭，而 P - A 或 P - B 逐渐打开的过程，此时驾驶人会感觉负载速度会随着先导手柄行程的变化而变化；一旦旁路回路 P_1 - C 关闭，不管操作手柄的行程如何变化，泵的流量全部进入负载驱动液压缸或液压马达或者在超载时通过安全阀回油箱，负载的速度不受手柄控制；但实际上，多路阀的旁路回路 P_1 - C 关闭的阀芯位移很小，相当于阀口打开的初始阶段，同时还受到负载压力和泵流量的影响。

如图 2-14 所示，负流量系统的调速是旁路回油节流和进油节流的组合，通过阀芯节流，控制进入液压缸或液压马达的流量，由于是靠旁路回油节流建立的压力克服负载压力，因此调速特性受负载压力和液压泵流量的影响。如图 2-14 所示，在轻载时，克服负载所需要的压力较小，多路阀工作时，旁路节流从全开逐渐过渡到关闭，由于靠旁路回油节流建立的压力不大，因此多路阀的阀芯并不需要越过一个很大的行程。因此，多路阀的阀芯调速行程大，死区小，多路阀比例可调行程大，操纵性能好；随着负载压力升高，需要旁路回油节流建立的压力较大，多路阀阀芯的行程需要越过一个较大的行程，甚至越过了整个比例调节区域（旁路节流口完全关闭）后才能建立起克服负载所需要的压力，因此，阀杆调速的死区（空行程）增大，有效的调速范围行程减小，调速特性曲线（流量随行程变化）变陡，导致阀杆行程稍有变化，流量变化就很大，阀的调速性能变差。

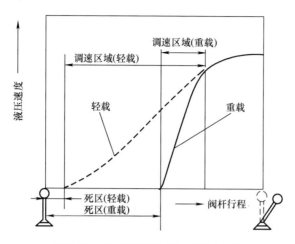

图 2-14   负流量控制系统的调速特性

2）流量波动较大。开中心系统操纵性能的另一缺点是流量波动大，挖掘机在工作过程中，其负载压力是不断变化的，加之液压泵的流量也在不断变化，速度调整操纵不稳定，阀杆操纵行程不变，但随负载变化和泵流量变化，液压缸速度会产生变化。因此，开中心系统的调速性能不稳定，这是开中心系统的缺点之一。

由于工程机械大多为多执行器系统，当一个液压泵供多个执行器同时动作时，因液压油是向负载轻的执行器流动，需要操纵阀杆对负载轻的执行器控制阀进行节流。特别是像挖掘机这类机械，各执行器的负载时刻在变化，但又要合理地分配流量，以便相互配合实现所要求的复合动作，是很难控制的。

要满足液压挖掘机各种作业工况要求，同时实现理想的复合动作，是很困难的。例如，双泵合流问题：挖掘机实际工作中，动臂、斗杆、铲斗都要求能合流，但有时却不要求合流；但对开中心系统来说，要实现有时合流，有时不合流是很困难的。各种作业工况复合动作问题：例如掘削装载工况，平整地面工况和沟槽侧边掘削工况等，如何向各执行器供油，向哪个执行器优先供油，如何按操作人的愿望实现理想的配油关系也是很困难的。还有作业装置同时动作时，行走直线性等问题。对于开中心系统光靠操纵多路阀阀杆来实现挖掘机作业动作要求是不行的。为此，设计师在开中心系统的设计上动足了脑筋，想了许多措施，如采用通断型二位二通阀和插装阀来改变供油，在油路上设置节流孔和节流阀来实现优先供油关系等。但采用了这些措施后，开中心系统仍然是不理想的，仍不能满足挖掘机工作要求和理想的作业动作要求。

3）对负载实际所需流量的敏感性不强。负流量的第三个缺点是对流量需求的变化不够敏感。首先，负流量的压力信号是要在多余流量产生以后通过节流阀口产生，这已经是先发生了流量不匹配的结果了。只有当液压泵和液压阀的流量供需之间出现不匹配时，对流量才有纠正作用，这在本质上是一种事后补偿机制。其次，液压压力传递需要一定的延时，同时液压泵的排量响应需要一定的时间。因此，执行器的速度并不能及时跟随液压阀开度的变化，使得操作人感觉到系统的操控性较差，手感不好。

4）液压泵变量机构磨损快。为了得到较高的流量精度，反馈环节需要持续不断地对液压泵的变量机构进行微调，这在客观上加剧了液压泵变量机构的磨损，使得液压泵的寿命大大降低。

（4）典型应用

负流量控制系统起源于日本。20 世纪 80 年代出现在挖掘机上，90 年代广泛用于中型挖掘机。它结构简单，有一定的节能效果，日本大量的中型挖掘机采用此系统。

日本川崎（KAWASAKI）公司制造的 K3V 系列主泵（图 2-15）及 KMX 系列主阀所组成的系统是典型的负流量控制系统，已得到广泛的应用。该系统采用的就是小孔节流的流量检测方法，结构简单、易于实现。

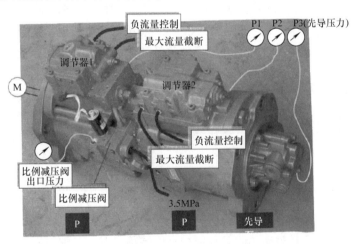

图 2-15　日本川崎公司制造的 K3V 系列主泵（负流量控制泵）

另外一种流量检测装置是用射流元件进行流量检测。典型代表为日本小松（KOMATSU）公司制造的用于 PC200 - 5、PC300 - 5、PC400 - 5 型挖掘机上的节能系统 OLSS（开中心负载传感系统）。所谓"中心开式"是指主阀处于中位时阀芯是开放的，回油道由此通过。在主阀回油道上装有射流传感器，它与系统中的负流量控制阀（NC 阀）共同控制主泵变量机构（伺服缸）。回油量越大，射流传感器输出的传感压差也越大，NC 阀输出的控制压力就越小，主泵流量就越小。这与负流量控制系统总效果是一致的，所不同的是主泵控制压力与主泵流量 q 成正比，而非负流量控制关系。德国力士乐公司作为液压元件制造的龙头企业并不看好负流量系统，因此并没有推出关于负流量系统的多路阀和液压泵。

2. 正流量系统

（1）工作原理

如图 2-16 所示，正流量系统和负流量系统相类似，主要区别在于前者直接采用手柄的先导压力控制主泵排量，故手柄的先导压力同时并联控制系统流量的供给元件和需求元件，这就克服了负流量系统中间环节过多、响应时间过长的问题。如果合理配置主阀对先导压力的响应时间和主泵对先导压力的响应时间，从理论上可以实现主泵流量供给对主阀流量需求的无延时响应，实现了系统流量的"所得即所需"。正流量系统一般分成液控和电控。液控正流量系统是通过多个梭阀把先导操作压力的最大压力引入变量泵的控制油路，具有一定的传递延时；电控正流量系统通过压力传感器检测最大先导操作手柄压力，该压力信号作为变量泵控制器的输入信号，根据一定的算法，通过控制电比例减压阀来控制液压泵的排量。

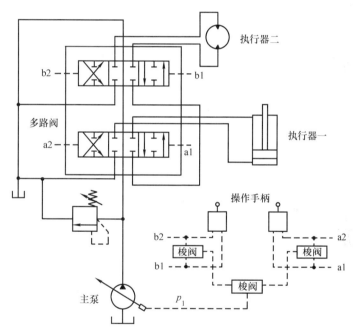

图 2-16　正流量控制系统的工作原理

正流量系统必须对输入到主泵控制器的先导信号进行选择，最常见的方式是通过增加梭阀组，将操作手柄输出的先导信号进行选择，一般选取最大的先导信号作为主泵的排量控制信号。由于增加了梭阀组，相应的正流量控制系统也提高了复杂程度和制作成本。另外一种方式是对先导压力利用压力传感器转换成电信号，微处理器将所有的电信号相加，再通过正比例调节减压阀来控制液压泵的排量。

（2）节能特性分析

正流量控制系统的先导控制信号由于可以独立于主换向阀而单独存在，其控制信号可以是液压系统的压力信号，也可以是电控系统的电流信号，甚至可以是气动系统的控制信号。由于该信号的完全独立性，泵的斜盘倾角可以做到最小并趋近于零，输出流量仅可维持系统再次起动工作即可（一般控制在 2L/min 以内）。由于没有旁路流量检测装置，旁路回油压力一般在 0.6～3.0MPa 之间，减小了不必要的功率损失。而在负流量控制的液压系统中负压信号的压力大约是 5MPa，此压力只用于产生负压信号；从而使得正流量的挖掘机在完成同样工作量的情况下比负流量控制的挖掘机省油。与负流量系统相比，正流量机型可以节油 12% 左右，提高作业效率约 9%。

但实际上，正流量系统也存在不节能的工况：比如当手柄最大，主泵工作在最大排量，如果此时负载较大，速度较慢时，系统压力高，但执行器只需要一点流量，即大部分油液通过中位回油箱。此时需要驾驶人待克服负载的压力建立后降低先导操作手柄的行程，进而降低液压泵的排量。这也是同一机型不同驾驶人操作时节能效果不一样的典型案例。

（3）操控性分析

1）优点。在正流量系统中，由于泵的控制信号采集于二次先导压力，此压力信号同时发送至液压泵和主控制阀，这就使得两者的动作可以同步进行。这即是"与负流量相比，正流量操作敏感性好"的主要原因。

2）不足之处如下。

① 比例调速特性不好。由于六通多路阀的中位直接通油箱，位于调速区内的阀芯难以形成克服负载的系统压力，直到阀芯基本越过调速区后液压油才开始进入工作缸，因此该系统会造成液压缸速度突然加快。在重载时，正流量系统的调速特性比负流量差，如图 2-17 所示。

② 与负流量相比，正流量更不稳定。正流量系统一般采用较多的

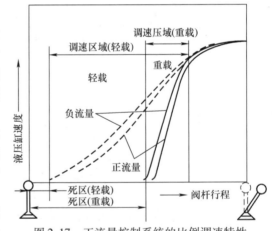

图 2-17　正流量控制系统的比例调速特性

梭阀选出最高的控制压力，系统较为复杂；同时多个梭阀会造成控制压力信号的传递滞后，可能会对系统的稳定性带来不利的影响。

③ 负载所需流量难以精确估计。挖掘机是一个速度控制系统，一般认为先导操作手柄的行程越大，先导控制压力越大，所希望的执行器速度也越大，故所需要的流量也越大。但如果正流量泵的控制压力是来源于梭阀选择的最大压力，那么存在以下问题。

这个最大压力来源于哪个执行器的先导操作手柄，对于液压泵来说并不知道，是否多个操作手柄都是输出最大压力也不知道。比如当动臂上升的先导控制压力最

大时，而其他先导操作压力为零时，动臂按某个速度上升，此时只要其他操作手柄离开中位，其实此时负载所需要的流量增大了，但液压泵的排量并未增大，因此动臂上升的速度下降了。在判断负载所需要的流量方面，正流量系统甚至不如负流量系统，只是正流量系统比负流量系统响应更为迅速。

以液压挖掘机为例，先导操作手柄包括机械臂、斗杆、铲斗、回转、左行走和右行走。那么只要其中一个先导操作手柄输出最大压力，液压泵就会输出最大流量。那么当控制压力变化时，主泵排量的变化规律如何设定？实际上，不同执行器希望排量和控制压力的变化规律是不同的，这点可以通过多路阀控制不同执行器的每联比例换向阀的控制压力 – 通流面积的特性关系看出来。因此，正流量的主泵排量变化特性难以同时满足不同执行器的需求。

挖掘机执行器输出力大但所需要的流量很小。先导操作手柄输出压力的大小并不是表征负载所需要的流量大小，而是输出力的大小。比如强力挖掘时，铲斗碰到较重负载时，往往铲斗的操作手柄输出压力很大，以产生一个较大挖掘力，但此时所需要的流量几乎为零；挖掘机在侧壁掘削时，为了保证挖掘的垂直性，一般会通过操作回转先导手柄使转台产生一个对侧壁的反向作用力，防止侧壁掘削过程的铲斗反推。因此，完全通过先导操作压力信号来预估流量，本身也是存在问题。

④ 流量波动大。和负流量系统一样，都没有采用节流阀口的定压差控制，都是采用开中心的六通型多路阀，都只能实现较小行程的微调特性，也同样存在分流和合流问题。

（4）典型应用

正流量控制系统多见于德国力士乐（Rexroth）公司产品，它需要较多的梭阀组予以支持，目前的用量正在减少。德国力士乐公司制造的 A8VSO 系列主泵及 M8 和 M9 系列主阀所组成的系统是正流量控制系统，具有较强的功能。该系统需配梭阀组，较负流量控制系统复杂一些。该类系统只能根据先导压力最大的一路阀的开度控制液压泵的排量，其他各阀的开度无论大小均不参与控制过程，在各阀同时操作时亦不能进行流量的叠加。川崎 K3V112DTP 系列主泵和川崎 KMX15RA 系列主阀也可以组成正流量挖掘机液压系统。

为了改善正流量控制中液压泵的控制性能，力士乐公司的 7M9 – 25 主阀预留了液压泵的电控功能。每个主阀的先导压力利用压力传感器转换成电信号，微处理器将所有的电信号相加，并通过正比例调节减压阀来控制液压泵的排量，即使所有的执行器同时动作，也能使主泵的排量调节到满足系统的要求。

目前整机上应用的典型代表为三一、福田雷沃、日立建机和神钢等。

2.2.3　负载敏感系统

1. 工作原理

（1）传统负载敏感系统

正、负流量控制系统能使泵的排量根据检测到的控制信号自动调节，使泵流量随负载的变化而变化，实现按需供给。但这两种系统中的流量不仅与节流阀的开口面积有关，而且受负载变化的影响，负载调速区域小，流量调整行程小，并存在负载漂移现象，即操纵杆位置不变，随负载改变，执行器速度发生变化，微调和精细作业困难，调速性能较差。

工程机械的液压系统属多执行器复合动作系统，为了提高系统的操控性，当前小型液压挖掘机一般采用负载敏感系统。负载敏感系统的类型也包括定量泵负载敏感系统（图2-18）和变量泵负载敏感系统（图2-19）以及多变量泵负载敏感系统（中型挖掘机应用）等。其基本原理是利用负载变化引起的压力变化，调节泵的输出压力，使泵的压力始终比负载压力高出一定的压差，约为2MPa，而输出流量适应系统的工作需求。负载敏感系统中采用执行器的速度与负载压力和液压泵流量无关，只与操纵阀杆行程有关，获得了较好的操作性。

以变量泵负载敏感系统为例，负载敏感方式为液压－机械控制，通过阀组和压力检测网选择出最高的负载压力，用选出的最高压力控制变量泵斜盘的倾角。为了使各个执行器的动作不受负载压力变化的影响，在每一个控制阀的进口都装有压差补偿器以保证控制阀的压差稳定，这即是为什么采用负载敏感系统的挖掘机比负流量/正流量系统的挖掘机的操控性更好，具有动作可预知性且与负载无关的原因。

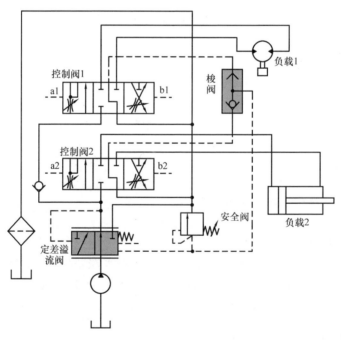

图2-18　定量泵负载敏感系统
（a1、a2、b1及b2是来自先导泵的压力油）

由于流量分配型压力补偿阀的出现，使得单泵多执行器的负载敏感控制变得更

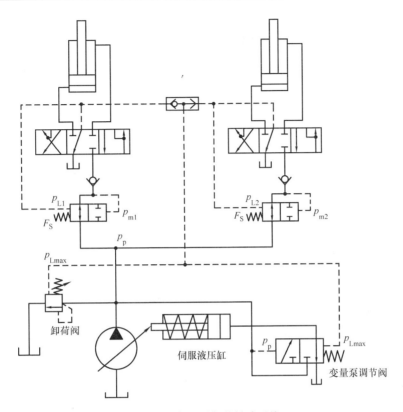

图 2-19　变量泵负载敏感系统

为实用。因此，采用这种负载敏感系统的挖掘机普遍采用单泵供油方式，从而省掉复杂的合流控制功能，使液压系统变得更简单，可靠性更高。

（2）抗流量饱和负载敏感系统（LUDV）

传统的负载敏感系统实现了系统的负载适应控制，但当多个执行器同时动作时，泵的流量可能会出现饱和。实际上，一般工程机械中泵的输出流量不会按几个执行器最大流量的相加进行设计，因此泵的流量饱和现象在工程机械中经常发生。对于液压挖掘机等工程机械，常见发生流量饱和的工况如下。

1）当以最高速度同时驱动几个执行器，使每个操作阀的操作量都为最大时，泵的输出流量就会不足。

2）在以最大操作量对高负载进行复合操作时，更加剧了泵输出流量的不足。

3）如果挖掘机在进行一些比较精细的作业（如挖掘机对地面平整等）时，一般原动机都处于低转速工况。

当泵的流量不足时，首先泵的输出压力会下降，不能达到比任意时刻的最大负载压力高出压差补偿阀的某个压差，使得最高负载的执行器的前后压差较小，进入最高负载的执行器的流量减少，执行器的速度降低，这样就不能实现多执行器的同步操作要求。

LUDV 系统是以执行器最高负载压力控制泵和压力补偿的负载独立流量分配系统。当执行器所需流量大于泵的流量时，系统会按比例将流量分配给各执行器，而不是流向轻负载的执行器。该系统中的压力补偿阀位于多路阀后侧，变量泵输出的流量流经节流阀至压力补偿阀，而压力补偿阀另一端则是通过梭阀选择的系统最大负载压力，液压系统原理如图 2-20 所示。

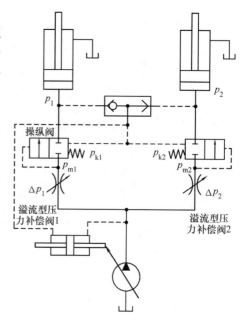

图 2-20　抗流量饱和负载敏感系统

根据薄壁小孔的流量方程：

$$q = C_d A_0 \sqrt{\frac{2\Delta p}{\rho}}$$

式中，q 为通过小孔流量；C_d 为小孔流量系数；A_0 为小孔通流截面面积；Δp 为小孔进出口压差；ρ 为液压油密度。

流经两个阀的流量分别为

$$q_1 = C_d A_1 \sqrt{\frac{2\Delta p_1}{\rho}}$$

$$q_2 = C_d A_2 \sqrt{\frac{2\Delta p_2}{\rho}}$$

压力补偿阀出口压力与负载压力差（假设 $p_1 > p_2$）：$p_{m1} - p_1 = p_{k1}$，$p_{m2} - p_1 = p_{k2}$，其中 p_{m1} 和 p_{m2} 分别为两个操纵阀出口压力，p_{k1} 和 p_{k2} 分别为两个压力补偿阀的弹簧预压力。调整两个压力补偿阀的弹簧预压力 $p_{k1} = p_{k2}$，则 $p_{m1} = p_{m2}$，从而保持操纵阀进出口压差一致，$\Delta p_1 = \Delta p_2 = $ 常数，即两回路所得的流量只与操纵阀的开度成比例，各回路流量按操纵阀的通流面积成比例分配。

与负载敏感系统相比，泵输出流量不足时，在压力补偿阀的作用下，仍可以使多路阀阀口上的压差继续保持一致。在这种情况下，虽然执行器的工作速度会降低，但由于所有阀口上的压差一致，因此各执行器的工作速度之间的比例关系仍保持不变，从而保证了挖掘机动作的准确性。

德国 Linde 公司生产的 LSC 系统也是一种抗饱和负载敏感系统，是林德公司在 1988 年登记的专利，基本原理是采用先节流后减压的二通调速阀原理，较好地解决了抗流量饱和问题。LSC 系统一般由一个带负载敏感功能的 HPR 液压泵和一组带负载敏感功能的 VW 阀组成。图 2-21 为林德 LSC 系统的原理图。

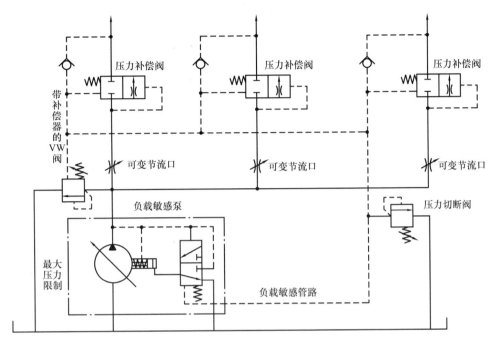

图 2-21　林德 LSC 系统的原理图

　　德国力士乐（Rexroth）公司进一步发展了称为 LUDV 的抗流量饱和负载敏感控制原理，也是一种阀后补偿的负载敏感系统。力士乐公司在 1991 年申请了用于单执行器的专利，在 2003 年申请了用于双执行器的专利。目前，力士乐的主阀 SX14 和液压泵 A11V09 的组合就是典型的 LUDV 系统。M7－22 型液控多路阀（20t 挖掘机用）也是 LUDV 原理，在需求流量大于动力源所能提供的最大流量时，所有执行器运动速度按相同的比例减小，保证了速度的相对稳定性。

　　此外，日本小松公司的 PC－7 系列挖掘机采用的是闭中心负载敏感系统（CLSS——Close Load Sensing System）。该系统由两个主泵、操作阀和执行元件等构成，其主泵的负载敏感阀起到感知负载，对输出流量进行控制的作用。

2. 节能特性分析

（1）采用负载敏感技术的系统节能原理

　　采用负载敏感后，对于定量泵负载敏感系统可以实现液压泵出口压力始终只比负载最大压力大某个压差，实现了按需供给；变量泵负载敏感技术更是同时实现了压力和流量都与负载相适应。因此，主泵的输出功率是根据负载的需求提供的，液压系统中并没有多余的功率消耗。这即是负载敏感技术的节能原理。

（2）负载敏感技术的系统能耗分析

　　1）空载流量损失。空载流量损失是指挖掘机在不工作状态下液压系统自身内部消耗的能量。理论上负载敏感系统无空载流量损失，不过由于主泵内部润滑等的需要不可能做到空载时无输出流量，因此实际上负载敏感系统仍然有部分空载流量损失。从空载流量损失方面评价，负流量系统损耗最高，正流量和负载敏感系统相对损耗较低。

2）操作手柄全开时的能量损失。在单执行机构时，与正负流量相比，其压力损失约多1.3MPa。在复合动作时，与正负流量相比，其压力损失约多1MPa。因而在操作手柄全开时，负载敏感系统的能量损失会较多。

3）操作手柄非全开时的能量损失：正负流量同为旁路节流调速，当负载很大，其旁路节流损失也很大。这种情况最突出的是在精细模式时。试想如果负载压力高达30MPa，此时负载又需慢速工作，对负流量在旁路将有近30L/min的旁路节流流量，这将是很大的能量损失。而负载敏感系统只表现为主泵至主阀的2MPa左右的控制压力损失。因而在操作手柄非全开时，负载敏感系统节能效果更好些。

主要原因如下：

首先，虽然负载敏感系统采用闭中心的多路阀，不存在中位损失，但负载敏感原理的控制量是压差，可称为压力匹配型的负载敏感技术。这种技术的缺陷是存在较大的压差损失，最低也在2MPa左右。

其次，在单泵多执行器系统中，主管道仍有附加节流损失。尽管在单一执行器工况，它的效率很接近闭式容积传动系统，但在多个变化较大的执行器并联的工况下，由于只能与最大负载相适应，效率将大幅下降。以液压挖掘机为例，由于挖掘机工作中各个执行器驱动的负载相差极大，而负载敏感只能和最高负载相匹配，所以仍存在很大的能耗，尤其是在轻负载执行器的控制阀口上。研究表明，消耗在控制阀上的能耗超过30%。这即是为什么在中大型液压挖掘机上如果采用负载敏感技术，一般采用多泵负载敏感技术的原因。

3. 操控性分析

（1）可操作性更好

为了使各个执行器的动作不受负载压力变化的影响，负载敏感系统在每一个控制进入液压缸或马达驱动腔的流量控制阀的进口都装有压差补偿器以保证控制阀的前后压差稳定，这样控制阀的流量取决于阀口开度，与负载大小无关，即在不同负载时，只要手柄的行程一致，执行器的速度基本相同。因此，负载敏感系统的优点在于能完全按驾驶人的意愿分配流量，因而其操作性能优于正负流量系统。

（2）执行器的速度响应较负流量、正流量差

泵出口压力和最大负载压力的差值一般设定为2MPa，从节能角度出发，是否可以降低压差？其实这个参数不仅会影响整机的节能效果，也会影响执行器速度的动态响应。采用正流量或负流量的六通型多路阀为开中心系统，开中心中位时主泵始终有部分流量，一旦需要驱动负载时，液压泵不需经过起动阶段，响应速度比采用负载敏感技术的闭中心系统要快。由于负载敏感系统空载时没有液压油通过主阀，因而其响应速度慢于正负流量系统。但可使操作柔和，微动性能比较好。实际上，一种理想的

负载敏感压差控制方案应该是变压差控制方案。当执行器开始工作时，增大压差以提高执行器的动态响应，待执行器起动后，降低压差以降低能量损失。

（3）液压－机械压力检测管道的时间常数的影响及其稳定性

当压力检测管路较长时，管路的时间常数对系统动态特性有负面影响。负载补偿存在液压执行元件压力建立阶段，引起负载压力检测信号的延迟，导致系统动态过程产生振荡，甚至不稳定。因此，功率适应泵和负载敏感阀需经过仔细的动态设计，才能配套使用，导致元件的互换性比较差。也就是说，倘若你选用某家公司的功率适应泵，而采用另外一家公司的负载敏感阀，尽管规格匹配，元件合格，组成的系统却可能失效。

为了简化先导控制管路、消除先导控制管网引起的滞后，国外进一步发展了用电子比例阀代替液控减压阀的负载敏感技术。采用电液负载补偿可以克服该缺点，其主要特点是，取消机液负载补偿阀，通过检测液压控制阀两端的压差及阀芯位移，计算出通过该阀的流量，实现内部流量闭环控制；传统的负载敏感油路通过梭阀切换多路阀的最高联负载，通过液压管路传递系统压力，当管路比较长时，系统将出现不稳定现象，而且所传递的压力为执行器一端的压力，对另一端的压力一般不作检测。如果仍按原先的控制方式，将出现一些异常工况；而电液负载敏感的方法是通过在执行器两端安装压力传感器，比较多路阀最高联的压力，最终控制执行系统压力。由于电信号的传递几乎没有延时，响应性能得到改善。

（4）流量波动较正流量、负流量更小，但存在初始阶跃冲击

负载补偿阀一般采用定差减压阀（图 2-22），负载补偿阀在初始工作状态时主阀口处于全开状态。一方面负载补偿阀自身为一个典型的质量－弹簧－阻尼系统，阀芯从全开位置移动到目标位移需要一个动态响应过程；另一方面阀芯从全开位置移动到目标位置时，阀芯的弹簧腔被进一步压缩，类似一个泵效应，弹簧腔的液压油会被挤压出来，进一步增大了出油口的液压油流量，使得系统流量会产生一个阶跃冲击，如图 2-23 所示，因此导致补偿特性较差。

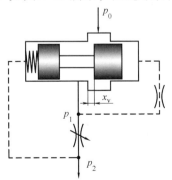

图 2-22　基于液控定差减压阀的
负载补偿阀工作原理

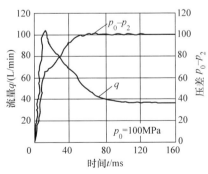

图 2-23　基于液控定差减压阀的
负载补偿阀流量特性

4. 主要研究进展

负载敏感系统发展于 20 世纪 80 年代的欧洲，越来越广泛地运用于中小型挖掘机上，节能效果显著。它在各执行器同时工作时，流量供给只取决于操纵手柄的开度，而与负载大小无关，这克服了开中心阀与负载有关的缺点，使得作业的可控性增强。德国力士乐公司的 LUDV 系统、林德公司的 LSC 系统、日本小松公司的 CLSS 系统（图 2-24）以及日立建机公司的负载敏感系统等都属于这一类。

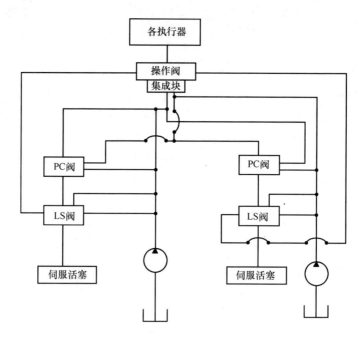

图 2-24 小松闭中心负载敏感系统

负载敏感系统早在 20 世纪 60~70 年代就被提出，但直到 1988 年才在欧洲真正用于液压挖掘机。进入 90 年代后，日本也开始在这方面进行研究，并推出了一系列相应的挖掘机产品，如小松公司的 PC200 - 6、日立建机的 EX200 - 2 等。目前，商业化的负载敏感系统类型见表 2-1，典型的小吨位单泵负载敏感系统一般采用 Rexroth 的 A10V + LUDV 阀成套使用，采用阀后补偿的多路阀，具有抗流量饱和的功能。该系统一般采用闭中心控制系统，避免了旁路节流损失，但仍不能解决负值负载导致的出口节流损失以及多执行器导致多路阀的联动节流损失。此外，该系统在多执行器同时工作时，如果执行器的负载差别较大，系统的能量损失仍然很大。工程机械的复合动作较多，如何解决多执行器同时运行时，低负载执行器能量消耗的问题，是负载敏感系统的难点之一。

表 2-1　商业化的负载敏感系统类型

名称	液压泵	压差补偿方式	泵流量饱和
定量泵负载敏感系统	定量泵	阀前	有
变量泵负载敏感系统	恒压变量泵	阀前	有
小松开中心负载敏感系统（OLSS）	恒压变量泵	阀前	有
小松闭中心负载敏感系统（CLSS）	恒压变量泵	阀后	无
力士乐负载敏感系统（LUDV）	恒压变量泵	阀后	无
林德负载敏感系统（LSC）	恒压变量泵	阀后	无
布赫抗流量饱和负载敏感系统（AVR）	恒压变量泵	阀前	无
东芝出口节流控制	负流量泵	执行器出口节流后	无

由于挖掘机工作中各个执行器驱动的负载相差很大，而负载敏感和负流量控制只能和最高负载相匹配，所以仍然存在很大的能耗。研究表明，消耗在控制阀上的能耗超过 30%，所以，降低液压系统的能耗一直是该领域的重点研究课题。代表性的工作有，20 世纪 90 年代初德国研究者在负载敏感控制基础上提出电液负载敏感控制原理，用压力传感器取代复杂的压力检测管网，通过阀口流量计算公式控制阀的流量，省掉了压差补偿器，简化了系统的机械结构、降低了能耗；日本学者对采用高速开关阀控制压力电闭环比例泵组成的电液负载敏感系统作了研究，并提出用比例压力阀改变压差补偿器的补偿压差，实现抗流量饱和的流量分配控制。

传统的负载敏感原理控制量是压差，可称为压力匹配型的负载敏感技术。这种技术的缺陷是存在较大的压差损失，最低在 2MPa 左右；系统的稳定性较差，容易引发振动。为此德国 Aachen 工大的 Zaehe 博士进一步提出无需压力传感器、按流量计算负载压差和按总流量控制的多执行器原理。德国 Braun‐schweig 大学的Harms 教授提出根据比例阀的流量设定值或阀芯位置确定出负载所需流量，对泵的流量进行控制的流量匹配控制原理。这几种方法均需检测液压泵的转速和斜盘倾角，不便在移动设备中应用，当时并未引起足够重视。直到 2001 年，Dresden 工业大学液压研究所的 Helduser 教授，进一步提出用位移传感器检测比例流量阀压差补偿器的开口量、泵出口旁通压差补偿器的开口量，不需要检测泵转速的流量匹配控制原理，这一技术才引起人们的关注。他的研究课题也获得了德国国家基金 DFG的连续资助，取得了降低能耗 10% 以上的效果，成为电液技术新的研究热点。Dresden 工业大学液压研究所进一步发展了双回路的流量匹配负载敏感技术，显著降低了节流损失；国内浙江大学也对该项技术做了深入的研究。

2.3　液压系统的控制策略

近年来，以提高液压驱动系统控制性能的控制策略得到了飞速的发展，并取得了一定的成果。

（1）PID 控制

PID 控制由于控制方法简单、易于实现，因而在工业生产中有着极其广泛的应用。但随着高端装备等新兴领域的发展，PID 控制已无法满足某些液压控制系统的控制要求，以传统 PID 控制为基础衍生出的各种新型 PID 控制方法，如模糊 PID、非线性 PID、自适应 PID 等，成为当前的研究热点。

（2）智能控制

智能控制不依赖系统精确的数学模型，而是根据系统自身实时变化的参数以及外部干扰通过自主学习和训练的方式进而对控制系统进行决策，以达到合理输出有效控制量的目的。当前结合液压驱动系统，所开展的智能控制研究主要涉及了模糊逻辑控制和神经网络控制两种智能控制方法。模糊逻辑控制因其控制算法基于隶属度函数、模糊规则等机器语言，可以将已有经验应用到相似的工程中，具有很好的实用性。但模糊逻辑控制由于依靠设计者的主观经验与判断，其控制性能无法得到保障。同时因其较差的学习能力，故只适用于具有确定数学模型的系统。而神经网络控制恰恰因其强大的学习能力，可以用于任意不确定系统，并具有很强的鲁棒性。但由于无法利用已有经验，故初期自学习训练会耗费较长时间。

（3）自适应控制

自适应控制方法能够根据液压驱动系统本身工况特点和扰动的动态特性变化，修正控制器自己的特征，来处理系统中存在的负载质量、摩擦系数、有效弹性模量、内泄漏系数等参数的不确定性，以确保驱动系统的有效输出，进而实现闭环系统的稳定性和渐近跟踪性能。

（4）液压变结构控制

滑模变结构控制算法针对非线性系统具有一定的鲁棒性，其特征是具有一套反馈规律和一个决策规则（滑模面或切换函数），将其作为输入来衡量当前系统的运动状态，并决定在该瞬间系统所应采取的反馈控制规律。滑动模态的存在，使得系统在滑动模态下不仅保持对系统结构不确定性、参数不确定性以及外界干扰等不确定因素的鲁棒性，且可获得较好的动态性能。针对液压驱动系统的强非线性，通过设计合理的力、位置轨迹、速度等的滑模变结构控制规律，可较好地提高系统的快速响应能力、位置跟踪能力和抗干扰能力。

（5）非线性控制

液压挖掘机的各工作缸均属于非对称液压缸，非对称缸液压控制系统是一个典型的非线性系统。因此，可以对其采用非线性控制，即通过反馈将非线性系统转化为线性系统，对线性系统进行计算，再将所得控制规律通过非线性变化得到具体输出量。

（6）补偿控制

补偿控制指系统采用额外的方法来减小非线性因素引起的控制偏差。针对不同的控制对象可分为多种补偿方式,如速度补偿、加速度补偿和压力补偿等。采用补偿控制可以提高系统的控制精度,改善系统的控制性能。

随着上述控制方法的逐渐成熟,许多专家学者提出越来越多的复合控制方法来克服各种单一算法所存在的不足。根据液压驱动系统存在的问题及特点,将不同的控制进行有效结合来获得综合控制目标。

目前液压系统控制策略在液压驱动系统中的应用仍然存在以下一些不足。

1)推导复杂、参数引入过多、对象特点针对性不强等。

2)多为基于系统模型的控制策略,系统模型越精准,控制效果越理想。但液压驱动系统往往由于机电液高度耦合而存在诸多的不确定性,故难以建立精准的模型。智能控制算法虽然不依赖于系统模型,但对经验要求较高。

3)存在大量的非线性处理环节,但常规的编程控制器无法直接对非线性处理环节进行编程实现,因此在实际系统中应用有限。

无论是针对液压系统节能技术的研究,还是针对控制策略的研究,其本质都是通过控制伺服阀或者比例阀的阀芯位移,或者驱动泵的电动机转速,或者泵的排量,从而控制进入执行器的流量。故阀控系统的功率损失以及泵控系统的响应迟滞仍无法从根本上得到解决,液压驱动系统无法兼顾高性能和高能效的问题仍然存在。

2.4　挖掘机工况分析

液压挖掘机是一种多用途的工程机械,可进行挖掘、平地、装载、破碎等多种工作,为分析液压挖掘机的工况特点,选取挖掘工况作为研究对象。

2.4.1　挖掘工况

挖掘工况是指液压挖掘机进行下放 - 挖掘 - 提升 - 旋转 - 放铲 - 旋转回位的工作过程,通过测试得到图 2-25 所示的不同吨位的内燃发动机输出功率曲线。

2.4.2　液压挖掘机的工况特点

液压挖掘机在工作中通常重复地进行同样的动作,其工作具有周期性的特点。根据图 2-25 所示的液压挖掘机在挖掘工况下的功率曲线可以看出,工作过程中发动机的输出功率波动非常大,可回收的功率也很大,并且也具有周期性的特点,这表明液压挖掘机的工况具有强变的特点。因此,可将液压挖掘机的工况特点归纳为以下两点。

1)工作的周期性强。液压挖掘机的工作周期一般为 15~20s。

2)输出功率波动剧烈。从图 2-25 中可以看出,峰值功率大概是平均功率的 3 倍左右,每个工作周期内几乎没有任何平稳工况。

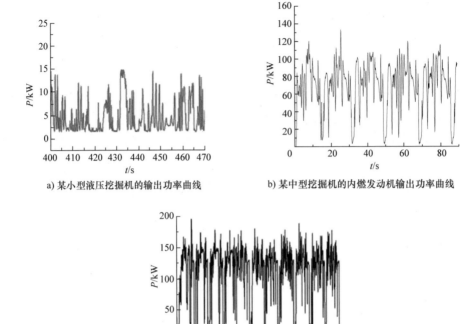

a) 某小型液压挖掘机的输出功率曲线

b) 某中型挖掘机的内燃发动机输出功率曲线

c) 某大型挖掘机内燃发动机输出功率曲线

图 2-25　不同吨位液压挖掘机的内燃发动机输出功率曲线

2.5　电动挖掘机主要关键技术

（1）长寿命、低成本、大负载、恶劣环境工作能力、高能量密度以及支持快速充电的储能技术

作为汽车和工程机械电动化的核心，高性能储能蓄电池技术如果无法实现重大突破，则严重影响电动化的发展。蓄电池技术的发展瓶颈有长寿命、低成本、大负载、恶劣环境工作能力、高能量密度以及支持快速充电等，具有较大的市场应用需求。电池相当于燃油车的油箱，长寿命是蓄电池的刚需之一，不论在蓄电池成本极高的现状下以及电池成本降低的日后，均发挥着重要作用。电池刚需之二的低成本则是决定市场未来发展好坏不可回避的重要因素，与此同时，蓄电池的低成本化是对电池材料方面的技术进步的要求。电池刚需之三的大负载，则决定着该蓄电池能否为工程机械所使用的电动机提供足够的功率输出，其与大功率电动机共同决定着电动工程机械的动力水平。蓄电池刚需之四的恶劣环境工作能力，也在电动工程机

械应用的地域性推广方面起到重要作用。众所周知,作为动力蓄电池主力的锂蓄电池具有低温环境工作效率低的特点,如此一来则严重制约电动工程机械在低温环境下的应用能力。除了利用附加辅助技术进行环境适应能力的提高,更需要在材料科学上创新攻关以解决根本问题。蓄电池刚需之五的高能量密度是决定电动工作机械的作业时间的最主要因素。蓄电池刚需之六的快速充电也是电动工程机械发展的重要需求之一。目前绝大部分电动挖掘机配置的电池进行一次充电最快速度也需 2h,而且由于传统充电技术的制约,该模式下不能够进行频繁充电,否则会导致电池寿命缩短和降低使用安全性。绝大部分都是利用夜间等空闲时间进行正常充电,时长大约 5~8h。因此,蓄电池技术的发展直接决定着新能源工程机械的发展。但是由于蓄电池技术的核心是材料技术,无论我国还是其他材料大国,欲在蓄电池材料方面实现实用性的重大突破并非朝夕之功可达。

当然,储能单元包括了动力蓄电池、超级电容和液压蓄能器。不同储能单元在能量密度、功率密度、寿命、价格等方面均具有不同的特性。考虑到电动工程机械对储能单元充满电后的作业时间要求,现有储能单元一般采用能量型的动力锂蓄电池作为储能单元,但工程机械的工况较为复杂(比如破碎锤模型、强力挖掘等),工程机械很多场合工作在近零转速大转矩输出模式,此时如果仍然采用动力蓄电池供电,耗能较大且效率低下,考虑到工程机械自身为液压驱动的特点,采用液压蓄能器和动力电池作为电动工程机械的储能单元是一个较为理想的组合。

(2)专用集液压参数反馈的电动机驱动专用控制器

考虑到电动工程机械用电动机多目标优化控制的特点,基于液压挖掘机在实际工作过程中液压泵出口压力容易测量的特点,以液压泵出口压力、负载敏感信号和先导压力反馈等信息作为电动机控制器的反馈信号,提出适用于液压挖掘机的迭代学习控制以及云模型的模糊控制策略,实现动力系统的转矩预测及转矩直接控制是工程机械电动化的一个非常关键的核心技术。

(3)基于变转速控制的新型动力协调控制

采用电动机代替内燃发动机后,与内燃发动机的调速性能相比,电动机在速度控制的静动态性能参数方面都获得了较大的提高。此外,电动机过载能力强,其峰值功率一般为其额定功率的 2 倍以上。与内燃发动机相比,电动机高效区间也相应增加。

充分利用电动机良好的转速控制特性、过载能力和高效特性,与传统的液压控制技术相结合是工程机械采用电驱动系统后最为重要的关键技术之一。包括基于变转速控制的负载敏感控制、基于双变系统的负载敏感控制、基于变转速的正流量控制、变恒功率控制、自动怠速控制等。典型的新型动力协调控制技术将会在第 6~8 章阐述。

(4)整机辅助驱动控制技术

如图 2-26 所示,内燃发动机去掉后,原有的空调压缩机、散热器驱动单元等需要单独驱动。此外，考虑到液压系统主泵和先导泵对电动机驱动特性不同，因此，电动工程机械一般将主泵和先导泵分离。因此，电动工程机械除了主泵驱动电动机外，还有空调压缩机、散热器电动机、先导泵等附件需要驱动，附件功率占了整机功率的10%～20%，而且附件之间并不是简单的起停逻辑控制，同样需要根据整机工况对不同的附件进行优化协调控制。

先导电机泵　　　　　电动空调压缩机　　　　　整机辅助驱动控制器

图2-26　电动挖掘机用附件及驱动控制器

（5）供电技术

工程机械分为作业型工程机械和行走型工程机械。作业型工程机械（如履带式挖掘机）的移动不方便，如何为整机储能单元进行充电是其关键技术之一。包括电网供电型，电网到处都存在，但并不能随时可以取电。行走型工程机械（如轮胎式挖掘机、装载机等）的移动相对较灵活，可以通过自行移动的方式进行充电。电动挖掘机的供电方式如图2-27所示。但是与汽车不同，工程机械整机的吨位较重，行走过程消耗的电量也较多。

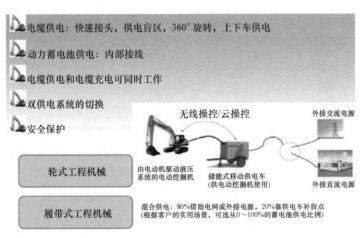

图2-27　电动挖掘机的供电方式

同样，与电动汽车类似，目前的充电技术（交流、稳压直流）也仍然具有一定的技术瓶颈：其一，无法实现超高功率负载充电，只能在蓄电池材料规定的参数条件下设计充电速率，无法独立发展；其二，大功率充电模式下的安全性大幅下降；其三，传统充电技术无法实现低效蓄电池的有效充电，无法发挥蓄电池的寿命优势，造成了一定的成本增加和资源浪费。与蓄电池技术相比，充电技术的发展则相对被动且落后。

因此，不论是作为国家基础设施还是私人设施，充电设备的技术突破不仅严重影响着新能源行业的发展，而且也将为新能源应用行业发挥重要作用。

（6）整机电液控制技术

如图 2-28 所示，当电动挖掘机自身具备电储能单元后，在工业领域应用的各种电液控制技术经过借鉴可应用到电动挖掘机上，可以充分利用机电液一体化的优势进一步提高液压驱动系统的效率，包括电动缸技术、基于电动/发电机－泵/马达的闭式液压系统（EHA）、基于伺服电动机液压泵的新型组合泵、新型电动机直驱式液压缸泵技术、新型电动机变转速控制型的液压变压器等。

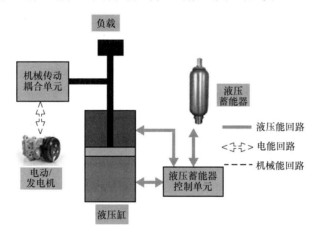

图 2-28　电动挖掘机整机电液控制技术

（7）能量回收技术

液压挖掘机在工作过程中，动臂、斗杆和铲斗的上下摆动以及回转机构的回转运动比较频繁，又由于各运动部件的惯性都比较大，在有些场合，动臂自身的质量超过了负载的质量，在动臂下放或转台制动时会释放出大量的能量。负值负载的存在使系统易产生超速情况，对传动系统的控制性能产生不利影响。从能量流的角度出发，解决带有负值负载的问题有两种方法：一是把负值负载所提供的机械能转化为其他形式的能量无偿地消耗掉，这不仅浪费了能量，还会导致系统发热和元件寿命的降低。比如液压挖掘机为了防止动臂下降过快，在动臂上装有单向节流阀，因此，在动臂下降过程中，势能转化为热能而损失掉；二是把这些能量回收起来以备再利用。用能量回收方法解决负值负载问题不但能节约能源，还可以减少系统的发热和磨损，提高设备的使用寿命，并对液压挖掘机的节能产生显著的效果。

近年来，针对提高液压挖掘机的液压系统工作效率提出了各种节能技术，如正流量技术和负流量技术、新型流量匹配系统、负载敏感技术、负载口独立控制系统、液压矩阵控制技术、基于高速开关阀的液压控制技术等，可以在某种程度上提高液压挖掘机的能量利用率，但无法解决液压挖掘机机械臂下放释放的势能和回转制动释放的动能等传统的负值负载消耗在节流阀口上的能量问题。传统液压挖掘机系统中，由于不存在储能单元，所采用的各种能量回收方法难以将这部分能量高效回收、方便存储并再利用。电驱动技术的应用为解决这一问题提供了新的途径。当液压挖掘机采用电驱动系统后，必须辅以各种能量回收技术和液压节能技术才能进一步提高节能效果。由于动力系统本身配备储能单元，能量的回收与存储都易于实现。因此，为进一步提高能量的利用率，降低系统的能耗，有必要研究液压挖掘机具备了能量储能单元后的能量回收方法。

为了研究液压挖掘机各执行器可回收能量所占比重和回收工况特性，在某20t级液压挖掘机原型机型的基础上，安装了相应的传感器测量了液压挖掘机实际挖掘工作过程中的液压缸或马达两腔压力、各执行元件的位移及运动速度（角速度），计算得到液压挖掘机各执行器可回收能量，见表2-2，由此表可以得到如下结论。

1）机械臂势能和上车机构回转制动动能分别占总可回收能的51%和25%，是液压挖掘机能量回收的主要研究对象；假设能量回收效率为100%，动臂势能和回转制动动能对整机的节能效果分别为10.41%和5.21%。

2）斗杆和铲斗的可回收能量较少，对系统的节能效果影响不明显，考虑到回收系统的附加成本，可以不回收这部分能量。

表2-2　各执行器可回收能量和比例

对象	可回收能量/J	占总回收能量的比例（%）	对整机的节能效果（%）
机械臂	132809	51	10.41
斗杆	28456	11	2.23
铲斗	34704	13	2.72
回转	66472	25	5.21

液压挖掘机通常重复地进行同样的动作，在每个工作周期机械臂下放一次，回转制动两次。从图2-29可以看出，液压挖掘机的可回收工况具有以下特性。

1）具有一定的周期性，整个标准工作周期大约为20s，机械臂势能回收时间只有2~3s，而回转制动的时间更短，大约只有1s。

2）回收功率波动大，具有强变特性，回收功率在0~70kW之间剧烈波动。

对于机械臂势能回收系统，液压挖掘机的机械臂可回收工况波动剧烈，能量回收系统中发电机的发电力矩和转速也随之在大范围内剧烈波动。因此，如何在较短的时间内提高液压马达－发电机的能量转化效率是一个较大的难点。动臂在实际挖掘模式或者动臂下放过程可能会碰到刚性负载，此时，动臂仅提供一个较大的挖掘力，而并无实际下降过程，此时动臂液压缸有杆腔压力远大于其无杆腔压力，因此液压马达的入口压力和流量都很小，此时系统不能采用能量回收系统。因此，整个动臂下放过程是液压马达调速和节流调速的复合控制。因此，如何提高能量回收效率，同时保证动臂速度控制特性是液压马达 – 发电机能量回收系统的关键技术之一。

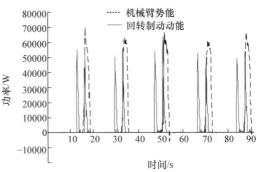

图 2-29　机械臂势能和上车机构回转制动动能可回收功率曲线

对于上车机构回转制动动能的回收，由于纯电动挖掘机已经具备了大容量的电池系统，考虑旋转机构驱动系统的电传动系统比液压传动系统的效率更高，在油电混合动力挖掘机中，一般采用电动/发电机，在电动模式下代替液压马达驱动挖掘机的上车机构。但是与汽车不同，挖掘机的上车回转驱动电动/发电机经常需要工作在零转速大转矩的工作模式，比如挖掘机侧壁掘削时，为了保证挖掘机挖深沟时保证深沟侧壁的垂直性，回转电动/发电机必须在近零转速时仍然提供一个较大转矩，对电机的驱动器、冷却系统等的要求较为苛刻，同时也会消耗大量的电能。一种比较可行的驱动方案如图2-30所示，在液压马达和减速器之间增加了一个电动/发电机，在回转制动时，可以通过电动/发电机工作在发电机模式回收回转制动动能；在加速过程中，电动/发电机

图 2-30　一种电动机和液压马达复合驱动的装置（日立 ZH200 油电混合动力挖掘机）

工作在电动机模式辅助液压马达驱动上车机构。而在近零转速时，电动/发电机处于空转模式，通过液压马达－减速器总成提供一个较大的转矩。

（8）大功率电传动驱动技术

大功率甚至超大功率驱动是保证具有功率等级较大的工程机械动力性能的首要因素。与汽车不同，工程机械的功率等级较大，常规的中型液压挖掘机的功率在100~300kW之间。大型液压挖掘机的功率甚至达到了几千千瓦以上。因此在大功率电传动驱动技术没有实现重大突破的情况下，中大型工程机械电动化难以具备与燃油机型比肩的动力系统。

第3章 电动挖掘机动力系统和驱动方案

电动汽车最核心的技术是电驱动、蓄电池和电控组成的三电系统。电动汽车所使用的电控系统大多是在传统汽车控制器基础上，再进行一些适应性的改变，形成适应于电动汽车的控制软件。国内在电驱动、电控领域的技术发展程度仍远落后于蓄电池技术，部分电动机的电控核心组件如IGBT芯片等仍不具备完全的自主生产能力，具备系统完整知识产权的整车企业和零部件企业仍是少数。随着国内电动机电控系统产业链的逐步完善，电动机电控系统的国产化率逐步提高，电动机电控市场的增速有望超过电动汽车整车市场的增速。然而，电动挖掘机与电动汽车不同，由于自身为液压驱动的特点，电驱动并不能完全替代液压驱动。电动工程机械驱动系统包括电力驱动和液压传动两个部分。电力驱动部分采用电量储能单元和变频调速电动机实现多种动力复合模式；液压传动系统基于动力复合模式特点专门设计，同时兼顾系统节能性和操控性，实现全局功率匹配。

电动挖掘机的核心技术不仅包括了电动汽车领域用的三电系统，同时还包括了液压驱动系统。因此，本章主要介绍三电系统中的蓄电池、电驱动和工程机械自身的液压泵总成，电控系统采用的控制策略参考6~8章。

3.1 动力系统特性分析

电动挖掘机动力系统的关键组成部件是储能单元和电动机。由于液压挖掘机的工况波动剧烈及其作业方式，对它们提出了较高要求。为了保证整机充满电后的续航能力和突遇大负载时持续大电流放电的动力性能，要求储能单元具有较高的能量密度和功率密度；为了满足系统宽范围的流量匹配和快速响应需求，要求电动机具有较高的充放电电流、调速效率以及很强的过载能力、较大的起动转矩以及转矩响应要快等。

3.1.1 储能单元及管理系统

1. 储能单元

目前，电动挖掘机正处于起步阶段，其供电方式多为电缆供电型。电缆供电型由电网供电，电网供电虽有其他电量储备装置无可比拟的能量密度和功率密度，但是工作空间和灵活性的不足极大地限制了它的发展和应用。因此有必要为电动挖掘机匹配一种合适的储能单元，为其他电动工程机械的研究提供借鉴。电动挖掘机的电能储存元件的选择，一般需满足以下需求。

(1) 功率密度

功率密度是单位质量的电池在放电时可以何种速率进行能量输出，单位是W/kg。功率密度不仅影响经济性还影响整机的操控性；功率密度越大，整机装机功率越小；同时充放电能力越强，充电时间越短；放电能力越强，整机工作效率越高。

(2) 能量密度

能量密度是描述单位质量的电池所能储存的能量，单位是 W·h/kg。工程机械作为作业型设备，其续航能力极大地影响其经济性。能量密度越大，续航能力越强，作业时间越长。

(3) 循环寿命

工程机械的工作场合多为充电不方便的野外，储能元件经常要进行深度的放电。因此，电能储存单元对完全充放电循环次数要求高。

(4) 管理单元

电能管理系统是电动工程机械的智能核心技术。储能单元的容量是有限的，必须有一套合理的管理系统，合理控制储能单元的能量流动；并需实时监测储能单元的工作状态，如温度、剩余能量等；同时，需具备故障诊断功能，通过状态信息的判断和预测，预警用户；它还需根据储能单元的使用情况和充放电历史选择最佳充电方式，以尽可能延长储能单元的寿命。

(5) 热平衡管理

温度对动力蓄电池等储能单元的影响较大，工作时产生的高温对储能单元的寿命影响大；在低温时，释放能量效率低。需根据环境温度自行加热或冷却，尽可能减小环境温度对电能储存元件正常工作的影响。

目前市面上应用较多的电能储存元件主要有：铅酸蓄电池、镍氢蓄电池、超级电容、锂蓄电池和燃料电池等。表3-1为常见电能储存元件性能指标。由此表可知，锂蓄电池的能量密度和功率密度相对均衡，既能满足整机的续航能力又能满足动力性能；且工作温度较符合人类活动的场所；完全充放电循环次数较高，寿命长，且效率高达99.8%，能够大大降低用户的使用成本，有利于纯电动工程机械的使用和推广。综合以上分析，动力锂蓄电池是作为电动工程机械电能储存元件比较理想的选择。

表3-1 常见电能储存元件性能指标

性能指标	铅酸蓄电池	镍氢蓄电池	超级电容	锂蓄电池	燃料电池
能量密度/(W·h/kg)	30~45	60~80	5~7	75~300	1000~1200
功率密度/(W/kg)	200~300	50~1350	300~5000	250~450	≥1400
循环次数(次)	400~600	2500	500000	2000~10000	≥5000
工作温度/℃	15~50	-20~45	-40~70	-20~50	30~90
效率/%	低于8%	90%左右	高达98%	高达99.8%	45%~60%

锂蓄电池是一种由锂金属或者锂合金为负极材料，使用非水电解质溶液的电池。随着科学技术的发展，锂蓄电池已经成为主流的电驱动系统的电能储存单元，如电动汽车所用的动力蓄电池绝大部分为锂蓄电池。目前，市面上常用的锂蓄电池主要分为：磷酸铁锂、锰酸锂、三元锂、钴酸锂和钛酸锂蓄电池等。表3-2为几种常见动力锂蓄电池的性能对比。

表3-2 几种常见动力锂蓄电池的性能对比

蓄电池类型	优点	缺点
磷酸铁锂	安全性能较高、高温性能好、支持快速充电，循环寿命长	低温性能差、能量密度较低，生产成本较高
锰酸锂	价格便宜、低温性能好、安全性能佳	高温性能差、循环寿命低、能量密度低、功率密度低
三元锂	容量和安全性相对均衡、功率密度高、放电线性好	价格高、耐高温性差
钴酸锂	结构稳定、容量高	循环寿命一般、安全性较差、成本非常高
钛酸锂	快充性能好、循环寿命长、工作温度范围广	成本高、能量密度低

综合能量密度和安全性，电动挖掘机一般使用比能量高和安全性好的锂蓄电池，尤其是磷酸铁锂蓄电池。为提高动力，一般将一百节左右的单体锂电池串联起来使用，电压等级也根据串联的单体锂蓄电池的数量，有300~400V和450~700V两种。但是蓄电池组串联越多，各单体蓄电池不均衡的概率就越高，相对使用寿命就越短。为确保蓄电池的性能良好，延长蓄电池使用寿命，必须使用电池管理系统（BMS）对蓄电池组合进行有效的管理和控制。

2. 电池管理系统

电池管理系统（BMS）是蓄电池与用户之间的纽带，主要对象是蓄电池。电池管理系统就是对蓄电池组和蓄电池单元的运行状态进行动态监控，精确测量蓄电池的剩余容量，同时对蓄电池进行充放电保护，使蓄电池工作在最佳状态。动力电池管理系统的基本技术需求见表3-3，一般需要具备以下功能。

表3-3 动力电池管理系统的基本技术需求

功能分类	功能	说明
电池状态监测	电池单体电压监测	实时监控单体电压值
	电池总电压监测	实时监控系统总电压值
	充放电电流监测	监控电池组充放电电流
	电池温度监测	监控电池组温度
	绝缘电阻监测	BMS行车状态持续监测动力电池对车身绝缘电阻值，充电状态按国标定义执行
	其他信号监测	监测高低电平信号
电池状态分析	SOC估算	精确计算动力电池剩余电量值
	SOH估算	监控电池健康状态
控制功能	继电器控制	对充电、放电等继电器进行控制，并对继电器状态进行诊断
	休眠与唤醒功能	
能量管理	电池充、放电控制管理	根据牵引系统要求和电池状态进行充放电控制
均衡功能	应具有均衡功能	
电池安全保护	故障诊断及处理	根据故障定义判断故障等级及采取相应措施
	HVIL高压互锁回路检测	提供HVIL高压互锁回路检测功能
信息管理	CAN通信	充电CAN通信以及外部CAN通信

（1）充放电控制

电池管理系统可根据用户意图控制动力蓄电池组充放电。蓄电池过度放电会极大地缩减蓄电池组的寿命；过度充电不仅会影响蓄电池寿命还可能造成爆炸的危险。因此，电池管理系统需根据蓄电池的充放电阈值，在电池状态达到充放电阈值时，自动切断与外部设备间的能量传输。

（2）均衡控制

动力模块由多个电芯单体组成，在充放电的过程中，可通过均衡控制，防止电芯在充放电时因电压不一致，导致部分电芯过度充放电而使蓄电池寿命缩短。蓄电池均衡控制是电池管理系统中最为关键的技术之一，主要分为主动均衡和被动均衡。被动均衡通过电阻对电压较大的电芯进行放电耗能，导致充放电效率降低。主动均衡则不需要通过消耗电芯的电能来达到电芯之间的均衡。目前最理想的蓄电池均衡控制技术是分布式主动均衡控制。

（3）故障诊断

对蓄电池组进行状态参数采集后，通过故障诊断，将电池故障信息发送至用户端，以便及时处理故障，防止安全事故的发生。

（4）剩余电量（SOC）估计

对于用户来说，需要根据当前剩余电量来判断是否具备足够电量进行生产工作，剩余电量（SOC）就相当于传统燃油车中的剩余油量。

（5）其他必备功能

蓄电池数据采集、参数标定和 CAN 总线通信等功能也是必不可少的。

（6）动力蓄电池组的热平衡管理

通过温度传感器测量环境温度和电池箱内各单体电池温度，确定电池箱内的阻尼通风孔开闭大小，以尽可能地降低功耗。

3.1.2　电动机

在电动挖掘机中，电动机将电能转化为机械能带动液压泵旋转。电动机按照运动方式可分为旋转电动机和直线电动机。旋转电动机根据供电方式可分为直流电动机和交流电动机。交流电动机根据相数可分为单相电动机、三相电动机和多相电动机。目前市面上常用的电动机主要有直流电动机、三相异步电动机、永磁同步电动机和开关磁阻电动机等，下面简单介绍几种电动机的工作原理。更详细的介绍见第4 章。

1. 直流电动机

直流电动机可分为永磁式直流电动机和绕组励磁式直流电动机两种。一般小功率采用前者，大功率采用后者。下面主要讨论绕组励磁式直流电动机。

（1）直流电动机简介

直流电动机是指将直流电能转化成机械能（电动模式，称电动机）或将机械能转化为直流电能（发电模式，称发电机）的旋转电机。直流电动机的结构由定子和转子两大部分组成。直流电动机运行时静止不动的部分称为定子，其主要作用是产生磁场，由机座、主磁极、换向极、端盖、轴承和电刷装置等组成。运行时转动的部分称为转子，其主要作用是产生电磁转矩和感应电动势，是直流电动机进行能量转换的枢纽，所以通常又称为电枢，由转轴、电枢铁心、电枢绕组、换向器和风扇等组成。有刷直流电动机被广泛用于要求转速可调、调速性能好，以及频繁起动、制动和反转的场合。

（2）控制方法

直流电动机控制系统主要由斩波器和中央控制器构成，根据直流电动机输出转矩的需要，通过斩波器来控制电动机的输入电压、电流，进而控制和驱动直流电动机的运行。

（3）直流电动机的特点

1）直流电动机的优点：结构简单；具有优良的电磁转矩控制特性，可实现基速以下恒转矩、基速以上恒功率，满足低速大转矩、高速小转矩的要求；可频繁快速起动、制动和反转；调速平滑、无级、精确、方便，范围广；抗过载能力强，能够承受频繁的冲击负载；控制方法简单，只需要用电压控制，不需要检测磁极位置。

2）直流电动机的缺点：设有电刷和换向器，高速和大负载运行时换向器表面易产生电火花；换向器维护困难，很难向大容量、高速度发展；此外，电火花会产生电磁干扰，不宜在多尘、潮湿、易燃易爆的环境中使用；价格高、体积和质量大。其中，电火花产生的电磁干扰对高度电子化的电动汽车来说是致命的。随着电子电力技术和控制理论的发展，与其他驱动系统相比，直流电动机在电动汽车中的应用已处于劣势，目前已逐渐淘汰，在挖掘机上的应用也存在这样的劣势。

2. 异步电动机

（1）工作原理

异步电动机又称感应电动机。转子置于旋转磁场中，在旋转磁场的作用下，获得一个转动力矩，促使转子转动。转子是可转动的导体，通常呈鼠笼状。定子是电动机中不转动的部分，主要任务是产生一个旋转磁场。旋转磁场并不是用机械方法来实现的，而是将交流电通入定子绕组中，使其产生磁性并循环改变磁极性质，故相当于一个旋转的磁场。这种电动机不像直流电动机具有电刷或集电环。依据所用交流电的种类，分为单相电动机和三相电动机。

（2）控制方法

由于交流三相感应电动机不能直接使用直流电，因此需要逆变装置进行转换控制。新能源汽车减速或制动时，电动机处在发电制动状态，给蓄电池充电，实现机械能转换为电能。在新能源汽车上，由功率半导体器件构成的 PWM 功率逆变器把蓄电池电源提供的直流电变换为频率和幅值都可以调节的交流电。三相异步电动机逆变器的控制方法主要有 V/f 恒定控制法、转差率控制法、矢量控制法和直接转矩控制法（DTC）等。20 世纪 90 年代以前主要使用前两种控制方式，但因转速控制范围小，转矩特性不理想，对需要频繁起动和加减速的工程机械并不适用。目前，后两种控制方式处于主流地位。

（3）工作特性

1）异步电动机的优点：结构紧凑、坚固耐用；运行可靠、维护方便；价格低廉，体积小、质量轻；环境适应性好；转矩脉动低，噪声低。交流异步电动机成本低且可靠性高，逆变器即便损坏产生短路也不会产生反电动势，所以不会出现急制动的可能性。因此，广泛应用于大型高速的电动汽车中。三相笼型异步电动机的功率容量覆盖面很广，从零点几瓦到几千瓦。可以采用空气冷却或液体冷却方式，冷却自由度高、对环境的适应性好，并且能够实现再生制动。与同样功率的直流电动机相比，效率较高、质量约要轻一半左右。

2）异步电动机的缺点：功率因数低，运行时必须从电网吸收无功电流来建立磁场；控制复杂，易受电动机参数及负载变化的影响；转子不易散热；调速性能差，调速范围窄。

3. 永磁同步电动机

（1）永磁同步电动机简介

永磁同步电动机由永磁体来产生磁场，这种方法既可简化电动机结构，又可节约能量。由永磁体产生磁场的电动机就是永磁电动机。它是利用永磁体建立励磁磁场的同步电动机，其定子产生旋转磁场，转子用永磁材料制成。同步发电机为了实现能量的转换，需要有一个直流磁场，而产生这个磁场的直流电流，称为发电机的励磁电流。根据励磁电流的供给方式，分为他励发电机和自励发电机。凡是从其他电源获得励磁电流的发电机，称为他励发电机；凡是从发电机本身获得励磁电流的发电机，则称为自励发电机。

（2）永磁同步电动机的控制系统

在控制策略上，永磁电动机的控制技术与感应电动机类似，主要集中在提高低速转矩特性和高速恒功率特性上。目前，永磁同步电动机低速时常采用矢量控制，包括气隙磁场定向、转子磁链定向、定子磁链定向等；而在高速运行时，永磁同步电动机通常采用弱磁控制。

（3）永磁同步电动机的特点

1）永磁同步电动机的优点如下。

① 转矩大、功率密度大、起动力矩大。永磁电动机气隙磁密度可大大提高，电动机指标可实现最佳设计，使得电动机体积缩小、质量减轻，同容量的稀土永磁电动机的体积、质量和所用材料可以减轻 30% 左右。永磁电动机起动转矩大，在汽车起动时能提供有效的起动转矩，满足汽车的运行需求。

② 动力性能指标好。Y 系列异步电动机在 60% 的负载下工作时，效率下降 15%，功率因数下降 30%，动力性能指标下降 40%。而永磁电动机的效率和功率因数下降甚微，当电动机只有 20% 负载时，其动力性能指标仍为满负载的 80% 以上。同时永磁无刷同步电动机的恒转矩区比较长，一直延伸到电动机最高转速的 50% 左右，这对提高汽车的低速动力性能有很大帮助。

③ 高效节能。在转子上嵌入稀土永磁材料后，在正常工作时转子与定子磁场同步运行，转子绕组无感生电流，不存在转子电阻和磁滞损耗，提高了电动机效率。永磁电动机不但可减小电阻损耗，还能有效地提高功率因数。如在 25% ~ 120% 额定负载范围内，永磁同步电动机均可保持较高的效率和功率因数。

④ 结构简单、可靠性高。用永磁材料励磁，可将原励磁电动机中励磁线圈由一块或多块永磁体替代，零部件大量减少，在结构上大大简化，改善了电动机的工艺性；而且电动机运行的机械可靠性大为增强，寿命增加。转子绕组中不存在电阻

损耗，定子绕组中几乎不存在无功电流，电动机温升小。这样也可以使整车冷却系统的负荷降低，进一步提高整车运行的效率。

2）永磁同步电动机的缺点如下。

① 电动机造价较高。

② 在恒功率模式下，操纵较为复杂，控制系统成本较高。

③ 弱磁能力差，调速范围有限。

④ 功率范围较小，受永磁材料工艺的影响和限制，最大功率仅为几十千瓦。

⑤ 低速时额定电流较大，损耗大，效率较低。

⑥ 永磁材料在受到振动、高温和过载电流作用时，其导磁性能可能会下降或发生退磁现象，将降低永磁电动机的性能，严重时还会损坏电动机，在使用中必须严格控制，使其不发生过载。

⑦ 永磁材料磁场不可变，要想增大电动机的功率，其体积会很大。

⑧ 耐腐蚀性差，不易装配。

就目前来看，永磁同步电动机的设计理论、计算方法、检测技术和制造工艺正在不断地完善和发展，永磁材料的性能和可靠性正在不断地提高。电力电子技术、大规模集成电路和计算机技术的快速发展也对永磁电动机的发展起到了积极的促进作用。

4. 开关磁阻电动机

开关磁阻电动机是继变频调速、无刷直流电动机之后发展起来的最新一代无级调速电动机，是集现代微电子技术、数字技术、电力电子技术、红外光电技术及现代电磁理论、设计和制作技术为一体的光、机、电一体化高新技术。它兼具直流、交流两类调速系统的优点。虽然目前的市场应用不是很广，但开关磁阻电动机依然有很大的应用前景。

开关磁阻电动机有两个基本特征：①开关性。开关磁阻电动机必须工作在一种连续的开关模式；②磁阻性。开关磁阻电动机为双凸极可变磁阻电动机，它的结构原则是转子旋转时磁路的磁阻要有尽可能大的变化。其实，常用的永磁电动机由于转子上嵌入了永磁体，也造成了转子凸极磁阻变化，因而永磁电动机的转矩中也包含了磁阻转矩，但磁阻转矩在永磁电动机中占比不大，所以一般忽略这种转矩成分。

（1）开关磁阻电动机的结构、工作原理

如图 3-1 所示，开关磁阻电动机的定、转子的凸极均由普通硅钢片叠压而成，这种加工工艺可尽可能地减小电动

图 3-1 三相 6/4 开关磁阻电动机结构图

机的涡流及磁滞损耗。转子极上既没有绕组也没有永磁体，更没有换向器和滑环等；定子极上绕有集中绕组，径向相对的两个绕组串联构成一相，电动机整体结构简单。

开关磁阻电动机根据需要可设计成不同的相数。按相数来分有单相、两相、三相、四相及多相磁阻电动机，但低于三相的开关磁阻电动机一般没有自起动能力。电动机的相数越多，步距角就越小，就越有利于减小转矩脉动；但相数多，要用的开关器件就多，结构就越复杂，成本相应地也会增高；目前最常用的是三相和四相永磁电动机。定、转子的极数也有不同的搭配，例如三相开关磁阻电动机有 6/4 结构和 12/8 结构，四相开关磁阻电动机多是 8/6 结构等。

开关磁阻电动机是利用转子磁阻不均匀而产生转矩的电动机，又称反应式同步电动机，其结构及工作原理与传统的交、直流电动机有很大的区别。它不依靠定、转子绕组电流所产生磁场的相互作用而产生转矩，而是依靠"磁阻最小原理"产生转矩，即"磁通总是沿着磁阻最小的路径闭合，从而产生磁拉力，进而形成磁阻性质的电磁转矩"和"磁力线具有力图缩短磁通路径以减小磁阻和增大磁导的本性"。

开关磁阻电动机的磁阻随着转子凸极与定子凸极的中心线对准或错开而变化，因为电感与磁阻成反比，当转子凸极和定子凸极中心线对准时，相绕组电感最大，磁阻最小，当转子凹槽和定子凸极中心线对准时，相绕组电感最小，磁阻最大。下面以三相 12/8 极开关磁阻电动机为例进行说明，图

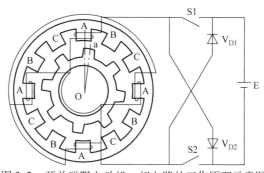

图 3-2　开关磁阻电动机一相电路的工作原理示意图

3-2表示该电动机的一相电路的工作原理示意图，S1、S2 是电子开关，V_{D1}、V_{D2} 是二极管，E 是电源。

假设开关磁阻电动机转子在图 3-2 所示位置时，开关 S1、S2 合上，A 相绕组通电，该相通过直流电源 E 进行励磁，电动机内将建立起以 OA 为轴线的径向磁场，磁通通过定子轭、定子极、气隙、转子极和转子轭等处闭合。通过气隙的磁力线是弯曲的，此时磁路的磁阻大于定、转子磁极轴线重合时的磁阻。因此，转子将受到气隙中弯曲磁力线的切向磁拉力产生的转矩作用，使转子磁极的轴线 Oa 向定子 A 相磁极轴线 OA 运动，并受到该方向的力矩作用，即逆时针方向。等 Oa 运动到与 OA 轴线重合时，磁阻最小，A 相将不再产生转矩；此时，应换一相导通，如 B 相，则转子将逆时针转动一个步进角。如果连续不断地按 A – B – C 的顺序分别给绕组通电，则电动机转子会逆着励磁顺序以逆时针方向连续旋转。反之，依次给

C－B－A 相通电，则电动机会反方向转动，即顺时针转动。开关磁阻电动机的转向与相绕组的电流方向无关，只取决于相绕组通电的顺序。开关磁阻电动机运行示意图如图 3-3 所示。

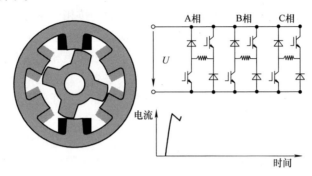

图 3-3　开关磁阻电动机运行示意图

（2）开关磁阻电动机的工作特点

1）开关磁阻电动机的优点如下。

① 效率高、损耗小。开关磁阻电动机系统是一种非常高效的调速系统。这是因为一方面电动机绕组无铜损；另一方面电动机可控参数多，灵活方便，易于在宽转速范围和不同负载下实现高效优化控制。系统在不同转速和不同负载下的效率均比变频器系统高，一般要高 5% ~ 10%。

② 起动转矩大、起动电流小。开关磁阻电动机系统从电源侧吸收较小的电流，在电动机侧可得到较大的起动转矩，可达额定转矩的 3 ~ 6 倍。起动转矩达到额定转矩的 200% 时，起动电流仅为额定电流的 30%，与交流电动机的 300% 电流获得100% 转矩的性能相比，优势非常明显，特别适合于那些需要重载起动、负载变化明显及频繁起停的场合。

③ 可控参数多、调速性能好。控制开关磁阻电动机的主要运行参数和常用控制方法至少有四种：相导通角、相关断角、相电流幅值、相绕组电压。可控参数多，意味着控制灵活方便，可以根据电动机的运行要求和电动机的情况，采取不同控制方法和参数值，使之运行于最佳状态（如出力最大、效率最高等），还可实现各种不同功能的特定曲线。

④ 结构简单、成本低、可用于高速运转。开关磁阻电动机的结构比笼式感应电动机更简单，尤其是其转子没有绕组。因此，不会有笼式感应电动机制造过程中铸造不良和使用过程中的断条等问题。而且转子强度极高，可用于超高速运转，转速可达每分钟数万转甚至十数万转。

⑤ 电动机可频繁起停和正、反转

开关磁阻电动机具有高起动转矩、低起动电流的特点，使之在起动过程中的电流冲击小，电动机和控制器发热较连续额定运行时还要小，适用于频繁起停及正反向转换运行，次数可达 1000 次/h。

⑥ 系统可靠性高。从电动机的电磁结构上看，各相绕组和磁路相互独立，各自在一定轴角范围内产生电磁转矩。从控制结构上看，各相电路各自给一相绕组供电，一般也是相互独立工作。出现电源缺相、电动机或控制器任一相出现故障时，开关磁阻电动机的输出功率减小，但仍可运行。当系统超过额定负载 120% 以上时，转速只会下降，而不会烧毁电动机和控制器。开关磁阻电动机调速系统的上下桥臂功率器件和电动机的绕组串联，不存在发生功率器件控制错误导致短路而烧毁的故障；而变频器的主电路上下桥臂直接串联，存在由于干扰或导通错误导致母线直接短路的可能性。

2）目前开关磁阻电动机也具有以下缺点。

① 转矩脉动：开关磁阻电动机工作在脉冲供电方式，瞬时转矩脉动大；转速很低时，步进状态明显，而且由于其本身的非线性，导致转矩控制困难。尽管目前研究开关磁阻电动机直接转矩控制技术等的文章较多，但仍难以实现转矩的精确控制，在伺服等精密控制场合，开关磁阻电动机与其他类型电动机相比不具有优势。

② 噪声：开关磁阻电动机相绕组轮流导通，径向力导致定子变形，换相时更明显，电动机噪声大，减小振动和噪声是重要的研究课题。很多科研人员正在从电磁参数设计和调速方法以及电动机结构等方面进行研究加以改进，但现在与其他电动机相比，噪声仍然偏大。

3）出线头：开关磁阻电动机的出线头较多，如三相开关磁阻电动机至少有四根出线头，四相开关磁阻电动机至少有五根出线头，而且还有位置检测器出线端。

5. 性能对比和应用前景

（1）性能对比

工程机械的工作环境恶劣，负载具有强变突变的特性，因此电动机必须具有良好的起动特性和强过载能力；并且由于装机空间的限制，电动机需具有体积小、功率大的特性。

表 3-4 为上述几种常用电动机的性能对比。就目前技术而言，电动汽车驱动电动机主要有永磁同步电动机和异步电动机两种。在开关磁阻电动机技术成熟之前，永磁同步电动机作为电动机有着无可比拟的优势。从未来技术看，开关磁阻电动机驱动系统的电动机结构紧凑牢固，驱动电路简单，成本低，性能可靠，在宽广的转速范围内效率都较高，且可以方便地实现四象限控制。这些特点使开关磁阻电动机驱动系统适合在电动挖掘机的各种工况下运行，是很有潜力的一种电动机。尤其是对噪声和振动要求较低的大型客车、载货车和工程机械领域，开关磁阻电动机具有良好的应用前景。

（2）应用前景

目前，永磁同步电动机在我国新能源汽车中的使用占比超过 90%，交流异步电动机主要是以特斯拉为首的美国车企和部分欧洲企业使用。一方面，这与特斯拉

表 3-4 几种常用的电动机性能对比

电动机类型	优点	缺点
直流电动机	调速性能好、起动特性好、动态性能好、过载能力强	结构复杂、体积大、价格昂贵、可靠性低、维护复杂
三相异步电动机	结构简单、运行可靠、价格便宜、噪声小	调速困难、运行效率低、功率密度低
永磁同步电动机	效率高、功率因数高、体积小、质量轻、温升低、起动特性好、抗过载能力强	成本较高、有失磁现象
开关磁阻电动机	结构和控制简单、出力大、可靠性高、成本低、起动制动性能好、运行效率高	脉动因素而导致的成本增加、脉动转矩造成噪声、非线性严重、技术尚不成熟

最初的技术路径选择有关，交流感应电动机价格低廉，而偏大的体积对美式车并无妨碍；另一方面，美国高速路网发达，交流感应电动机的高速区间效率性能上佳。

而包括中国、日本等在内的其他国家新能源汽车电动机最广泛使用的仍是永磁同步电动机。适合本国路况是主要因素，永磁同步电动机在反复起停、加减速时仍能保持较高效率，对高速路网受限的工况是最佳选择。

此外，我国稀土储量丰富，日本稀土永磁产业有配套基础也是重要因素。日本的丰田、本田、日产等汽车公司基本上都采用永磁同步电动机驱动系统，如丰田公司的 Prius，本田公司的 CIVIC。因为在日本，供应永磁电动机使用的稀土磁铁的公司比较多；同时汽车大多以中低速行驶，因此采用加减速时效率较高的永磁同步电动机较为适宜。

驱动电动机是新能源汽车的三大核心部件之一，与传统工业电动机相比，新能源汽车驱动电动机有更高的技术要求。由于中国稀土储量极为丰富，而且电动机工艺已经接近世界先进水平，因此预计永磁电动机将在较长时间内占据中国新能源汽车的电动机市场。

总的来说，永磁同步电动机和感应电动机各自都具有明显的优势。不过，目前电动汽车的续航里程势必是一项极其重要的指标，永磁同步电动机的高效率能更好地提高续航里程。而且高耐热性、高磁性能钕铁硼永磁体的成功开发以及电力电子元件的进一步发展和改进，使稀土永磁同步电动机的发展得到了进一步的完善。但就现在的发展趋势看，永磁同步电动机与其他类型电动机相比似乎前景更好。

随着新能源汽车驱动技术的快速发展，许多新结构或新概念电动机已经投入研究。其中新型永磁无刷电动机是目前最有前景的电动机之一，包括混合励磁型、轮毂型、双定子型、记忆型以及磁性齿轮复合型等。此外，非晶电动机也开始走进新能源汽车领域，作为新一代高性能电动机，其自身的优越性必将对新能源汽车产业的发展起到巨大的推动作用。

3.1.3　液压泵

液压系统是以液压泵作为向系统提供一定的流量和压力的动力元件，液压泵由电动机或内燃机带动，将液压油从油箱吸入（或从回油管直接吸入）并以一定的压力输送出去，使执行器推动负载做功。因此，液压泵是液压系统的能源装置或称为动力装置，即能将原动机（电动机或内燃机）的机械能转化成油液的压力能供液压系统使用的能量转换装置。

液压泵的分类方式很多，它可按压力的大小分为低压泵、中压泵和高压泵；也可按排量是否可调节分为定量泵和变量泵；又可按泵的结构分为齿轮泵、叶片泵和柱塞泵等。

对液压泵一般按结构进行分类，如图 3-4 所示。

一般来说，齿轮泵、双作用叶片泵和螺杆泵等属于定量泵，而单作用叶片泵和柱塞泵则可以做成变量泵；齿轮泵和叶片泵多用于中、低压系统，柱塞泵多用于高压系统。目前用于工程机械的主要是柱塞泵和齿轮泵。中低压系统一般采用齿轮泵，高压系统基本上采用柱塞泵。

齿轮泵	外啮合齿轮泵	定量泵
内啮合齿轮泵	定量泵
摆线齿轮泵	定量泵
螺杆泵	单螺杆泵	定量泵
多螺杆泵	定量泵
叶片泵	单作用叶片泵	定量/变量泵
双作用叶片泵	定量泵
柱塞泵	径向柱塞泵 活塞偏心式	定量/变量泵
轴偏心式	定量/变量泵
轴向柱塞泵 斜盘式	定量/变量泵
斜轴式	定量/变量泵

图 3-4　液压泵的分类

1. 定量泵

定量泵常应用于工业制造，随着负载敏感泵和恒功率泵等的不断发展，如今定量泵几乎不用于工程机械作为液压系统的能源装置。但是工程机械电动化后，使变转速 - 定量泵的流量调节方式成为可能。定量泵主要有齿轮泵和单作用叶片泵，表 3-5 为几种不同类型的定量泵的性能对比与分析。

表 3-5　几种不同类型定量泵的性能对比分析

定量泵类型		优点	缺点
齿轮泵	外啮合	结构简单、对油污不敏感、价格低廉、自吸能力强	存在径向不平衡力、困油现象、噪声大、流量脉动大、容积效率低、泄漏大
	内啮合	低速性能好、容积效率高、使用寿命长、传动平稳、吸油条件良好、无脉动、振动小、噪声小	齿形复杂、加工精度要求高
叶片泵	单作用	流量均匀、压力脉动小、运转平稳、噪声小	易发热、存在困油现象、容积效率低、转子承受不平衡径向力

从长远来看，静音后的高压外啮合齿轮泵和高压化的内啮合齿轮泵均符合电动工程机械的节能环保的需求。

2. 变量泵

变量泵是指排量可以调节的液压泵。为了满足液压系统对油源的多种要求，需要对液压泵进行变量控制，如图3-5所示，主要控制以下三个方面。

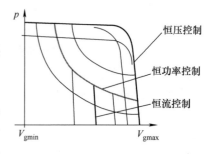

图 3-5　液压泵的变量控制

1）压力控制，包括恒压控制和压力截断控制等。恒压控制如图3-6所示，调节控制阀4右侧的弹簧预压缩量，即可以调整液压泵的工作压力。

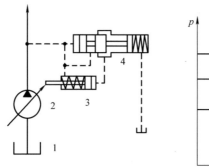
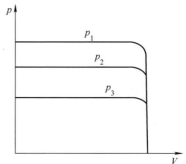

图 3-6　恒压控制

1—油箱　2—泵主体　3—变量液压缸　4—控制阀

2）流量控制。

恒流控制。如图3-7所示，调整液压泵出口节流阀的开口大小，即可以调整液压泵的输出流量。节流阀前后分别接到控制阀的两侧，因此可以保证其前后压差不变，从而稳定液压泵的输出流量。这里的节流阀是多路阀中的节流阀口，而不是变量泵自身的附件。

3）功率控制。

① 恒功率控制。为了能够在每种工作模式高效的前提下使液压泵充分利用动力源（内燃发动机或者电动机）的输出功率，则液压泵需要相应地采用恒功率控制。对于工程机械来说，从变量泵控系统引入功率匹配，就是通过变量泵的功率控制实现轻载时可以高速大流量作业以满足速度要求；而重载时低速小流量作业。这样既满足作业性能要求又满足安全性，而动力源的功率又不至过大，实现了经济性与作业效率的矛盾统一，能够实现这样功能的变量泵是恒功率变量泵控制系统。

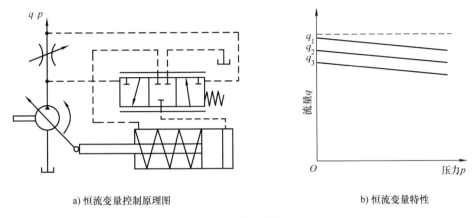

a) 恒流变量控制原理图

b) 恒流变量特性

图 3-7　恒流控制

对于单泵液压系统，如图 3-8 所示，改变控制阀 5 右侧的弹簧预紧力，即可以改变液压泵的输出功率等级。在实际使用时，一般是按照曲线 1 来近似代替光滑的曲线 2。

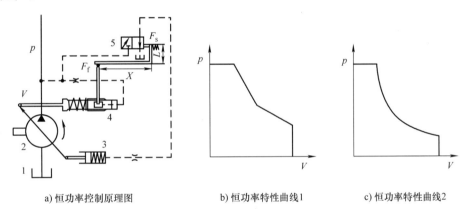

a) 恒功率控制原理图

b) 恒功率特性曲线1

c) 恒功率特性曲线2

图 3-8　单泵液压系统恒功率控制

1—油箱　2—泵主体　3—下变量液压缸　4—上变量液压缸　5—恒功率控制阀

对于中大型液压挖掘机，为了提高液压挖掘机多执行器复合动作的控制性能，液压挖掘机多采用双泵双回路系统。在这种系统中全功率控制和分功率控制最容易实现。因此，首先出现在液压挖掘机的系统当中，并随着技术的进步，发展出交叉传感功率控制。

② 全功率控制。在全功率变量系统中，液压泵的功率调节有两种形式。一种是两个液压泵共用一个功率调节器，经压力平衡器将两液压泵的工作压力之和的一半作用到调节器上实现两泵共同变量。另一种是两个液压泵各配置一个调节器，两个调节器由液压联动，两个液压泵的压力油各通入本泵调节器的环行腔和另一个液

压泵调节器的小端面腔,实现液压联动;因小端面腔的面积与环行腔面积相等,各液压泵压力的变化对调节器的推动效应相等,使两个液压泵的斜盘倾角相等,输出流量相等,可使两个规格相同且又同时动作的执行器保持同步关系。

决定液压泵流量变化的压力是两个液压泵工作压力之和,两个液压泵功率总和始终保持恒定,不超过内燃发动机的功率。但每个液压泵的功率与其工作压力成正比,其中一个液压泵有时可能在超负荷下运行,系统特性曲线如图3-9a所示。其优点在于:第一,能够在一定条件下充分利用内燃发动机功率;第二,两个液压泵各自都能够吸收内燃发动机的全部功率,提高了工作装置的作业能力;第三,结构简单。由于以上特点,全功率变量泵液压系统在挖掘机上曾经得到大量应用。

上述全功率变量系统,其性能还不够理想,特性曲线如图3-9所示。因液压泵的工作点总是沿着折线自动调节,实际是在最大功率、最大流量和最大压力三种极端工况下工作,而挖掘机工作时并非时刻都需要最大功率、最大流量和最大压力。如果内燃发动机处于空载运转,或者作业负载较轻以及工作装置处于强阻力微动时,若按上述特性运行必然造成能量浪费,而又无法通过人为控制改变液压泵的运行状况,因此全功率系统不可避免地存在功率损失。目前开中心系统不是单独采用全功率控制功能,而是与其他控制结合起来,如负流量控制、正流量控制、功率变化控制等。大多数国产挖掘机的液压系统采用全功率控制与负流量控制的组合,对液压泵的输出功率进行控制,以减少极端工况下的功率损失。

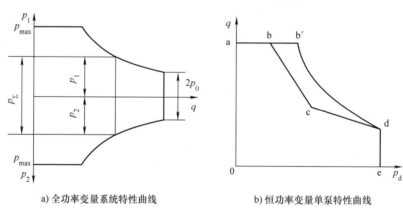

a) 全功率变量系统特性曲线   b) 恒功率变量单泵特性曲线

图3-9 全功率控制示意图

③ 分功率控制。分功率变量系统中两个液压泵各有一个独立的恒功率调节器,每个液压泵流量只受液压泵所在回路负载压力的影响,如图3-10a所示。分功率系统只是简单地将两个恒功率液压泵组合在一起,每一个液压泵最多吸收内燃发动机50%的额定功率。而且只有当每台液压泵都在压力调节范围 $p_0 \leqslant p \leqslant p_{max}$ 内工作时,才能利用全部功率。由于每个回路中负载压力一般是不相等的,因此液压泵的输出流量不相等,如图3-10b所示。这种系统的优点在于:两个液压泵的流量可以根据

各自回路的负载单独变化，对负载的适应性优于全功率系统。其主要缺点在于：由于每个液压泵最多只能吸收内燃发动机50%的功率，而当其中一个液压泵工作于起调压力之下时，另外一个液压泵却不能吸收内燃发动机空余出来的功率，使内燃发动机功率得不到充分利用，从而限制了挖掘机的工作能力。因此，这种系统在国外大、中型挖掘机上基本被淘汰。

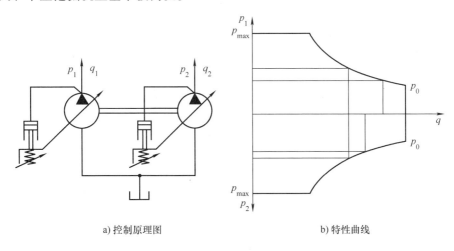

a) 控制原理图　　　　　　　　　　　b) 特性曲线

图 3-10　分功率控制示意图

④ 交差传感功率控制。由于分功率变量系统只是两个液压泵的简单组合，每一个液压泵最多吸收内燃发动机50%的功率，当一个液压泵工作于起调压力之下时，另外一个液压泵却不能吸收内燃发动机空余出来的功率。针对此缺点，在分功率系统基础上，出现了交叉传感功率控制，如图 3-11 所示。交叉传感功率控制从原理上讲是一种全功率调节，与上述全功率控制不同的是两个液压泵的排量可以不同。通过交叉连接配置，两个液压泵的工作压力互相作用在对方的调节器上，每个液压泵的输出流量不仅与自身的出口压力有关，还与另一液压泵的出口压力有关。如果一台液压泵不工作或者以小于50%的总驱动功率工作，则第二台液压泵自动地利用剩余的功率，在极端情况下可达到100%总驱动功率。交叉功率控制既具有根据每一液压泵的负载大小调整液压泵输出的能力，又能充分利用内燃发动机的功率。但是交叉功率控制液压泵的工作点仍像图 3-9b 所示的那样被限制在 a－b－c－d－e 折线上，而不能在折线下方的工况内变化。目前，交叉传感功率控制并不是单独起作用，而是与其他控制方法结合起来，对双泵功率之和进行限制。如交叉传感功率控制可与压力切断控制相组合，压力切断功能优先于交叉传感控制，即当系统压力低于压力切断的设定压力时，交叉传感控制起作用；当系统压力高于设定压力时，压力切断阀动作，系统压力进入功率调节器的变量缸大腔，使液压泵的排量变小。

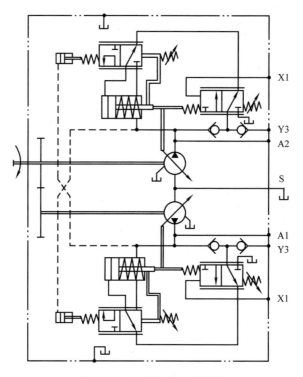

图 3-11　交叉传感功率控制

3. 挖掘机常用液压泵

工程机械液压泵一般是上述几种变量方式的组合，下面以典型的负载敏感泵和负流量泵作为代表介绍其工作原理。

（1）负载敏感泵

图 3-12 为某型号负载敏感变量泵原理图，负载敏感控制的功能是通过比较泵出口与负载的压力差以调节泵排量，从而达到匹配执行器的流量需求的目的。该功能由 LS 阀、变量活塞、斜盘式轴向柱塞泵共同完成，负载压力 p_L 和泵出口压力 p_1 分别作用于 LS 阀芯的左、右端，LS 阀芯的左端还设置有一预紧弹簧，其作用是设定负载敏感控制压差 Δp_1（一般设置为 1.5 ~ 2.5MPa）。

当泵出口与负载的实际压差 Δp（$\Delta p = p_1 - p_L$）小于负载敏感控制压差 Δp_1，变量活塞的大腔通过 LS 阀与油箱接通，而变量活塞的小腔与泵出口接通，变量活塞向左运动，柱塞泵的排量增大，泵出口流量增加。直到实际压差恢复至负载敏感控制压差 Δp_1，LS 阀工作于中位，变量活塞大腔闭死，排量保持不变，泵出口流量保持不变；若泵排量增至最大仍然无法使压差恢复，则负载敏感系统的流量需求大于泵所能提供的最大流量即流量饱和。

当泵出口与负载的实际压差 Δp（$\Delta p = p_1 - p_L$）大于负载敏感控制压差 Δp_1，变量活塞的大腔通过 LS 阀与泵出口接通，同时变量活塞的小腔也与泵出口接通，变

量活塞向右运动，柱塞泵的排量
减小，泵出口流量减小，直到实
际压差恢复至负载敏感控制压差
Δp_1，LS 阀工作于中位，变量活
塞大腔闭死，排量保持不变，泵
出口流量保持不变；若泵排量降
至最小仍然无法使控制压差 Δp_1
恢复，则泵提供的最小流量大于
负载敏感系统的流量需求，多余
流量溢流回油箱。

　　此外，如图 3-13 所示，负
载敏感变量泵往往还集成有其他
控制功能，如压力切断、功率控
制等。

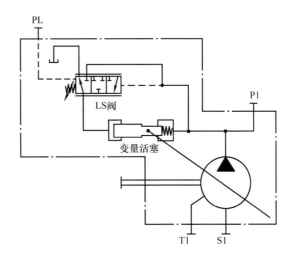

图 3-12　某型号负载敏感变量泵原理图

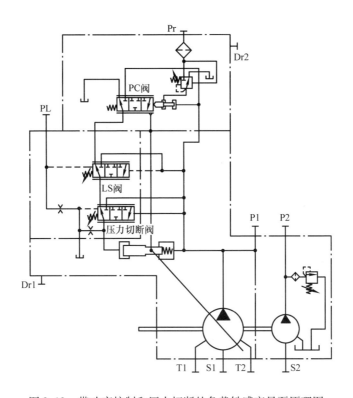

图 3-13　带功率控制和压力切断的负载敏感变量泵原理图

（2）K3V112负流量泵

一般情况下，中型或大型挖掘机采用的是双泵外加一个先导泵合流控制的。K3V系列液压泵由于维修简单，性价比高，是目前使用最广泛的工程机械用液压泵之一。

以20t液压挖掘机为例，最典型的液压泵是日本川崎的K3V112（图3-14）。此泵是由两个柱塞泵和一个先导齿轮泵前后串联所构成，泵上配置有先导安全阀，柱塞泵排量：$110 \times 2\text{mL/r}$，先导泵排量：10mL/r。

图3-14 川崎K3V112负流量泵

K3V系列液压泵以其高功率密度、高效率以及多样的变量方式广泛用于液压挖掘机上。它的变量方式包括恒功率控制、总功率控制、正负流量控制、功率转换控制和负载传感控制等。

如图3-15和图3-16所示，K3V112负流量泵由主泵（斜盘式双泵串列柱塞泵）、先导泵（齿轮泵）、泵1调节器、泵2调节器和转矩控制电磁阀等组成。主泵用于向各工作装置的执行器供油，先导泵用于先导控制油路，泵调节器根据各种指令信号控制主泵排量，以适应发动机功率和操作人的要求，其中转矩控制电磁阀位于泵2调节器上。

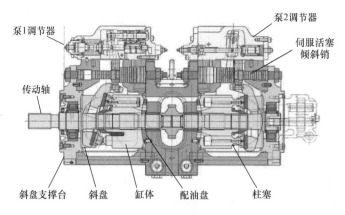

图3-15 K3V112液压泵结构图

图3-16所示为K3V112液压泵原理图，泵调节器主要由补偿柱塞、功率弹簧、功率设定柱塞、伺服阀、反馈杆、伺服柱塞、先导弹簧及先导柱塞组成。

调节器中补偿柱塞被设计成3段直径不同的台阶，3个台阶分别与两柱塞泵和转矩控制电磁阀连接，这样当任何一个台阶上所承受的压力变化时，都会引起柱塞泵排量的变化。伺服阀同时受到负流量控制中先导压力的控制，先导压力 p_{i1}（p_{i2}）的变化通过先导柱塞 8、先导弹簧 7 作用于伺服阀 4 上，伺服阀与伺服柱塞 6 相连，伺服柱塞带动柱塞泵斜盘倾角的变化来改变柱塞泵的排量。

泵调节器的反馈杆 5 与伺服柱塞 6 连接并可绕其连接点转动。柱塞泵输出的液压油分 3 路进入泵调节器：①一路液压油通过 AB 进入伺服柱塞 6 的小腔，使伺服柱塞小腔常通高压油，推动斜盘使柱塞泵保持在大排量；②一路液压油通过 CD 进入伺服阀 4，通过伺服阀的换位来调节柱塞泵的排量；③柱塞泵 1 和柱塞泵 2 输出液压油分别作用在补偿柱塞 1 的台阶 E、F 上，对液压泵进行功率控制。

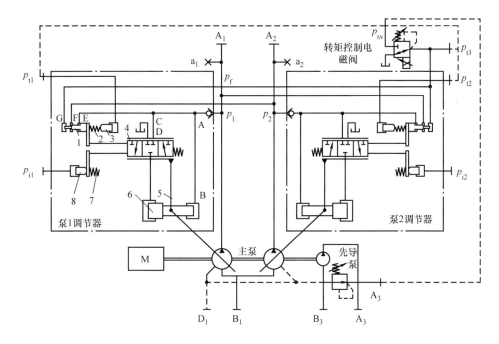

图 3-16　K3V112 液压泵原理图

1—补偿柱塞　2—功率弹簧　3—功率设定柱塞　4—伺服阀
5—反馈杆　6—伺服柱塞　7—先导弹簧　8—先导柱塞

K3V112 液压泵可实现总功率控制、负流量控制和功率转换控制的功能，总功率控制可实现执行机构的轻载高速、重载低速动作，既能保证液压泵充分利用内燃发动机功率又能防止内燃发动机过载；负流量控制可最大限度地减小溢流功率损失和系统发热；功率转换控制功能，可根据负载情况改变输入电流大小，调整液压泵的输出功率，提高工作效率，节省内燃发动机功率。其工作原理分别如下。

（1）总功率控制

如图 3-16 所示，双泵串联系统中，泵调节器是根据两泵负载压力之和（p_1 +

p_2）来控制斜盘倾角使两泵的排量 q 保持一致。功率控制由补偿柱塞 1 完成，在补偿柱塞 E/F 台阶圆环面积上，作用着柱塞泵的压力 p_1 和 p_2。随着两泵出口负载的增大，作用在补偿柱塞上的压力之和（$p_1 + p_2$）达到设定变量压力后，克服功率弹簧 2 的弹簧力使伺服阀 4 的阀芯向右移动，伺服阀左位工作，连接至伺服阀的压力油 CD 进入伺服柱塞大端，因为伺服柱塞大、小端存在面积差，从而产生压力差推动伺服柱塞 6 向右移动，伺服柱塞带动柱塞泵的斜盘倾角减小，使柱塞泵排量减小，液压泵功率也随之减小。在排量减小的同时，伺服柱塞同时带动反馈杆 5 逆时针转动，反馈杆带动伺服阀芯向左移动令伺服阀关闭，则此时伺服柱塞大腔进油的通道关闭，柱塞泵停止变量。

当工作负载减小时，功率弹簧 2 的弹簧力推动补偿柱塞 1 向左移动，同时带动伺服阀的阀芯向左移动，伺服阀右位工作，伺服柱塞大端通油箱，压力减小，伺服柱塞向左移动，带动柱塞泵的斜盘倾角增大，使柱塞泵排量增大。伺服柱塞同时带动反馈杆顺时针转动，反馈杆带动伺服阀芯向右移动令伺服阀关闭，则柱塞泵停止变量。

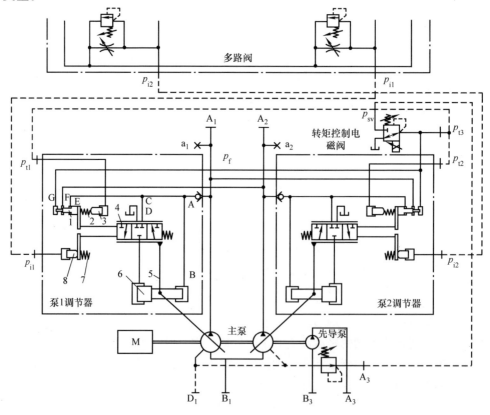

图 3-17　负流量控制原理图

（图中序号 1~8 注释见图 3-16）

（2）负流量控制

如图 3-17 所示，当操纵液压挖掘机控制手柄使其处于作业状态时，多路阀中至少有一组阀换向处于工作状态，此时多路阀中位卸荷油路被切断，节流阀前端会产生一个先导压力 $p_{i1}(p_{i2})$，负流量控制阀中节流阀前的先导压力值降为零，先导柱塞 8 在先导弹簧 7 的弹力作用下向左移动，带动伺服阀 4 的阀芯也向左移动，伺服阀右位工作，伺服柱塞 6 大腔通油箱；这时伺服柱塞在小腔高压油的作用下向左移动，带动柱塞泵的斜盘倾角增大，使柱塞泵的排量增大以满足工作要求。

（3）功率转换控制

功率转换控制主要是靠转矩控制电磁阀来完成的，其内部是电磁比例减压阀。液压泵输出功率的大小是通过改变进入电磁比例减压阀的电流大小来完成的，经过电磁比例减压阀的功率转换压力 p_f 作用于补偿柱塞 1 的台阶 G 和功率设定柱塞 3 上，如图 3-18 所示。

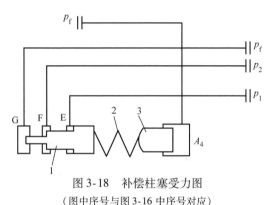

图 3-18 补偿柱塞受力图
（图中序号与图 3-16 中序号对应）

补偿柱塞 1 所受的向右力是作用于补偿柱塞 1 三个台阶面积 A_G、A_E、A_F 的液压力之和，向左方向的力是功率弹簧力和功率设定柱塞面积 A_4 的液压力之和，则补偿柱塞的受力平衡方程为

$$p_1 A_E + p_2 A_F + p_f A_G = k x_0 + p_f A_4$$

式中，k 为弹簧刚度系数；x_0 为弹簧的预压缩量。

如果改变电磁比例减压阀的功率转换压力 p_f，就可改变平衡方程的平衡点，使补偿柱塞 1 开始移动时的柱塞泵压力 p_1、p_2 发生变化，即液压泵输出功率的设定值发生改变。在正常工作情况下，转矩控制电磁阀输出压力为零，在补偿柱塞 1 的右端仅有功率弹簧 2 的弹力，左端仅有柱塞泵的压力 p_1 和 p_2 产生的力。

为实现更高作业速度的要求，使液压泵的吸收功率接近内燃发动机的额定输出功率，此时电磁比例减压阀输出一定的功率转换压力 p_f，如图 3-19 所示。由于 $A_4 > A_G$，所以随着功率转换压力

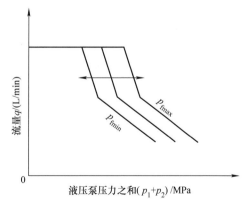

图 3-19 功率转换控制原理图

p_f 的升高，補償柱塞 1 所受向左方向的力增加，補償柱塞左移，這將會使柱塞泵的排量增大，加快工作速度。同時在防止發動機過載的功率控制時，柱塞泵的壓力之和（$p_1 + p_2$）必須大於正常情況下的壓力才能實現泵排量減小的調節。因此，根據功率轉換控制原理圖（圖 3-19）可知，在實際工作中可根據負載情況改變輸入電流大小，從而改變功率轉換壓力 p_f，調整液壓泵輸出功率的大小，可以提高工作效率，節約發動機功率。

3.1.4 動力驅動結構方案

根據電動機和液壓泵的種類，電動挖掘機的動力驅動結構有四種可選方案，分別為：定轉速定排量、變轉速定排量、定轉速變排量和變轉速變排量，如圖3-20所示，其中變排量根據章節 3.1.3 中的 3 小節又可細分為不同類型。

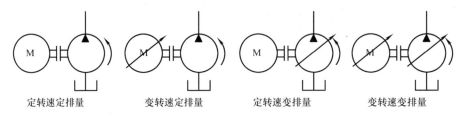

定轉速定排量　　　　變轉速定排量　　　　定轉速變排量　　　　變轉速變排量

圖 3-20　不同動力驅動結構方案

1. 定轉速定排量

電動機轉速基本恆定，液壓泵為定量泵，泵出口流量不變。這種控制方式不能根據負載功率調節動力源的輸出功率，不節能，兼容性差。

2. 變轉速定排量

電動機通過變頻調速驅動定量泵，滿足系統對流量和壓力的需求。這種控制方式被國內外公認為最有發展前途的驅動調速方式，可以充分發揮電動機的優良調速性能；且響應快、低速性能好，在空載時可以將電動機轉速降得比內燃發動機低得多，在怠速時甚至可以停機等待，系統無損耗；更具意義的是可充分利用電動機控制器的控制算法，結合液壓參數（壓力、流量）、電氣參數（電流、電壓）和機械參數（轉速），容易實現液壓泵的各種變量特性，如正、負流量控制系統和負載敏感控制系統等。

20 世紀 60 年代以來，隨著電力電子技術和控制理論的高速發展，交流變頻調速技術取得了突破性的進展。變頻調速以其優異的調速和起制動性能、高效率、高功率因數和節能效果、廣泛的適用範圍及其他許多優點而被國內外公認為最有發展前途的調速方式，是當今節能、改善工藝流程以提高產品質量和改善環境、推動技術進步的一種主要手段。近年來，高電壓、大電流的 SCR、GTO、IGBT、IGCT 等器件的生產以及並聯、串聯技術的發展應用，使大電壓、大功率變頻器產品的生產及應用成為現實。同時矢量控制、磁通控制、轉矩控制、模糊控制等新的控制理論为高性能的变频器提供了理论基础。未来将朝着更高水平、高速度的控制方向，结合清洁电能的变流器，使交流变频技术朝着更加节能、绿色和高效的方向发展。

使用变转速定排量方案如图 3-21 所示。

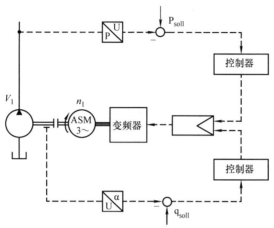

图 3-21　变转速定排量泵调速工作原理

变转速定排量方案具有以下优点。

1）节能的突破。和定转速变排量类似，变转速定排量方案也是容积调速代替传统的节流调速，大大降低液压系统的节流损失，节能效果取决于不同的工况。但与定转速变排量不同，该方案具有更好的节能效果。该方案无负载时电动机可以停机工作，没有能量损失；部分负载情况下效率能得到提高，同时也可以实现制动能量的回收。

2）减噪。不管电动机还是液压泵，在低速时的噪声都明显降低。

3）可充分利用变频器的控制算法，结合液压参数（压力、流量）、电气参数（电流、电压）和机械参数（转速）容易实现液压泵的各种变量特性，比如恒压、恒流、正流量、负流量等。

从目前国内外的研究看，变转速定排量调速方案也存在以下不足。

1）动态响应慢。电动机的转矩响应时间即为电流响应时间，而电流响应时间由电动机时间常数决定，电动机时间常数为电感除以电阻。电感一般在 0.1mH 级到 10mH 级，电阻一般大小为 0.01Ω 级到 0.1Ω 级，电动机的电磁转矩的建立时间大约为 10ms 级到 100ms 级左右。电动机转速的响应时间一般指的是起动时间，根据电动机的不同控制方式，起动时间会有不同，变频起动一般时间较长，矢量控制会快些，直接转矩控制会更快些。但具体的时间由于转动惯量不同，电动机本身的起动转矩不同，是否带载情况不同，差别比较大。电动机根据结构不同，功率不同，使用场合不同，所设计的电动机结构差别较大，转动惯量也差很多，大概数量级为 $0.001\mathrm{kg}\cdot\mathrm{m}^2$。

当前，用普通的工业用异步电动机来驱动定量泵时，尤其是负载较大时，转速从零加速到额定转速所需要的时间甚至超过了 1s，采用该类型的电动机来闭环控制液压泵出口压力都较难。目前采用动态响应较好的永磁同步电动机（伺服电动机），其转速的加速时间也基本要在 500ms 以上，即使可以用来控制液压泵出口压力，但也难以适应负载流量随机快速变化的工况。

2）低速特性差、调速精度不易保证。低转速的控制特性较差一直是电动机难以解决的关键技术。目前，柱塞泵的最低转速已经达到了每分钟几十转，但常规的工业用电动机要保证良好的转速控制特性时的最低转速最好在 200r/min 以上。

3）由于电动机的低速大转矩输出时的效率较低，因此，当液压泵工作在高压小流量时，为了保证液压泵的出口压力，电动机不能停机工作，只能工作在一个较低的转速。由于转矩又等于压力乘以液压泵的排量，导致电动机的输出转矩较大。

3. 定转速变排量

实际上，仅单纯地使用电动机代替内燃发动机，不能发挥电动机的优良调速特性，难以实现动力源–泵功率匹配，噪声较大。该方案是目前电动挖掘机的主流驱动方案。传统柴油机驱动的方案中存在的流量饱和、中位节流损失、自动怠速能量损失等不足并没有通过电动机控制消除。

定转速变排量控制原理图如图 3-22 所示，特点如下。

1）电动机的转速基本恒定，按目前液压泵的转速工作范围，电动机的定转速一般设定在 1500r/min，内燃发动机驱动型工程机械的液压泵转速为 1800r/min 左右。由于液压泵的转速基本恒定，一般通过调整变量液压泵的排量来控制流量和压力，因此需要有一套比较复杂的变排量控制机构（图 3-23），对液压油的介质要求较高。

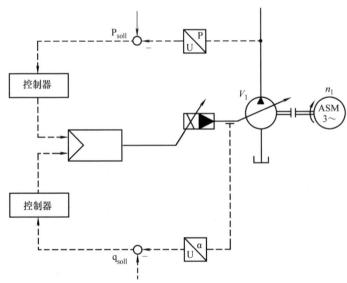

图 3-22　定转速变排量控制原理图

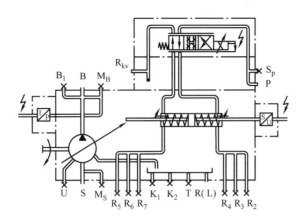

图 3-23 某变量液压泵的变排量调节原理图

2）虽然通过改变液压泵的排量可以调节流量，进而调节执行器的速度，但液压泵变排量的动态响应难以匹配节流调速。由于调节液压泵的斜盘倾角需要推动斜盘"柱塞"滑靴等一系列的质量元件和摩擦副，惯性较大，其排量的响应时间较长。液压泵或液压马达的排量变化响应时间约为 50 ~ 500ms。比如，A11VO130 液压泵的排量响应时间约为 300 ~ 500ms。由于改变液压阀的开度只需要通过电磁铁推动阀芯移动，而阀芯的质量远远小于液压泵的运动质量，所以，阀控方式的响应速度很快，一般取决于电磁铁的响应频率。目前，一般阀的响应时间大约为 5 ~ 50ms。

3）电动机效率随负载而变化，在轻载时效率很低。因此，在部分负载和无负载情况下的效率大大低于满负载情况下的效率。一般情况下，当负载功率小于其额定功率 10% 时，其效率低于 50%。

4）变量泵比定量泵的噪声大，此外，因小流量时液压泵仍做高速运转，摩擦副的磨损加剧，噪声加大。

4. 变转速变排量

该控制方式是在变转速定排量和定转速变排量的基础上发展而来的，结合了两种驱动方式的优势，弥补了两种驱动方式的不足，动态响应快，效率高，结合液压系统特点，充分发挥电动机优良的调速特性。

变转速和变排量的复合控制原理如图 3-24 所示，主要是分别针对两种控制方式的不足展开。此外，通过变转速和变排量的复合控制可以显著提高动态响应。

（1）通过调整变量泵的排量来控制压力

比如需要保压时，液压泵的出口流量很小，电动机还是以对其最有利的转速旋转，通过减小变量泵的排量提供小流量保压，避免了电动机在低转速大转矩时的能耗。

（2）流量控制

从转速大于某个转速阈值（根据电动机的速度控制特性，一般电动机在 200r/min 以下时控制特性较差）开始，调整电动机的转速来调节液压泵的流量，当转速小于 200r/min 时，通过调整变量泵的排量来调节流量。

（3）无负载时能效高

无负载时，因电动机不转动所以没有能量损失，部分负载时效率能得到提高（$V_1 = V_{1\max}$）

（4）噪声低（一般 $n_1 < n_{\max}$）。

变转速控制，电动机的转速并不需要始终工作在高速模式，因此，噪声会更低。

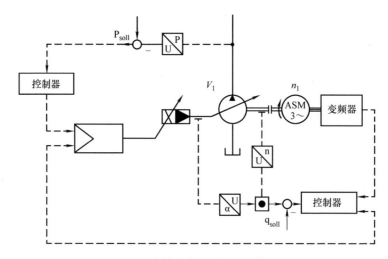

图 3-24　变转速变量泵调速工作原理

根据以上分析可知，考虑到电传动技术的优点，定转速变排量主要适用于改装型电动挖掘机，而变转速定排量和变转速变排量两种驱动方式更适用于电动挖掘机。

3.2　动力总成复合模式

从上述关键动力元件特性出发，按能源和电动机的组合数量将电驱动系统分类成各种动力复合模式，并从成本、功率匹配以及控制系统复杂程度等对各种模式的性能特点进行分析，见表 3-6。

由上述各种动力复合模式的特点，再考虑到工程机械的负载工况复杂和工作环境恶劣的特点，目前适合电动工程机械发展的动力复合模式应具有以下特点。

表 3-6　电驱动系统动力复合模式分类及特点

动力复合模式	特点
单能源单电动机	结构简单，能源与电动机的装机功率较高
单能源双电动机	对能源的能量密度要求非常高，工作时间很短
单能源多电动机	动力电动机装机功率较高
双能源单电动机 双能源双电动机	能实现能量优化管理，电动机负载功率合理匹配
双能源多电动机	系统较复杂，成本较高，工作时间较短
多能源单电动机	能源成本较高，电动机装机功率较高
多能源双电动机	能源成本较高，控制系统较复杂
多能源多电动机	系统总成本非常高且结构很复杂，控制要求高

（1）单一储能单元难以适应电动工程机械，复合能源代替单一能源

到目前为止，电动汽车上使用的动力蓄电池经过了 3 代发展：第 1 代是铅酸蓄电池，目前主要是阀控铅酸蓄电池（VRLA），由于其比能量较高、价格低和能高倍率放电等优点，是目前唯一能大批量生产的纯电动汽车用动力蓄电池。第 2 代是碱性电池，主要有镍氢（Ni-MH）、镍镉（NJ-Cd）、钠硫（Na/S）、锂离子（Li-ion）和锌空气（Zn/Air）等多种动力蓄电池，其比功率和比能量都比铅酸蓄电池高，因此此类动力蓄电池在电动汽车上使用，可以大大提高电动汽车的动力性能和续驶里程；但此类动力蓄电池价格比铅酸动力蓄电池高出许多，并且锂离子动力蓄电池等对环境的安全性要求也比较高。第 3 代是以燃料电池为代表的动力电池，例如氢燃料电池等。燃料电池可以直接将燃料的化学能转变为电能，能量转变效率高，比能量和比功率都比前两代动力蓄电池高，并且可以对反应过程进行控制，能量转化过程可以连续进行，因此是理想的汽车用动力电池。但目前还处于研制阶段，一些关键技术还有待突破。

储能单元是制约电动工程机械发展的最为关键的因素。其主要性能指标有比功率、能量密度、循环寿命和成本等。与汽车相比，工程机械的工作环境和工况恶劣许多，工程机械的电驱动系统不但要保证每次充满电后的工作时间，又要保证重载挖掘时的爆发力；此外，由于外负载剧烈波动，致使电动工程机械中的储能单元经常工作在深度充放电状态，这就对储能单元的充放电次数提出了较为苛刻的要求。因此，电动汽车上使用的单一储能单元的能源形式不能直接移植到工程机械上使用；同时，由于目前动力电池发展的技术瓶颈使得各类储能单元均具有明显的优缺点。为了使电动工程机械更具市场竞争力，结合工程机械的液压传动系统优势，采用复合能源代替单一能源的形式，即选用能量密度高的电量储能单元和功率密度高的液压储能单元组合成电驱动系统的复合能源，电量储能单元保证工作时间（续航能力），液压储能单元保证动力性能（爆发力）。

（2）变转速代替变排量，多电动机驱动代替内燃发动机

传统工程机械的动力形式是利用定角速度内燃发动机和变排量泵实现泵控负载传感控制。但调速电动机替代内燃发动机后，为了发挥电动机的调速优势和简化液压系统，提出采用变转速电动机驱动定量液压泵实现系统变流量功能。此外，只采用一个电动机来模拟内燃发动机功能未必是一个理想的选择，毕竟工程机械的负载波动剧烈，平均功率仅为峰值功率的50%左右。为了动态匹配液压泵和负载所需流量，在一个标准工作周期（大约15~20s）需要频繁加速/减速，对于单个电动机来说，其工作点分布在一个较大的区域，要求单个电动机的高效区域占总工作区的85%以上，较为苛刻。鉴于此，采用多电动机驱动方案更适合电动工程机械。首先，利用电动机过载能力强的特点，可以降低系统的装机功率，从而节省成本；其次，可以根据系统压力信号预估负载功率大小，然后根据实际工况和能源单元的状态合理优化各个电动机的工作模式；甚至可以借鉴油电混合动力技术的削峰填谷原理，一个为主电动机，其他为辅助电动机，通过辅助电动机对负载波动的补偿，使得主电动机消耗能量较小，延长储能单元的工作时间。因此多电动机驱动方式比单电动机驱动方式更为优越。

3.3　电动挖掘机执行器

挖掘机为一个多执行器系统。

3.3.1　直线运动执行器

1. 液压缸

液压缸是液压系统的执行元件，将液体的压力能转换成工作机构的机械能，用来实现直线往复运动。活塞缸和柱塞缸的输入为压力和流量，输出为推力和速度。液压缸结构简单、配制灵活、设计和制造比较容易、使用维护方便，应用广泛。

2. 电动缸

所谓电动缸（也称为电动执行器）（图3-25）就是用各种电动机（如伺服电动机、步进电动机、电动机）带动各种螺杆（如滑动丝杠、滚珠丝杠）旋转，通过螺母转化为直线运动，并推动滑台沿各种导轨（如滑动导轨、滚珠导轨、高刚性直线导轨）像液压缸（或气缸）那样作往复直线运动。电动缸在复杂的环境下

图3-25　力士乐电动缸

工作只需要定期的注脂润滑，无易损件需要维护更换，比液压系统和气压系统减少了大量的售后服务成本。同时将伺服电动机最佳优点——精确转速控制、精确转数控制、精确转矩控制转变成精确速度控制、精确位置控制、精确推力控制；实现高精度直线运动的全新革命性产品。

（1）电动缸的组成

电动缸的结构比较简单，主要包括驱动机构、减速装置、直线传动机构和辅助机构四大部分。

电动机类型：直流电动机、交流电动机、步进电动机、伺服电动机等。

减速装置：一般为齿轮、蜗轮蜗杆、行星齿轮、谐波齿轮减速。

直线传动机构：梯形丝杠、滚珠丝杠、滚柱丝杠、滑动导轨。

（2）电动缸的工作原理

电动缸（图 3-26）的工作原理是以电力作为直接动力源，采用各种类型的电动机（如 AC 伺服电动机、步进伺服电动机、DC 伺服电动机）带动不同形式的丝杠（或螺母）旋转，并通过构件间的螺旋运动转化为螺母（或丝杠）的直线运动，再由螺母（或丝杠）带动缸筒或负载做往复直线运动。传统的电动缸一般采用电动机驱动丝杠旋转，并通过构件间的螺旋运动转化为螺母的直线运动。近些年新兴的"螺母反转型"电动缸（如整体式行星滚柱丝杠电动缸）采用相反的驱动方式，即驱动螺母旋转，并通过构件间的螺旋运动转化为丝杠的直线运动。

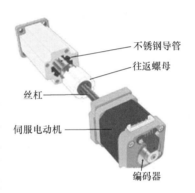

不锈钢导管

往返螺母

丝杠

伺服电动机

编码器

图 3-26　电动缸

3. 电动缸的优缺点比较及应用的局限

（1）电动缸的优缺点比较

1）节能、干净、超长寿命、操作维护简单，具有很强的环境适应能力。伺服电动缸不容易受到周围环境温度的影响，可在低、高温，雨雪等恶劣环境下无故障正常工作。防护等级可以达到 IP66。密封件防止缸外污垢和水的污染并防止内部润滑剂的泄漏，可长期工作，并且能实现高强度、高速度、高精度定位，运动平稳，低噪声。

2）传动效率高。采用精密滚珠丝杠或行星滚柱丝杠等精密传动元件的电动缸，省去了很多复杂的机械结构，其传动效率得到了很大提高。这几种类型的电动缸，其传动效率可以达到 90% 以上。

3）定位精度高。采用滚珠丝杠的伺服电动缸，通过伺服控制可以实现 0.01mm 左右的精确定位，具有很高的定位精度，适合应用在对精度要求比较高的场合。电动缸在半闭环时就能达到相当高的定位精度，而液压缸和气缸要达到相同的定位精度必须采用全闭环控制系统。

4）结构简单，占用空间小，维护方便。电动缸主要由电动机和螺母螺杠机构组成，机构简单，体积小，不会占用太大的工作空间。由于其结构简单，在发生故障时容易找到故障的原因，平时的维护保养也非常方便。

5）可靠性和安全性高。电动缸可以搭载先进的传感器系统，以及各种行程控制装置，对电动缸的工作状态进行检测和反馈，防止发生事故。

6）运行稳定，使用寿命长。当电动缸采用滚珠丝杠或行星滚柱丝杠时，传动部分的摩擦将大大减小，有利于减少材料磨损，提高运行稳定性，延长使用寿命。

7）响应快，直线工作速度可以在很宽的速率范围内调节，低速运行稳定。液压缸的工作速度一般只能达到 35mm/s，但普通电动缸的工作速度一般可以达到 55mm/s。采用了行星滚柱丝杠的电动缸，其速度甚至可以达到 2000mm/s，速度优势非常明显。此外，液压缸在低速重载下容易产生爬行现象，而电动缸没有这个缺点。

8）控制精准，同步性好。在需要多驱动同步的情况下，使用液压缸或气缸很难达到高精度的同步。因为使多个独立的液压缸或气缸的控制回路频率特性一致是非常困难的事情。但使用多个电动缸很容易达到同步，因为电气系统的频率特性比较容易达到一致。

9）电动缸还可替代部分液压缸和气动缸。能够实现直线传动的执行器主要有电动缸、液压缸、气缸，这三者的优缺点比较见表3-7。通过对比可以看出，电动缸比液压缸和气缸结构简单，维护保养费用低，承载能力和抗冲击能力强，定位精度高。

表 3-7　电动缸、液压缸、气缸的优缺点比较

	电动缸	液压缸	气缸
操作方式	简单，即插即用	复杂，需要液压泵站	较简单，需要单独气源
环境影响	无污染，环保	漏油，污染环境	有噪声
安全隐患	安全	有泄漏，高压事故	较安全
能源应用	电能，节能	油源，泄漏大，效率低	气源，泄漏大，节能差
寿命	长	较长	较长
维护保养	基本不需维护	定期维护，成本较高	定期维护，成本较高
运行速度	很高	中等	很高
加速度	很高	较高	很高
刚性	很高	较低且不稳定	很低
承载能力	很强	很强	较强
抗冲击能力	很强	很强	较强
传递效率	>90%	<50%	<50%
定位控制	简单	较复杂	较复杂
定位精度	很高	一般	一般

由上述可知，电动缸的主要优点如下。

1）伺服的高动态响应和精确位置控制。

2）可与液压执行器相抗衡的超长使用寿命。

3）与液压执行器相抗衡的极高的功率密度。

4）宽泛的推力范围和更长的行程（如：可超过2m）。

5）小体积、质量轻。

6）抗冲击能力强。

7）超宽的工作温度范围。

8）低噪声和振动。

（2）电动缸应用的局限

电动缸结构虽然已经比较成熟，且电动缸的作用力范围已获得扩展。比如 RAKU 电动缸可提供高达 500kN 的力。但是在面对更苛刻的运动控制挑战时，依然捉襟见肘。

因此，尽管电动缸有不少优点，但目前的电动缸技术在很多领域的应用中并不适用，包括工程机械不太适合采用电动缸。

3.3.2 旋转运动执行器

1. 液压马达

液压马达是将液压能转换成机械能，使负载作连续旋转的执行元件，其内部构造与液压泵类似，差别仅在于液压泵的旋转是由电动机驱动，输出的是液压油；液压马达则是输入液压油，输出的是转矩和转速。因此，液压马达和液压泵在细部结构上存在一定的差别。

按液压马达的额定转速分为高速和低速两大类。额定转速高于 500r/min 的属高速液压马达，额定转速低于 500r/min 的属低速液压马达。高速液压马达的基本形式有齿轮式、螺杆式、叶片式和轴向柱塞式等。高速液压马达的主要特点是转速高、转动惯量小，便于起动和制动。通常高速液压马达输出转矩不大（仅几十 N·m 到几百 N·m），所以又称为高速小转矩马达。低速液压马达的基本形式是径向柱塞式，低速液压马达的主要特点是排量大、体积大、转速低（每分钟几转甚至零点几转）、输出转矩大（几千 N·m 到几万 N·m），所以又称为低速大转矩液压马达。

液压马达的图形符号如图 3-27 所示。图 3-28 所示为挖掘机常用行走马达和回转马达实物图片。

2. 电动机

参考章节 3.1.2，这里不再赘述。

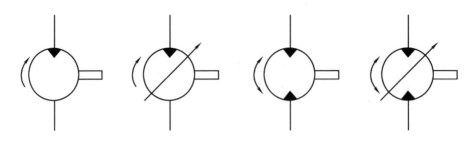

a) 单向定量液压马达　　b) 单向变量液压马达　　c) 双向定量液压马达　　d) 双向变量液压马达

图 3-27　液压马达的图形符号

图 3-28　挖掘机常用行走马达和回转马达

3.4　典型电动挖掘机驱动方案

3.4.1　改装型电动挖掘机方案

如图 3-29 所示，改装型电动挖掘机采用电网直接供电，电动机作为主电动机，代替柴油机驱动液压泵，电动机在结构上设计成双伸出轴，一端驱动液压泵总成、一端通过带轮驱动各类原来的柴油机自带附件（发电机、空调压缩机等）。发电机产生 27V 电源用于给蓄电池充电，蓄电池为显示器、电气辅件、冷却水泵、油箱冷却风扇、水箱冷却风扇供电。整机增加一个挖掘机控制器控制电动机工作及辅件运行。

3.4.2　锂动力蓄电池供电型电动轮式挖掘机方案

总体技术方案如图 3-30 所示，电动轮式挖掘机采用动力蓄电池向整机供电。高

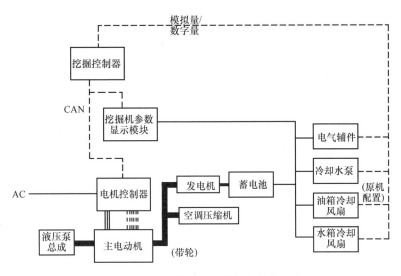

图 3-29 改装型电动挖掘机结构方案

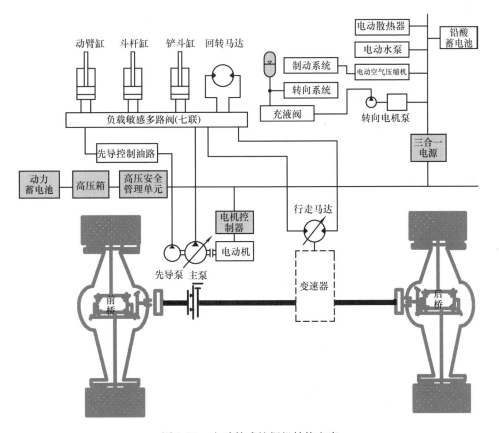

图 3-30 电动轮式挖掘机结构方案

压箱实现对动力蓄电池的上下电控制、蓄电池状态的实时监控、故障诊断与蓄电池高压安全保护。高压控制单元实现对整车高压用电元件（电机控制器及三合一电源）的预充控制和电源分配，同时进行整车端的高压安全管理。

电动机控制器驱动电动机带动主泵与先导泵向液压系统供油。主泵采用负载敏感变量泵，与负载敏感多路阀组成负载敏感液压系统；通过先导控制油路控制各执行器的运动。行走系统采用变量行走马达驱动变速器向前后桥传递动力。

三合一电源实现对整车辅件的驱动，包括驱动转向电机泵实现转向系统的工作；驱动电动空气压缩机实现制动系统的工作；输出低压向铅酸蓄电池充电以及驱动电动水泵、电动散热器等低压辅件。

高压安全管理单元实现对整车高压电的控制、管理和安全保护。该单元主要包括预充回路，一拖三供电回路、绝缘电阻检测回路等。

3.4.3　电网蓄电池复合供电型电动挖掘机方案

总体技术方案如图 3-31 所示，由动力蓄电池及电网向整机提供能源，交直流供电控制器实现电源的切换及分配，同时进行预充控制及高压安全管理。电动机控制器 1 驱动主电动机，通过定量泵经负载敏感多路阀向液压系统供油。DC/DC 变换器向整车低压电气元件供电，包括铅酸蓄电池充电、电动散热器供电、电动水泵供电及电气附件供电等。

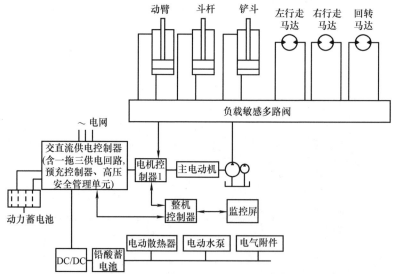

图 3-31　电网蓄电池复合供电型电动履带式挖掘机总体技术方案

该方案的主要特色如下。

1. 供电方案

履带式挖掘机的特点是移动不方便，转场充电不方便，同时考虑到蓄电池的性能、价格等，采用电网蓄电池复合供电。正常情况下，挖掘机工作时采用动力蓄电池供电，整车配备的动力蓄电池组可满足一天 8h 工作制的续航需求；当工作在市区工地、隧道等方便电网取电的作业场所时，挖掘机可以采用电网供电方式，无需考虑续航问题，并且进一步降低运营成本。

2. 主电机泵

采用永磁同步电动机 – 液压泵为系统供油。转速响应在 100ms 左右（可调），能够快速响应挖掘机作业时负载的剧烈波动。同时，永磁同步电动机具有高效率工作特性，其效率可达 96%，使整车具备高能量利用率及优良的续航能力。

3. 控制策略

1）变转速负载敏感控制：采用定量泵代替传统内燃发动机负载敏感挖掘机中的负载敏感变量泵，通过主动控制电动机转速替代被动变排量控制，结合负载敏感多路阀的 LS 压力反馈，实现同时匹配负载压力和流量的负载敏感控制，即所得即所需。与传统内燃发动机负载敏感系统相比，能发挥电动机优良的调速性能，提高运行效率，简化系统结构，降低装机成本。

2）最大流量饱和优化控制：通过电动机变转速的灵活控制，克服负载敏感系统流量饱和时各执行器速度下降的操控性缺陷，最大程度上实现操纵手柄开度与执行器速度线性对应关系一致，提升整体操控性能。

3）整机辅助驱动优化控制：对整机辅件（电动散热器、电动水泵等）采用优化控制策略，根据驾驶意图及整车状态信息判断，控制整机辅件工作在系统所需的最低功耗状态，优化整机辅件能耗，进一步提升整车续航能力。

4）高压安全故障保护：整机配置健全的软硬件高压安全保护机制，整机控制器实时监测各个高压部件的运行状态并进行故障诊断，一旦发生预警/故障情况，程序启动相应的故障保护措施，并通过显示屏向驾驶人提供预警/故障信息。高压箱、交直流供电箱等高压部件设置有高压硬件保护电路，一旦发生严重故障及事故时，将第一时间切断高压电源，保障驾驶人的人身安全。

3.4.4　分布式电动机驱动电动挖掘机方案

根据上述关键零部件的特性分析，提出一种基于动力蓄电池和液压蓄能器的双电动机驱动液压挖掘机系统方案，如图 3-32 所示，该方案具有以下特色。

1）双电动机同轴相连复合驱动。针对工程机械的工况特点、作业要求以及电动机和液压系统的工作参数等，双电动机驱动系统可以采取以下两种控制策略：①以保证续航能力为主要目的，充分利用电动机优良的调速特性及高效工作区范围较宽的特点，基于削峰填谷的原理保证主电动机消耗的电量为负载平均值；通过双电动机的停机切换，保证电动机的高效工作，进而延长动力蓄电池充满电后的作业时间；②以保证动力性能为主要目的，采用基于主动负载预测，电动机转矩控制与转速控制相结合的全局复合控制策略，实现电动工程机械系统的协同优化控制。

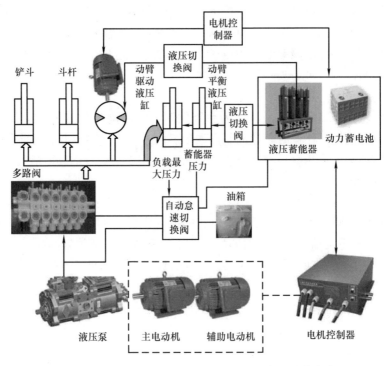

图 3-32　典型双能源双电动机驱动液压挖掘机系统方案

2）能量密度高的动力蓄电池和功率密度高的液压蓄能器作为复合能源。其中动力蓄电池用以保证整机的最小作业时间；液压蓄能器对系统溢流损失和负值负载等进行回收，不仅可以作为辅助能源用来短暂驱动或者系统保压，而且液压蓄能器的功率密度达到 500～1000W/kg，与挖掘机瞬间需求大功率工况相匹配。因此，在动力蓄电池瞬时功率不足时可以直接以液压功率的形式补偿出来，不需要进行过多能量转换，缩短了功率传递链，提高了系统工作效率。

3）动臂势能采用液压蓄能器和平衡液压缸的液压式回收方案，解决了液压蓄能器压力对执行机构操控性影响的问题。

4）转台驱动采用液压蓄能-液压马达和动力蓄电池-电动机的双动力驱动方案。用液压马达保证转台制动和起动所需的瞬时大功率，解决了动力蓄电池难以快速储存和释放功率的不足；用电动机保证良好的转速控制特性，克服了液压马达难以精确控制转台速度的不足。

5）正常作业时，采用定量泵代替变量泵，通过压力传感器检测系统压力信号来调整电动机转速，实现全局电控正流量控制，优化液压泵流量与负载的流量匹配。

6）自动怠速时，对液压蓄能器充油以建立起克服负载所需的压力，电动机的转速可降到液压泵允许的最低转速，从而实现节能、减噪；同时又保证了取消自动怠速时，依靠液压蓄能器的压力可以快速建立起负载所需压力。

第4章　电动挖掘机主驱电动机及矢量脉宽调制原理

电动工程机械采用电动机替代燃油发动机驱动液压泵，电动机作为电动工程机械动力系统中最重要的部件之一，电动机的特性及调速性能将直接影响工程机械的工作性能。第3章已经对比分析了几种电动机的特性，确定了适合工程机械的主驱电动机类型。本章主要以目前最适用于电动挖掘机的永磁同步电动机为例，结合矢量坐标变换分析电动机在各坐标系中的数学模型，并对液压泵的数学模型进行相关分析以获得电动机调速性能对液压系统的影响情况。

4.1　永磁同步电动机简介

永磁同步电动机与交流异步电动机两者在定子上多采用三相对称绕组，结构上最大的区别在于转子不同：永磁同步电动机转子采用永磁体替代了异步电动机的绕组线圈，转子磁场由永磁体提供，因而可以实现转子磁场与定子磁场同步。永磁同步电动机的转子主要由永磁体、定子铁心以及导磁轭组成，根据永磁体安装的位置不同，可将永磁同步电动机转子分为图4-1所示的三种结构。

表贴式　　　　　　　　内嵌式　　　　　　　　内埋式

图4-1　永磁同步电动机转子结构

由图4-1可知，表贴式永磁同步电动机的永磁体均匀地安装在转子铁心上，使得永磁体之间的气隙宽度相同。永磁体与空气的磁导率通常可视为相同，因此表贴式永磁同步电动机的磁路对称，交、直轴等效电感近似相等，电磁转矩与交轴电流成正比。该类型同步电动机属于隐极式电动机，结构简单，易于控制，为了避免永磁体发生离心现象，该类型电动机不适宜高转速运行。内嵌式与内埋式转子由于永磁体安装在转子内部，因此交、直轴等效电感不相等，电动机存在凸极效应，存在较大磁阻，产生磁阻效应，这两种类型永磁同步电动机的最大电磁转矩大于表贴式永磁同步电动机且具有较好的调速控制特性。本章节以表贴式永磁同步电动机为例介绍电动工程机械的主驱电动机。

4.2　永磁同步电动机数学模型

随着电力电子技术、微电子技术、计算机技术的发展及控制理论的成熟，交流电动机调速性能得到了极大提升，在众多应用领域逐渐取代直流调速。永磁同步电动机的广泛应用除了得益于硬件电路的支撑，高性能的电动机控制策略也是交流电动机飞速发展的重要因素。目前，使用的永磁同步电动机控制策略主要有两种：矢量控制及直接转矩控制。

1）矢量控制通过坐标变换将永磁同步电动机的数学模型解耦到两相旋转坐标系中，等效为直流电动机控制。在两相旋转坐标系中，永磁同步电动机的励磁及转矩仅由励磁电流和转矩电流决定，拥有与直流调速相媲美的性能。但矢量控制的性能受电动机参数影响，且坐标转换过程较为复杂。

2）直接转矩控制采用电动机定子磁场定向，对定子磁链及转矩直接控制。直接转矩控制过程不涉及坐标变换，以定子坐标计算磁链和转矩大小，并通过跟踪磁链和转矩实现脉宽调制。采用直接转矩控制方法控制永磁同步电动机时，控制周期较长、永磁同步电动机定子电感较小等问题会导致永磁同步电动机在起动或负载变化时产生电流冲击，造成较大的磁链及转矩脉动。在低速状态下运行时，要准确获取转矩及磁链具有一定难度，导致直接转矩控制的调速范围变窄。由于直接转矩控制的低速性能不佳、转矩脉动大等问题会降低工程机械的操作性，因此，采用矢量控制的方法作为永磁同步电动机的控制策略。

由于永磁同步电动机是一个高阶、多变量、非线性以及强耦合的系统，直接对永磁同步电动机的数学模型进行控制具有一定的困难。矢量控制的思想是通过坐标变换的方法将永磁同步电动机的数学模型等效成直流电动机进行控制。因此在分析永磁同步电动机的数学模型之前，先讨论矢量坐标变换的过程。

4.2.1　矢量坐标变换

采用矢量坐标变换可将永磁同步电动机数学模型解耦，获得更优的控制性能。矢量坐标变换的思想是将三相静止坐标系先转换成两相静止坐标系，再将两相静止坐标系转换成两相旋转坐标系。在坐标变换的整个过程中并不实际改变电动机三相交流量，因此坐标变换的整个过程是可逆的。所采用的坐标变换遵循以下两个原则。

1）磁动势在坐标转换前后保持不变。

2）转换前后功率相同。

三相静止坐标系到两相静止坐标系的变化过程称为 Clark 变换，两相静止坐标系到两相旋转坐标系的变换称为 Park 变换，相应的逆向过程称为对应的逆变换。

（1）Clark 变换

图 4-2 中 A、B、C 为三相坐标系，α、β 为两相静止坐标系，其中 A 轴与 α 轴重合。根据变换前后磁动势不变原则，三相静止坐标系下合成的磁动势与两相静止坐标系下合成的磁动势相等。因此，三相坐标系的磁动势在 α、β 轴上的投影与两相坐标系中的磁动势相等。根据该原理可得到磁动势在两相静止坐标系下的表达式：

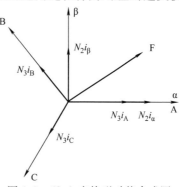

图 4-2　Clark 变换磁动势合成图

$$N_2 i_\alpha = N_3 i_A + N_3 i_B \cos \frac{2}{3}\pi + N_3 i_C \cos \frac{4}{3}\pi$$

$$N_2 i_\beta = 0 + N_3 i_B \sin \frac{2}{3}\pi + N_3 i_C \sin \frac{4}{3}\pi \qquad (4\text{-}1)$$

式中，N_2、N_3 分别为电动机两相绕组与三相绕组的每相匝数；i_α、i_β 为电流在 α、β 坐标轴上的电流分量；i_A、i_B、i_C 为三相坐标系下的相电流。

将（4-1）用矩阵形式表示可写成：

$$\begin{bmatrix} i_\alpha \\ i_\beta \end{bmatrix} = \frac{N_3}{N_2} \begin{bmatrix} 1 & -\frac{1}{2} & -\frac{1}{2} \\ 0 & \frac{\sqrt{3}}{2} & -\frac{\sqrt{3}}{2} \end{bmatrix} \begin{bmatrix} i_A \\ i_B \\ i_C \end{bmatrix} \qquad (4\text{-}2)$$

根据功率不变原则可以得到两种坐标系下的匝数比：

$$\frac{N_3}{N_2} = \sqrt{\frac{2}{3}} \qquad (4\text{-}3)$$

将式（4-3）代入式（4-2）中可以得到三相坐标系与两相坐标系电流之间的关系：

$$\begin{bmatrix} i_\alpha \\ i_\beta \end{bmatrix} = \sqrt{\frac{2}{3}} \begin{bmatrix} 1 & -\frac{1}{2} & -\frac{1}{2} \\ 0 & \frac{\sqrt{3}}{2} & -\sqrt{\frac{3}{2}} \end{bmatrix} \begin{bmatrix} i_A \\ i_B \\ i_C \end{bmatrix} \qquad (4\text{-}4)$$

根据式（4-4）可以得到 Clark 逆变换的表达式：

$$\begin{bmatrix} i_A \\ i_B \\ i_C \end{bmatrix} = \sqrt{\frac{2}{3}} \begin{bmatrix} 1 & 0 \\ -\frac{1}{2} & \frac{\sqrt{3}}{2} \\ -\frac{1}{2} & -\frac{\sqrt{3}}{2} \end{bmatrix} \begin{bmatrix} i_\alpha \\ i_\beta \end{bmatrix} \tag{4-5}$$

通过式（4-4）及式（4-5）即可实现三相静止到两相静止坐标的变化，Clark 变换后电流的幅值变为原来的 $\sqrt{3/2}$ 倍，在两相系统中的每相功率是三相系统中每相功率的 3/2 倍。因此，坐标变换前后总功率和磁动势保持不变且变换过程可逆。

（2）Park 变换

Park 变换是两相静止坐标系到两相旋转坐标系的变换过程，图 4-3 是 Park 变换的磁动势合成图。F 为合成磁动势，d、q 为两相旋转坐标系，i_d、i_q、i_α、i_β 分别为 d、q、α、β 轴上的电流分量。

由图 4-3 可得到两相旋转坐标系与两相静止坐标系的电流关系：

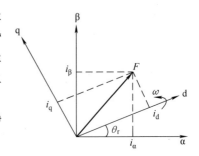

图 4-3 Park 变换磁动势合成图

$$\begin{bmatrix} i_d \\ i_q \end{bmatrix} = \begin{bmatrix} \cos\theta_r & \sin\theta_r \\ -\sin\theta_r & \cos\theta_r \end{bmatrix} \begin{bmatrix} i_\alpha \\ i_\beta \end{bmatrix} \tag{4-6}$$

式中，θ_r 为旋转坐标 d 轴与 α 轴的夹角。

Park 逆变换为：

$$\begin{bmatrix} i_\alpha \\ i_\beta \end{bmatrix} = \begin{bmatrix} \cos\theta_r & -\sin\theta_r \\ \sin\theta_r & \cos\theta_r \end{bmatrix} \begin{bmatrix} i_d \\ i_q \end{bmatrix} \tag{4-7}$$

通过 Clark 及 Park 变换即可将三相静止坐标系转换成两相旋转坐标系，将电动机的三相电流解耦到两相旋转坐标系中，且整个变换过程可逆，变换前后磁动势及功率保持不变。

4.2.2　三相静止坐标系下永磁同步电动机的数学模型

由于交流永磁同步电动机定子与转子之间存在相对运动，两者之间的位置受时间和外部负载的影响，且各参量之间存在复杂的耦合关系，这就给永磁同步电动机的特性分析造成了很大的困难。为了简化分析过程，本书作如下假设。

1）定子三相绕组对称，空间上互差 120°电气角。

2）忽略电动机磁路饱和及铁心损耗，将电动机磁路视为线性。

3）忽略高次谐波，定子电势按正弦规律变化，定子电流在气隙中产生的磁场按正弦分布。

4）转子不存在绕组阻尼。

在以上假设的基础上可以得到三相交流永磁同步电动机在三相静止坐标系下的数学模型。

（1）电压方程

$$\begin{bmatrix} u_A \\ u_B \\ u_C \end{bmatrix} = \begin{bmatrix} R_A & 0 & 0 \\ 0 & R_B & 0 \\ 0 & 0 & R_C \end{bmatrix} \begin{bmatrix} i_A \\ i_B \\ i_C \end{bmatrix} + \frac{d}{dt} \begin{bmatrix} \psi_A \\ \psi_B \\ \psi_C \end{bmatrix} \tag{4-8}$$

式中，u_A、u_B、u_C 为各相电压瞬时值；R_A、R_B、R_C 为电动机定子三相绕组各项阻值；i_A、i_B、i_C 为定子绕组各相电流瞬时值；ψ_A、ψ_B、ψ_C 为电动机定子绕组全磁链在 A、B、C 轴上的分量。

（2）磁链方程

$$\begin{bmatrix} \psi_A \\ \psi_B \\ \psi_C \end{bmatrix} = \begin{bmatrix} L_{AA} & L_{AB} & L_{AC} \\ L_{BA} & L_{BB} & L_{BC} \\ L_{CA} & L_{CB} & L_{CC} \end{bmatrix} \begin{bmatrix} i_A \\ i_B \\ i_C \end{bmatrix} + \begin{bmatrix} \cos\theta \\ \cos(\theta - 120°) \\ \cos(\theta + 120°) \end{bmatrix} \psi_f \tag{4-9}$$

式中，ψ_f 为转子的等效磁链；L_{AA}、L_{BB}、L_{CC} 为电动机定子绕组的自感系数；L_{AB}、L_{BA}、L_{CA}、L_{AC}、L_{BC}、L_{CB} 为电动机定子绕组的互感系数，且存在以下关系：

$$L_{AA} = L_{BB} = L_{CC} = L_{s\sigma} + L_{ml} \tag{4-10}$$

$$L_{AB} = L_{BA} = L_{CA} = L_{AC} = L_{BC} = L_{CB} = -\frac{1}{2} L_{s\sigma} \tag{4-11}$$

式中，$L_{s\sigma}$ 为绕组漏电感，L_{ml} 为励磁电感。

（3）电磁转矩方程

$$T_e = p\psi_f(i_A\sin\theta + i_B\sin(\theta - 120°) + i_C\sin(\theta + 120°)) \tag{4-12}$$

式中，T_e 为电磁转矩；p 为电动机极对数。

（4）机械运动方程

$$J\frac{d\omega_m}{dt} = T_e - T_L - B\omega_m \tag{4-13}$$

式中，J 为电动机转动惯量；B 是电动机的阻力系数；T_L 为负载转矩；ω_m 为电动机角速度。

从式(4-8)~(4-13)可以看出，电动机的磁链及转矩在三相坐标系下都与多个参数耦合，在此模型下无法实现电动机优良的控制性能。为了获得更好的控制性能，采用矢量控制坐标变换的方法，将永磁同步电动机的数学模型继续解耦到两相静止坐标系中。

4.2.3　两相静止坐标系下永磁同步电动机的数学模型

（1）电压方程

$$\begin{cases} u_\alpha = R_s i_\alpha + \dfrac{\mathrm{d}\psi_\alpha}{\mathrm{d}t} \\[2mm] u_\beta = R_s i_\beta + \dfrac{\mathrm{d}\psi_\beta}{\mathrm{d}t} \end{cases} \tag{4-14}$$

式中，u_α、u_β 为电动机在 α、β 轴上的电压分量；i_α、i_β 为电流在 α、β 轴上的分量；ψ_α、ψ_β 为电动机在 α、β 轴上的磁链分量；R_s 为定子绕组电阻。

（2）磁链方程

$$\begin{bmatrix} \psi_\alpha \\ \psi_\beta \end{bmatrix} = \begin{bmatrix} L_\alpha & L_{\alpha\beta} \\ L_{\alpha\beta} & L_\beta \end{bmatrix} \begin{bmatrix} i_\alpha \\ i_\beta \end{bmatrix} + \psi_f \begin{pmatrix} \cos\theta_r \\ \sin\theta_r \end{pmatrix} \tag{4-15}$$

式中，L_α、L_β 为定子绕组在 α、β 的电感分量；$L_{\alpha\beta}$ 为 α、β 之间的互感分量。

（3）转矩方程

$$T_e = p(\psi_\alpha i_\beta - \psi_\beta i_\alpha) \tag{4-16}$$

在两相静止坐标系下，电动机的数学模型依旧与位置角有关，模型中包含有交流分量，电动机转矩依旧与两轴电流相关，无法完全解耦。为了进一步消除交流分量的影响，需要对两相静止坐标系下的数学模型进一步转换。

4.2.4 两相旋转坐标系下永磁同步电动机的数学模型

（1）电压方程

$$\begin{bmatrix} u_d \\ u_q \end{bmatrix} = \begin{bmatrix} \dfrac{\mathrm{d}\psi_d}{\mathrm{d}t} - \omega_m \psi_q + R_s i_d \\[2mm] \dfrac{\mathrm{d}\psi_q}{\mathrm{d}t} + \omega_m \psi_d + R_s i_q \end{bmatrix} \tag{4-17}$$

式中，u_d、u_q 为三相定子瞬时电压在 d、q 轴上的分量；ψ_d、ψ_q 为三相定子全磁链在 d、q 轴上的分量；i_d、i_q 为三相定子瞬时电流在 d、q 轴上的分量。

（2）磁链方程

$$\begin{bmatrix} \psi_d \\ \psi_q \end{bmatrix} = \begin{bmatrix} L_d i_d + \psi_f \\ L_q i_q \end{bmatrix} \tag{4-18}$$

式中，L_d、L_q 为 d、q 轴上的电感分量。

（3）转矩方程

$$T_e = p(\psi_d i_q - \psi_q i_d) \tag{4-19}$$

将式（4-18）代入式（4-19）可以得到：

$$T_e = p[\psi_f i_q + (L_d - L_q) i_d i_q] \tag{4-20}$$

采用表贴式永磁同步电动机时，由于电动机转子交、直轴电感相等，因而式（4-20）可简化为：

$$T_e = p \psi_f i_q \tag{4-21}$$

由式（4-21）可看出，在将磁链视为常值的情况下，电动机的转矩在两相旋转坐标系下仅与 q 轴电流有关。经过上述坐标变换，电动机磁链及转矩与电动机转角解耦，转矩可仅由 q 轴电流控制，从而简化了控制算法。

4.3　液压泵的数学模型分析

液压泵作为液压系统的动力元件，是液压系统的重要组成部分。电动工程机械多采用电动机驱动液压泵向整个系统提供动力，本节将结合液压泵的工作特性，分析电动机的调速性能对液压系统的影响。

将工程机械的液压系统简化为图 4-4 所示，以便对液压泵的数学模型进行分析。该方案中电动机带动液压泵通过多路阀向执行器输送压力油，通过安全阀限制系统的最大压力，由此构成一个简单的液压系统。泵的进油口接油箱，理想情况下，进油口压力 $p_1 = 0$，泵的出油口压力为 p_2，电动机转速为 n，输入转矩为 T_p。

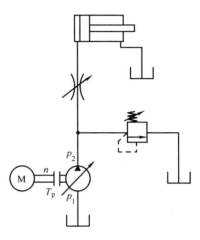

图 4-4　液压系统简化原理图

（1）液压泵的流量连续方程

根据泵的流量连续方程，可以得到泵的输入、输出流量方程：

$$q_1 = nV - k_1 \Delta p - k_2 \sqrt{\Delta p} + C_1 \frac{\mathrm{d} p_1}{\mathrm{d}t}$$

$$q_2 = nV - k_1 \Delta p - k_2 \sqrt{\Delta p} - C_2 \frac{\mathrm{d} p_2}{\mathrm{d}t}$$

$$(4-22)$$

式中，q_1、q_2 为液压泵的输入、输出流量；Δp 为泵进、出压差（$\Delta p = p_2 - p_1$）；k_1 为泵的层流泄漏系数；k_2 为泵的湍流泄漏系数，C_1、C_2 为吸油、排油液容；V 为液压泵的排量。

在液压泵的动态调整过程中，液压泵的液容与液压系统管路油腔、蓄能器及过滤器等相比较小，因此可将泵进、出口的液容纳入到管路液容中考虑，则泵的流量连续性方程可整理成：

$$q = nV - \Delta q - C \frac{\mathrm{d}\Delta p}{\mathrm{d}t}$$

$$(4-23)$$

式中，Δq 为泵的内泄漏流量；C 为液容。

根据泵的内泄力平衡方程可得：

$$p_2 = R\Delta q + L \frac{\mathrm{d}\Delta q}{\mathrm{d}t}$$

$$(4-24)$$

式中，R 为液阻；L 为液感，它可表达为：

$$L = \frac{\Delta p}{dq/dt} \tag{4-25}$$

根据式（4-23）及式（4-25），在液压泵的排量为定值的情况下，忽略转速二次微分项，液感可简化为：

$$L = \frac{\Delta p}{Vdn/dt} \tag{4-26}$$

对式（4-23）及式（4-24）进行拉式变换：

$$Q(s) = -\Delta Q(s) - Cs P_2(s)$$
$$P_2(s) = R\Delta Q(s) + L_S \Delta Q(s) \tag{4-27}$$

根据式（4-27）可得到泵出口压力与流量的传递函数：

$$G(s) = \frac{P_2(s)}{Q(s)} = -\frac{R[(L/R)s + 1]}{LCs^2 + RCs + 1} \tag{4-28}$$

从式（4-28）可以看出液压泵的出口压力、流量的传递函数是一个二阶系统，根据二阶系统的特性可以得到该传递函数的自然频率 ω 及阻尼比 ξ：

$$\begin{cases} \omega = \sqrt{\dfrac{1}{LC}} \\[2mm] \xi = \dfrac{R}{2}\sqrt{\dfrac{C}{L}} \end{cases} \tag{4-29}$$

为了减小内泄漏对泵出口压力的影响，可采用增大液压油的弹性模量、减小容腔的容积和液感等方法。由式（4-26）及式（4-29）可知，电动机转速响应速度越快、液感越小，自然频率越大。增大自然频率可减小液压泵内泄漏对泵出口压力的影响。同时电动机转速的稳定性也会对泵出口压力造成影响。

（2）液压泵的转矩特性

液压泵的转矩方程为：

$$T_p = T_r + T_x \tag{4-30}$$

式中，T_r 为实际转矩；T_x 为转矩损失。

将式（4-30）中各项关系展开可得：

$$T_p = T_c + b_0 n + b_1 n^2 + \left(\frac{V}{2\pi} + k_3\right)\Delta p \tag{4-31}$$

式中，T_c 为与转速无关的转矩损失；b_0 为黏性阻尼系数；b_1 为液体流动与湍流泄漏转矩损失系数；k_3 为密封面因压力损失引起的转矩损失系数。

在电动机为恒转速、泵的排量为定值且进口接油箱的情况下，液压泵的输出转矩取决于负载和节流阀的压差损失，电动机的转速波动将影响泵的输出转矩，对工程机械的操控性造成一定的影响。在负载恒定情况下，液压泵的输出转矩与电动机转速成二次关系，当电动机转速 $n = b_0/2b_1$ 时，泵输出最小转矩：

$$T_{\text{pmin}} = T_{\text{c}} - \frac{b_0^2}{4b_1} \tag{4-32}$$

通过对液压泵的流量及转矩特性分析可以得出：电动机转速的波动将导致液压泵输出转矩的波动，电动机的快速响应可减小液感，进而减小液压泵的内泄漏。由于电动机的响应速度远快于液压泵的建压过程，因此电动机的响应通常能够满足液压泵的使用要求，液压系统的响应速度多体现在流量与压力的建立速度上。在以液压负载作为控制对象的系统中，应尽量增加电动机转速的鲁棒性与抗干扰能力，减小电动机转速波动引起液压泵的流量、压力及转矩波动。

4.4　空间矢量脉宽调制原理

空间矢量脉宽调制（Space Vector Pulse Width Modulation，SVPWM）是以交流电动机三相电压合成的圆形旋转磁场为目标，将电动机及逆变器当作一个整体，通过逆变器的不同开关状态对输出脉宽进行调制的方法，通过不同的电压矢量变化以达到对理想磁链圆追踪的目的。矢量脉宽调制是电动机按矢量控制方法运行的重要环节，4.2.1 节通过矢量坐标变换的方法将电动机的数学模型进行解耦，本节将对矢量脉宽调制原理进行简要阐述。

4.4.1　空间矢量脉宽调制的基本原理

图 4-5 为三相电压逆变器的结构原理图，三相电动机控制器逆变部分一般由 3 个 IGBT 模块组成，每个模块分别含有上、下桥臂两个 IGBT，并通过 $V_1 \sim V_6$ 对 IGBT 进行控制，电流经 IGBT 的不同开关组合方式通入电动机，实现磁场的变化。将同一模块上两个 IGBT 的开关状态用 0 和 1 表示，0 为关断，1 为打开；同一桥臂上

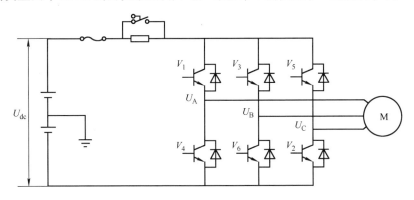

图 4-5　三相电压逆变器的结构原理图

的两个 IGBT 不能同时导通。因此，当上半桥开关状态为 1 时，下半桥为 0。由此，上半桥一共有以下八种开关状态：000、001、010、011、100、101、110、111。每

个开关状态对应输出一种电压矢量，分别记为 $u_0 \sim u_7$。其中，u_0 （000）和 u_0（111）表示同一半桥的 IGBT 全部关闭或打开，此时输出电压为零，因此将 u_0、u_7 称为零矢量。

由图 4-5 可知，在开关状态为 u_4 （100）时各相电压为：

$$\begin{cases} U_A = \dfrac{2}{3} U_{dc} \\[2mm] U_B = -\dfrac{1}{3} U_{dc} \\[2mm] U_C = -\dfrac{1}{3} U_{dc} \end{cases} \tag{4-33}$$

式中，U_{dc} 为直流母线电压。

根据功率相等的原则，可以得到电压矢量与直流母线电压的关系：

$$u_4 = \sqrt{\dfrac{2}{3}}(U_A + U_B \, e^{\frac{2}{3}\pi j} + U_C \, e^{\frac{4}{3}\pi j}) = \sqrt{\dfrac{2}{3}} U_{dc} \tag{4-34}$$

其余基本矢量与直流母线电压关系可由此方法类推得到，在三相对称的情况下，非零矢量的模长相等，均为 2/3。

图 4-6 为电压空间矢量图，六个非零矢量将矢量圆均等划分为 6 个矢量扇区。由于三相正弦电压在空间电压矢量中合成的是一个旋转矢量，为了更好地追踪该矢量圆，可将 u_4 （100）作为起点，通过相邻两个基本电压矢量插入零矢量的方法实现合成矢量的平滑旋转，最终达到实现空间矢量脉宽调制的目的。

以第 I 扇区为例，如图 4-7 所示，通过 u_4、u_6 和 u_7 合成目标矢量 u_{ref}，θ 为合成矢量与起始矢量的夹角。T_6、T_4 分别为电压矢量 u_6、u_4 的作用时间，T_s 为合成矢量的作用时间。

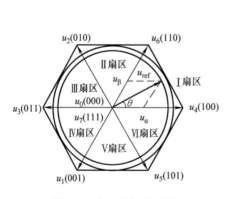

图 4-6　电压空间矢量图

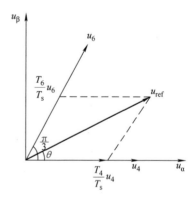

图 4-7　第 I 扇区电压矢量合成

由式（4-34）可知，基本电压矢量的模长为 2/3，因此可以求出 u_6、u_4 的作用时间：

$$\begin{cases} T_4 = \dfrac{\sqrt{2}\,T_s}{U_{dc}}|u_{ref}|\sin\left(\dfrac{\pi}{3}-\theta\right) \\[4mm] T_6 = \dfrac{\sqrt{2}\,T_s}{U_{dc}}|u_{ref}|\sin\theta \end{cases} \tag{4-35}$$

4.4.2 空间矢量脉宽调制技术的实现

合成矢量所处扇区可根据 u_α、u_β 的规律作为判断，u_{ref} 所处扇区只与 u_β、$\sqrt{3}u_\alpha - u_\beta$ 和 $-\sqrt{3}u_\alpha - u_\beta$ 三个量有关，因此可以构建三个量的关系：

$$\begin{cases} u_{ref1} = u_\beta \\[2mm] u_{ref2} = \dfrac{1}{2}(\sqrt{3}\,u_\alpha - u_\beta) \\[2mm] u_{ref3} = \dfrac{1}{2}(u_\beta - \sqrt{3}\,u_\alpha) \end{cases} \tag{4-36}$$

若 $u_{ref1} > 0$，则 $a = 1$，$u_{ref2} > 0$，$b = 1$，$u_{ref3} > 0$，$c = 1$；反之，a、b、c 为 0。令：

$$N = 4a + 2b + c \tag{4-37}$$

根据式（4-37）可以得到八种结果，由于 a、b、c 不会同时为 1 或 0，因此 N 实际有六种组合，由此可以根据 u_α、u_β 得到当前矢量所处扇区，见表 4-1。

表 4-1 扇区对应表

N 值	3	1	5	4	6	2
扇区	I	II	III	IV	V	VI

根据式（4-35）所得的扇区作用时间包含三角函数，为了简化计算过程，借助 u_α、u_β 求解作用时间的计算过程。以第 I 扇区为例：

$$\begin{cases} T_4 = \dfrac{\sqrt{3}\,T_s}{U_{dc}}\left(\dfrac{\sqrt{3}\,u_\alpha}{2} - \dfrac{u_\beta}{2}\right) \\[3mm] T_6 = \dfrac{\sqrt{3}\,u_\beta\,T_s}{U_{dc}} \\[3mm] T_7 = T_0 = \dfrac{T_s - T_4 - T_6}{2} \end{cases} \tag{4-38}$$

对式（4-38）以 $\dfrac{U_{dc}}{\sqrt{3}}$ 进行标幺化处理可得：

$$\begin{cases} t_1 = \dfrac{T_4}{T_s} = \dfrac{\sqrt{3}}{2}(u_\alpha - u_\beta) = -u_{ref3} \\[3mm] t_2 = \dfrac{T_6}{T_s} = u_\beta = u_{ref1} \end{cases} \tag{4-39}$$

式中，t_1 为先作用时间；t_2 为后作用时间；其余各扇区同理可得到，见表 4-2。

表 4-2 矢量扇区与作用时间

前后作用时间	I	II	III	IV	V	VI
t_1	$-u_{ref3}$	u_{ref3}	u_{ref1}	$-u_{ref1}$	$-u_{ref2}$	u_{ref2}
t_2	u_{ref1}	u_{ref2}	$-u_{ref2}$	u_{ref3}	$-u_{ref3}$	$-u_{ref1}$

电动机控制 SVPWM 多采用 DSP 的 PWM 模块实现，通过 PWM 的比较寄存器来判断 PWM 的电平是否需要变换。PWM 寄存器值一般按 SVPWM 矢量合成要求更新，七段式 SVPWM 第 I 扇区寄存器值求取过程如下：

$$\begin{cases} t_{aon} = (T_s - t_1 - t_2)/4 \\[3mm] t_{bon} = t_{aon} + T_1/2 \\[3mm] t_{con} = t_{bon} + T_2/2 \end{cases} \tag{4-40}$$

式中，t_{aon}、t_{bon}、t_{con} 分别为 A、B、C 三个上半桥的开通时间。

由式（4-40）可求得比较寄存器值，其余扇区比较寄存器装载时间见表 4-3。其中 T_a、T_b、T_c 分别为三路 PWMA 的装载时间。

表 4-3 矢量扇区装载时间

切换时间	I	II	III	IV	V	VI
T_a	t_{aon}	t_{bon}	t_{con}	t_{con}	t_{bon}	t_{aon}
T_b	t_{bon}	t_{aon}	t_{aon}	t_{bon}	t_{con}	t_{con}
T_c	t_{con}	t_{con}	t_{bon}	t_{aon}	t_{aon}	t_{bon}

4.5 永磁同步电动机矢量控制策略

经过近 50 年的发展，矢量控制技术日趋成熟并与其他控制方法相结合，衍生出多种高性能控制方法，逐渐成为永磁同步电动机驱动的首选方案。随着现代控制理论及智能控制等方法的发展，国内外学者对矢量控制策略展开了大量的研究，矢量控制的发展方向得到了一定的拓展。目前针对矢量控制调节器的设计方法主要有以下几种。

（1）PI 控制

PI 控制因其结构简单、易于控制和可靠性高而广泛应用于工业领域。通过 PI 控制可改善系统的响应及稳定性，但 PI 控制通常需要获取系统的相关参数，想要获得较优的控制性能往往需要对模型参数进行准确的估算。交流电动机数学模型强耦合和非线性的特点使 PI 控制的性能受到一定影响，且 PI 控制的鲁棒性较差，抗干扰能力不足，电动机参数及外部负载的变化会引起控制效果的波动。根据以上问题，国内外学者将 PI 控制与其他控制方法结合，形成了包括模糊 PI 控制、自适应 PI 控制以及神经网络 PI 控制等方法来解决 PI 控制对参数的依赖特性，但系统鲁棒性差的问题并未得到很好的解决。

（2）滑模变结构控制

滑模变结构控制是一种不连续的控制方法。系统按照设定好的轨迹做小幅、高频运动，具有类似开关量的特性。滑模系统的优点在于滑动模态的设计不受系统参数及外部的扰动影响，具有较好的鲁棒性，抗干扰能力强。该方案最大的不足在于滑模控制较难使控制系统完全按照预定的轨迹运动，系统可能存在一定颤振。通过改变滑模控制器及趋近律等方法来抑制滑模变结构控制的颤振问题，取得了较好的效果。

（3）模糊控制

模糊控制方法不需要控制对象精确的数学模型，通过模糊推理实现对不确定性对象的有效控制。对于数学模型复杂的永磁同步电动机而言，模糊控制最大的优势在于不需要系统模型的参数参与控制。但模糊控制系统难以消除动态误差，很难达到较高的控制精度。

在工程机械中，由于负载波动较大，具有一定周期性，电动机转速的鲁棒性及抗干扰能力直接影响工程机械的操控性能。因此，转速环采用滑模变结构控制以提高转速的刚度，为了确保电流的快速性，电流环仍然采用 PI 控制。

4.5.1　滑模变结构控制的基本原理

滑模变结构控制是苏联学者最早提出的一种非线性控制方法，该方法与其他传统控制策略最大的区别在于滑模变结构控制具有不连续性。该方法的系统结构不固定，可以根据系统当前所处的状态不断调整，使系统按照设定的状态运行，因此滑模变结构也称为滑动模态控制（Sliding Mode Variable Structure Control，SMC）。合理的滑模系统设计还可以达到优良的响应速度，同时滑动模态的设计跟系统参数变化以及外部干扰无关，该特性决定了其具有不需要对系统参数在线识别、抗扰动能力强等特点，有较好的鲁棒性。但由于系统到达切换面后，很难精确地按照切换面轨迹到达平衡点，有可能在切换面的两侧来回穿梭，导致滑模控制产生颤振。如何克服滑模变结构控制的颤振是当前众多研究者致力解决的问题。

系统结构在时间变化上的开关特性体现了滑模控制的不连续性。该特性使得系统在特定的轨迹上作小幅、高频的上下运动，即滑动模态。这种滑动模态可根据控制要求进行设计，且与系统参数及扰动无关。

一般情况下，对于系统函数：

$$\frac{\mathrm{d}x}{\mathrm{d}t} = f(x) \qquad x \in R^n \tag{4-41}$$

存在一个超曲面 $s(x) = s(x_1, x_2, \cdots, x_n) = 0$，如图 4-8 所示，将该超曲面称为切换面。

空间被该切换面分为两个部分：$s>0$ 和 $s<0$。同时可将空间中运动状态不同的点分为以下三种。

1）通常点：运动到切换面时，从滑模面的一侧穿过该点向另一侧运动，如图 4-8 中 A 点。

2）起始点：到达切换面时从该点向切换面两侧运动，如图 4-8 中 B 点。

3）终止点：到达切换面时趋近于该点，如图 4-8 中 C 点。

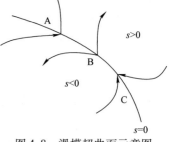

图 4-8　滑模超曲面示意图

一般通常点和起始点因其不具有收敛于滑模面的特性而不作为控制研究的对象。"滑动模态区"是指滑模面上均为终止点的区域，将系统在该区域中的运动称为滑模运动，由此得到滑模运动的定义。

滑模运动的定义要求，在滑动模态区内的运动点都应该是终止点，根据这一要求，运动点趋近切换面时应满足下式：

$$\lim_{s \to 0} s \frac{\mathrm{d}s}{\mathrm{d}t} \le 0 \tag{4-42}$$

由式（4-42）可知，系统在切换面 $s=0$ 附近是非增函数，因此系统在切换面附近趋于稳定。

滑模变结构控制器的设计过程一般分为以下几个步骤：确定控制对象数学模型、设计切换函数和求解控制函数。

为了消除滑模控制的颤振问题，国内外优秀学者提出了相应的解决办法：①准滑动模态设计；②动态滑模法；③智能控制方法；④趋近律设计法。

趋近律是我国学者高为炳提出的一种削弱滑模控制颤振的方法，该方法将运动点在切换面外的运动考虑到控制方法中，在运动点远离切换面时使运动点快速到达切换面，在靠近切换面时减小趋近律，避免运动偏离切换面过远，从而抑制颤振的产生。

常用的趋近律有以下几种。

（1）一般趋近律

$$\frac{\mathrm{d}s}{\mathrm{d}t} = -\varepsilon \mathrm{sgn}(s) - f(s) \tag{4-43}$$

（2）等速度趋近律

$$\frac{\mathrm{d}s}{\mathrm{d}t} = -\varepsilon\operatorname{sgn}(s) \quad (\varepsilon > 0) \tag{4-44}$$

（3）指数趋近律

$$\frac{\mathrm{d}s}{\mathrm{d}t} = -\varepsilon\operatorname{sgn}(s) - qs \quad (\varepsilon, q > 0) \tag{4-45}$$

（4）幂次趋近律

$$\frac{\mathrm{d}s}{\mathrm{d}t} = -q\,|s|^{a}\operatorname{sgn}(s) \; (q > 0, 0 < a < 1) \tag{4-46}$$

4.5.2　基于滑模转速观测的闭环矢量控制系统

传统矢量控制闭环系统主要由三个闭环构成：一个转速闭环及两个电流环，以电流环为内环，转速环为外环，转速及电流均采用 PI 调节控制。在工程机械负载剧烈波动的负载特性下，转速的稳定性对工程机械的操作性有决定性的影响；又由于液压泵的特性限制了液压系统转速的响应能力，电动机的转速响应时间并不是液压型负载调速系统中最先考虑的问题。因此，采用 PI 对转速进行控制，在工程机械负载特性中并不能很好地保证系统的转速稳定。

通过前述的分析可知，滑模变结构控制按照系统所设定的状态运动，滑动模态的设计与系统的参数及外部扰动无关，该特点与工程机械对转速控制的要求相契合，可提升控制系统的鲁棒性及抗干扰能力。因此，在电动工程机械主驱电动机控制策略中转速观测可采用滑模控制方案进行设计。

电动机控制系统中电流环的扰动主要由外部反电动势的变化引起，电流环的控制目标是实现电流的快速动态响应，使电动机的输出转矩能够快速跟随外部负载变化。因此，采用 PI 调节器对电流环进行控制能够满足系统的控制要求。

综上所述，确定了系统采用基于滑模转速观测的闭环矢量控制系统原理图，如图 4-9 所示。

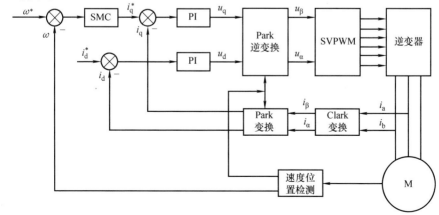

图 4-9　基于滑模转速观测的闭环矢量控制系统原理图

在图 4-9 所示的基于滑模转速观测的闭环矢量控制系统中，闭环控制的转速信号主要通过编码器或旋转变压器解码获得。在永磁同步电动机起动时需要对转子进行定位，转子初始位置获取不准确将直接影响电动机控制系统的准确度，可能导致电动机运行紊乱、电流失控等现象。采用 90°定位法使转子磁极与 d 轴重合，给定 $u_d = 0$、$u_q = a$ 和角度 $\theta = -\pi$，并据此确定一个电压矢量，使转子定位。在电动机运行过程中通过 DSP 的 EQEP 对转速、转角进行解析并反馈到转速环及坐标变换模块。

电流反馈信号由电流传感器采集电动机定子的两相电流，通过滤波及信号处理模块后再进行 Clark 和 Park 变换，分解成 i_d 和 i_q 两个独立量，分别参与到两个电流环的闭环反馈中。电流调节器的输出作为 Park 逆变换的输入，经过 Park 逆变换后得到 u_α、u_β，并通过 SVPWM 模块完成矢量脉宽调制，SVPWM 脉冲驱动逆变器控制电动机运行。至此完成基于滑模转速观测的闭环矢量控制系统。

4.6　矢量控制系统调节器设计

基于滑模转速观测的闭环矢量控制系统采用滑模变结构控制替代转速 PI 调节器，以提高转速的鲁棒性及抗干扰能力。电流环采用 PI 调节进行控制，根据电流控制的性能要求，将电流环校正为 I 型系统，提高电流的响应速度。闭环控制系统一般按照先内环再外环的原则对调节器按要求进行设计。因此，应先对电流调节器进行设计。

4.6.1　电流 PI 调节器的设计

电流环主要由电流调节器、逆变器、电动机和数据采集系统等几个部分构成。逆变器和电动机在运行过程中均存在一定迟滞，逆变器的延迟时间至少为半个控制周期，在系统中分别用 τ_s 和 τ_l 表示逆变器及电动机的延迟时间常数，数据采集系统所引起的延迟时间常数用 τ_{oi} 表示。得到的系统电流环结构图如图 4-10 所示。

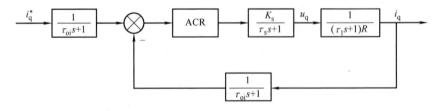

图 4-10　系统电流环结构图

当系统的截止频率满足式（4-47）时，图 4-10 可简化为图 4-11。

$$\omega_{ci} \geqslant 3 \sqrt{\frac{1}{\tau_{oi}\tau_s}} \tag{4-47}$$

式中，ω_{ci} 为截止频率。

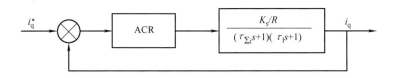

图 4-11　简化后的系统电流环结构图

电流环在设计的过程中，主要考虑因素为电流的动态响应性能。因此，为了将电流环校正为典型的 I 型系统，电流调节器可设计成：

$$K_p = \frac{\tau_s s + 1}{\tau_s s} \tag{4-48}$$

式中，K_p、τ_s 分别为调节器的比例系数和时间常数。

根据图 4-11 以及式（4-48），系统的开环传递函数可写成：

$$G(s) = \frac{K_p K_s (\tau_s s + 1)/R}{\tau_s s (\tau_{\Sigma i} s + 1)(\tau_l s + 1)} \tag{4-49}$$

式中，$\tau_{\Sigma i} = \tau_{oi} + \tau_s$；$K_s$ 为电动机延时环节的增益常数，$K_s = \dfrac{U_{dc}}{\sqrt{3}}$。

由于 $\tau_{\Sigma i} \ll \tau_l$，可将电动机和逆变器的延迟常数看作近似相同，即 $\tau_s = \tau_l$，式（4-49）可进一步简化为：

$$G(s) = \frac{K_I}{s(\tau_{\Sigma i} s + 1)} \tag{4-50}$$

式中，$K_I = K_p K_s / R$。

根据式（4-50），电流环可继续简化为图 4-12。

由图 4-12 可以得到电流环的闭环传递函数：

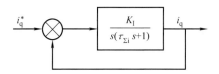

图 4-12　电流环最终结构图

$$\phi(s) = \frac{K_I / \tau_{\Sigma i}}{s^2 + s / \tau_{\Sigma i} + K_I / \tau_{\Sigma i}} = \frac{\omega_n^2}{s^2 + 2\xi \omega_n s + \omega_n^2} \tag{4-51}$$

根据式（4-51），可得到系统的自然角频率和阻尼：

$$\begin{cases} \omega_{\mathrm{n}} = \sqrt{\dfrac{K_{\mathrm{I}}}{\tau_{\Sigma\mathrm{i}}}} \\[3mm] \zeta = \dfrac{1}{2}\sqrt{\dfrac{1}{K_{\mathrm{I}}\tau_{\Sigma\mathrm{i}}}} \end{cases} \tag{4-52}$$

根据二阶最佳系统的设计要求：$\zeta = 0.707$。根据系统稳定性及跟随性要求，应满足：

$$K_{\mathrm{I}}\tau_{\Sigma\mathrm{i}} = 0.5 \tag{4-53}$$

根据式（4-52）和式（4-53）可求得电流控制器的 PI 参数：

$$\begin{cases} K_{\mathrm{p}} = \dfrac{R\tau_{\mathrm{l}}}{2\,\tau_{\Sigma\mathrm{i}}K_{\mathrm{s}}} \\[3mm] K_{\mathrm{I}} = \dfrac{K_{\mathrm{p}}}{\tau_{\mathrm{l}}} \end{cases} \tag{4-54}$$

通过以上计算可得到电流 PI 调节器的 PI 参数，该参数仅为理论情况下所得出的结果，在实际应用中还需根据控制性能的结果对参数进行调整，以获得最佳的控制效果。

4.6.2 转速滑模控制调节器的设计

根据控制策略的要求对转速滑模控制进行设计，以转差作为调节器的输入，q 轴电流作为滑模控制调节器的输出，得到滑模转速控制观测环节的结构图，如图 4-13 所示。

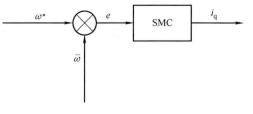

图 4-13 滑模转速控制观测环节的结构图

将滑模变结构控制引入到电动机转速控制中，需要与电动机的数学模型相结合，才能获得更好的控制效果。根据转速滑动模态的控制要求，从两相旋转坐标系下电动机的电压及机械运动方程着手，通过滑模变结构控制单元获得 q 轴电流与电动机转差的传递函数。永磁同步电动机在两相旋转坐标系下的电压、机械运动方程为：

$$\begin{cases} u_{\mathrm{d}} = L_{\mathrm{s}}\dfrac{\mathrm{d}i_{\mathrm{d}}}{\mathrm{d}t} - p_{\mathrm{n}}\omega_{\mathrm{m}}L_{\mathrm{s}}i_{\mathrm{q}} + Ri_{\mathrm{d}} \\[3mm] u_{\mathrm{q}} = L_{\mathrm{s}}\dfrac{\mathrm{d}i_{\mathrm{q}}}{\mathrm{d}t} + p_{\mathrm{n}}\omega_{\mathrm{m}}L_{\mathrm{s}}i_{\mathrm{d}} + p_{\mathrm{n}}\omega_{\mathrm{m}}\psi_{\mathrm{f}} + Ri_{\mathrm{q}} \\[3mm] J\dfrac{\mathrm{d}\omega_{\mathrm{m}}}{\mathrm{d}t} = \dfrac{3}{2}p_{\mathrm{n}}\psi_{\mathrm{f}}i_{\mathrm{q}} - T_{\mathrm{L}} \end{cases} \tag{4-55}$$

式中，p_{n} 为电动机的极对数；L_{s} 为电动机的定子电感。

采用 $i_{\mathrm{d}} = 0$ 的控制方法，可将式（4-55）简化为：

$$\begin{cases} \dfrac{di_q}{dt} = \dfrac{1}{L_s}(u_q - p_n\psi_f\omega_m - Ri_q) \\[3mm] \dfrac{d\omega}{dt} = \dfrac{1}{J}\left(\dfrac{3p_n\psi_f}{2}i_q - T_L\right) \end{cases} \tag{4-56}$$

为了得到电动机的转差与 q 轴电流的传递函数，定义转差及转差的导数作为滑模控制系统的两个状态变量：

$$\begin{cases} x_1 = \omega_m^* - \omega_m \\[3mm] x_2 = \dfrac{dx_1}{dt} = -\omega_m \end{cases} \tag{4-57}$$

式中，ω_m^* 为电动机的目标角速度；ω_m 为电动机的实际角速度。

将式（4-57）代入式（4-56）可得：

$$\begin{cases} \dfrac{dx_1}{dt} = \dfrac{T_L}{J} - \dfrac{3p_n\psi_f i_q}{2J} = \dfrac{T_L}{J} + x_2 \\[3mm] \dfrac{dx_2}{dt} = -\dfrac{3p_n\psi_f}{2J}i_q \end{cases} \tag{4-58}$$

定义控制器 $u = \dfrac{di_q}{dt}$，积分参数 $D = \dfrac{3p_n\psi_f}{2J}$，可将式（4-58）简化为：

$$\begin{cases} \dfrac{dx_1}{dt} = x_2 - Du \\[3mm] \dfrac{dx_2}{dt} = -Du \end{cases} \tag{4-59}$$

设置滑模面函数：

$$s = cx_1 + x_2 \tag{4-60}$$

式中，c 为滑模面系统的控制参数。

对滑模面函数进行求导：

$$\frac{ds}{dt} = cx_2 - Du \tag{4-61}$$

采用指数趋近律的控制方法削减系统的颤振，求解控制器函数：

$$u = \frac{1}{D}[cx_2 + \varepsilon\,\mathrm{sgn}(s) + qs] \tag{4-62}$$

式中，ε 为符号函数系数；q 为指数趋近律系数。

可得到控制器的函数为：

$$u(t) = \frac{1}{D}\left[qce(t) + (c+q)\frac{de(t)}{dt} + \varepsilon\,\mathrm{sgn}(s)\right] \tag{4-63}$$

式中，$e(t) = \omega^* - \omega$，即电动机转差。

根据式（4-63）可以得到输出 i_q 与电动机输出转差 e 之间的关系：

$$i_q = \int u(t) = \frac{1}{D}\int\left[qce(t) + (c+q)\frac{\mathrm{d}e(t)}{\mathrm{d}t} + \varepsilon\mathrm{sgn}(s)\right]\mathrm{d}t \qquad (4\text{-}64)$$

从式（4-64）可以看出，滑模控制器包含有积分、微分项。微分项可在减小系统稳态误差的同时抑制滑模变结构控制引起的颤振。

4.6.3　控制器的离散

采用 DSP 进行电动机控制算法开发时，为了方便控制器进行运算，需要对时域连续函数进行离散。常用的离散方法有：后向差分法、零阶保持器法及双性变换法等。为了简化后续 DSP 的算法开发，采用后向差分法对 PI 控制器及滑模控制器进行离散。

（1）PI 控制器的离散

PI 控制器通过对目标值与反馈值的偏差（即 SMC 调整的转速环的转差）进行比例及积分控制，以达到减小误差、加快动态响应的目的。PI 控制器的原理图如图 4-14 所示。

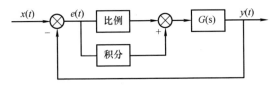

图 4-14　PI 控制器的原理图

PI 控制器的表达式为：

$$y(t) = K_p\left[e(t) + \frac{1}{T_i}\int_0^t e(t)\mathrm{d}t\right] \qquad (4\text{-}65)$$

式中，T_i 为控制器离散时间。

对式（4-65）进行拉式变换可得到 PI 的传递函数：

$$Y(s) = \left(K_p + \frac{K_i}{s}\right)E(s) \qquad (4\text{-}66)$$

式中，$K_i = K_p/T_i$。

采用后向差分法可以分别得到在 k 时刻和 $k-1$ 时刻 PI 的表达式：

$$\begin{cases} Y(k) = K_p e(k) + K_i \sum_{j=0}^{k} e(j) \\ Y(k-1) = K_p e(k-1) + K_i \sum_{j=0}^{k-1} e(j) \end{cases} \qquad (4\text{-}67)$$

整理式（4-67）得到采用后向差分法离散后的 PI 控制器方程：

$$Y(k) = Y(k-1) + K_p\left[e(k) - e(k-1)\right] + K_i e(k) \qquad (4\text{-}68)$$

从采用后向差分法离散后的 PI 控制器方程可以看出，在调定好 PI 参数后，当前 PI 控制器的输出仅与当前误差及前一次输出有关，极大简化了 DSP 的计算量。

（2）滑模控制器

为了简化方程的离散过程，可将滑模控制器方程式（4-64）用下式表示：

$$i_q = \frac{1}{D}\int_0^t X(t)\,\mathrm{d}t \tag{4-69}$$

$$X(t) = \left[qce(t) + (c+q)\frac{\mathrm{d}e(t)}{\mathrm{d}t} + \varepsilon\mathrm{sgn}(s) \right] \tag{4-70}$$

先对式（4-70）进行离散，具体离散方法与上述 PI 离散过程相同。令：

$$u(s_k) = \begin{cases} \varepsilon & \text{当} s_k > 0 \text{ 时} \\ 0 & \text{当} s_k = 0 \text{ 时} \\ -\varepsilon & \text{当} s_k < 0 \text{ 时} \end{cases} \tag{4-71}$$

式中的 s_k 可用下式表示：

$$s(k) = ce(k) + \frac{1}{T}\left[e(k) - e(k-1) \right] \tag{4-72}$$

得到 $X(t)$ 的离散方程：

$$X(k) = X(k-1) + K_s\left[e(k) - e(k-1) \right] \tag{4-73}$$

再对（4-69）进行离散：

$$i(k) = \frac{1}{D}\sum_{j=0}^{j=k} TX(j) \tag{4-74}$$

采用后向差分法得到离散后的方程：

$$i(k) = \frac{1}{D}TX(k) + i(k-1) \tag{4-75}$$

结合式（4-73）和式（4-75），即可得到滑模变结构控制器最终离散结果。

4.7　电动机控制策略仿真

为了验证基于滑模转速观测的闭环矢量控制系统的性能，本节介绍对该控制策略进行的相关仿真研究情况。根据调节器的设计要求及矢量控制原理建立了 Simulink 仿真模型，通过仿真对比 SMC 转速闭环与传统 PI 转速闭环的性能差异。为了更好地模拟液压系统负载特性，在 AMESim 中建立了液压系统仿真模型，并进行了 AMESim – Simulink 的联合仿真，通过联合仿真对比分析 SMC 控制器在液压系统负载变化情况下的控制性能。

4.7.1　Simulink 模型建立与仿真

（1）坐标变换

坐标变换是矢量控制的重要理论基础，通过 Clark 变换可将三相电流 i_A、i_B、i_C 转换成两相旋转坐标系下的电流 i_α、i_β；Park 变换是以 i_α、i_β 以及电气角 θ 作为输入得到两相旋转坐标下的电流 i_d、i_q。Clark 及 Park 变换的仿真模型，如图 4-15 所示。

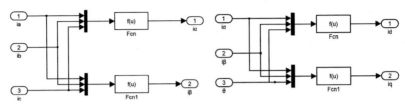

图 4-15　Clark 及 Park 变换的仿真模型

（2）调节器建模

根据 4.6 节阐述的调节器设计方法得到 SMC 调节器及 PI 调节器的 Simulink 仿真模型，如图 4-16 和图 4-17 所示。

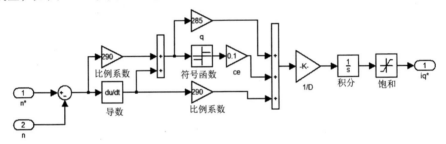

图 4-16　SMC 调节器的 Simulink 仿真模型

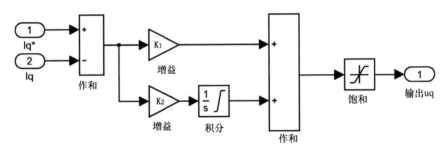

图 4-17　PI 调节器的 Simulink 仿真模型

（3）矢量脉宽调制模块

矢量脉宽调制模块的输入参数主要为 u_α、u_β、采样时间 T_s 以及直流母线电压 U_{dc}。根据上述参数得出矢量脉宽调制模块当前所处的扇区，计算出电压矢量的作用时间，最终获得比较寄存器的值，实现矢量脉宽调制。根据矢量脉宽调制的方法建立矢量脉宽调制模块的仿真模型，如图 4-18 所示。

（4）矢量控制系统仿真模型

上述介绍了矢量控制系统的坐标变换模块、滑模转速观测模块、电流 PI 调节模块以及 SVPWM 模块的建立，通过以上模块的组合可得到图 4-19 所示的基于滑

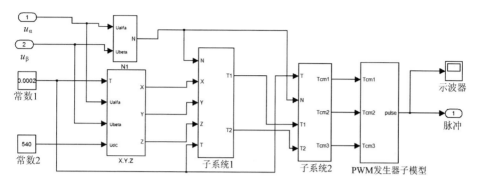

图 4-18　矢量脉宽调制模块的仿真模型

模转速观测的闭环矢量控制系统仿真模型。仿真采用的电动机为三相交流永磁同步电动机，定子电阻 0.75Ω，交直轴电感为 10.25mH，转子磁链为 0.71Wb，电动机转动惯量为 $7.45 \times 10^{-3}\text{kg} \cdot \text{m}^2$。通过 Bus Select 模块采集电动机的转速、电流和转矩变化，实现闭环矢量控制系统参数的反馈。

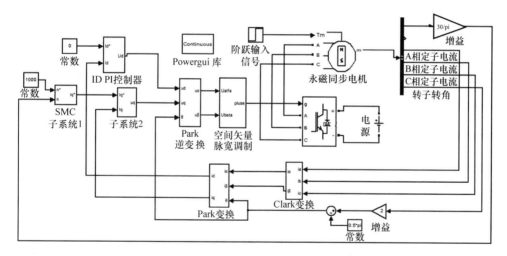

图 4-19　基于滑模转速观测的闭环矢量控制系统仿真模型

对建立的矢量控制系统模型进行仿真，并对比分析 PI 转速调节器及滑模转速调节器的性能。基于滑模转速观测的矢量控制闭环系统电动机空载起动时的转速及转矩仿真曲线如图 4-20 所示。从仿真结果可以看出，空载起动时电动机转速可实现无超调，响应时间约为 0.03s，电动机转矩在起动瞬间存在一定的转矩超调，在电动机平稳运行时转矩接近于零，转矩响应时间与电动机转速响应时间基本相等。

为了对比滑模转速观测与传统 PI 转速控制的性能差别，对比两种转速调节器在空载起动及突加载时的性能，在同等情况下分别对两种算法进行仿真。

图 4-21 为电动机空载起动时的转速响应曲线。采用 PI 控制时，电动机的转速

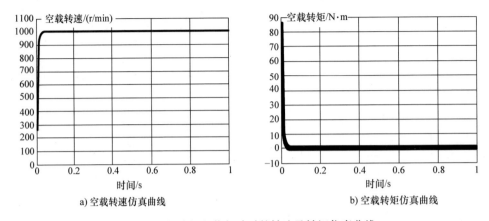

a) 空载转速仿真曲线   b) 空载转矩仿真曲线

图4-20　电动机空载起动时的转速及转矩仿真曲线

响应时间约为0.02s；在转速建立过程中，转速在目标值的−7%～2.4%之间振荡。采用SMC控制时，电动机的转速响应时间约为0.03s，转速在建立过程中不存在超调与振荡。

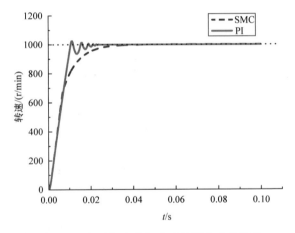

图4-21　电动机空载起动时的转速响应曲线

　　图4-22为电动机空载起动时的转矩变化曲线。转速采用PI控制时，电动机的起动转矩存在较大的振荡。相比之下，采用SMC作为外环时，电动机的起动转矩过渡较为平滑。从仿真的结果可以看出，在起动时SMC比PI更能抑制转速及转矩的振荡，与滑模变结构控制的控制特性相吻合。

　　图4-23为电动机加载时的转速变化曲线。电动机目标转速1000r/min，在0.15s时突然加载30N·m。由于外部负载突然增大，两种闭环系统的电动机转速都存在一定抖动。采用PI转速闭环时，转速在调整过程中存在振荡，调整时间为0.005s，稳态误差在0.3%左右。SMC转速闭环在电动机突然加载时转速的调整过程较为平稳，调整时间为0.015s，略长于PI控制；进入稳态时，稳态误差基本为零。

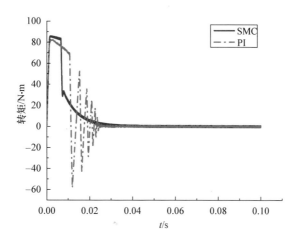

图 4-22　电动机空载起动时的转矩变化曲线

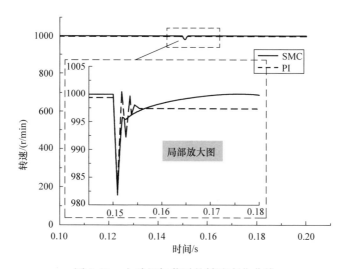

图 4-23　电动机加载时的转速变化曲线

图 4-24 为电动机突然加载时的转矩变化曲线。空载时电动机输出转矩基本为零，在 0.15s 时外部负载由 0N·m 增大至 30N·m。采用 SMC 控制时，电动机转矩的超调量为 66%，调整时间为 0.02s。采用 PI 控制时，电动机转矩超调量高达 98%，调整过程中存在振荡，调整时间为 0.06s。

4.7.2　AMESim – Simulink 联合仿真

为了更好地对比两种算法在液压系统作为负载对象情况下的性能，在 AMESim 中建立了图 4-25 所示的液压系统仿真模型。通过该模型可模拟典型液压驱动过程：中位卸荷 – 液压缸伸出 – 到达最大行程时安全阀打开 – 液压缸收回。

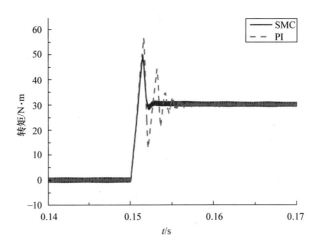

图 4-24　电动机突然加载时的转矩变化曲线

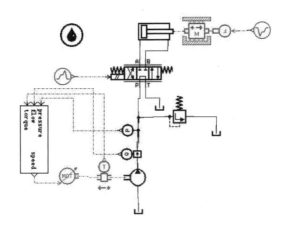

图 4-25　AMESim 液压系统仿真模型

　　在该液压系统仿真模型中，采用电动机驱动定量泵，电动机的参数及运行状态从 Simulink 模型中获取。定量泵的排量为 10mL/r，安全阀调定压力为 25MPa。采用三位四通换向阀控制液压缸的往复运动，当换向阀处于中位时，系统所有流量均回油箱；换向阀处于右位时，液压缸无杆腔进油驱动液压缸带动负载向右运动；当换向阀处于左位时，液压缸有杆腔进油驱动液压缸带动负载向左运动，达到行程最大时油液通过安全阀溢流。液压缸的缸径为 25mm，杆径为 12mm，行程为 0.5m，质量块设定为 10kg。

　　在建立了 Simulink 和 AMESim 模型后，通过联合仿真接口将 AMESim 模型中的压力、流量及转矩反馈到 Simulink 中作为电动机负载的输入，Simulink 中转速的输出作为 AMESim 模型中电机泵的转速输入，将两种仿真软件各自的优势结合起来，进行联合仿真。

液压缸的位移及无杆腔压力如图 4-26 所示。液压缸在 1s 时向右正向运动，由于电动机为恒转速，液压缸位移匀速增加，在 2.5s 达到最大位移，安全阀打开。4s 时换向阀切换，液压缸向左运动，并在 5s 时回到起始点。回程时有杆腔进油，由于有杆腔容腔较小，因此在泵输出流量相同的情况下，液压缸的运行速度较快。

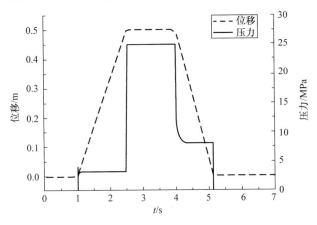

图 4-26　液压缸位移及无杆腔压力

由图 4-27 可以看出，在液压缸的往复运动过程中，电动机的转矩也随之变化。电动机转矩的变化反映了负载的变化采用 PI 控制时，在负载变化过程中电动机的转速跟随负载变化：当负载增大时，电动机转速降低；负载减小时，转速上升。负载越大电动机转速的稳态误差越大，最大稳态误差达 0.5%，转速鲁棒性较小。采用 SMC 控制时，转速的鲁棒性较强，电动机的负载变化对转速稳态误差的影响较小；在负载变化时，电动机转速依旧能够维持无静差。

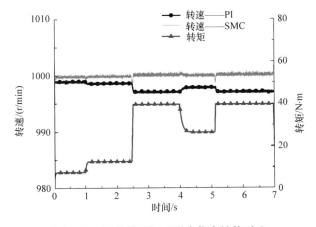

图 4-27　两种转速闭环联合仿真性能对比

两种转速闭环联合仿真的泵出口流量变化如图 4-28 所示。由于系统采用的是定量泵，电动机转速波动对泵出口流量产生直接的影响。从仿真结果可以看出，采用 PI 控制时，由于起动转速超调较大，泵出口流量在建立时也存在一定超调。在负载变化过程中，采用 PI 控制时流量的稳态误差大于 SMC 控制，采用 SMC 控制时流量稳态误差基本为零。

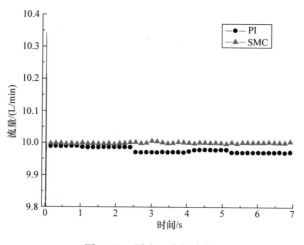

图 4-28　泵出口流量变化

采用滑模变结构控制时电动机的转速具有较好的鲁棒性，由于转速在建立的过程中较为平稳，对液压系统造成的冲击较小，在液压系统负载变化过程中转速能够实现基本无稳态误差，实现较好的操控性能。采用 PI 控制时，外部负载增大会导致电动机转速稳态误差增大，液压系统无法达到目标流量，使执行器的速度减慢，影响系统的操作性。

第5章　电动挖掘机新型电液控制系统建模及参数优化

以液压蓄能器和动力锂蓄电池为储能单元的动力复合模式电动挖掘机为例，分别建立新型电动驱动系统和传统无液压蓄能器电驱动系统的速度控制数学模型，分析新型系统结构参数对控制特性的影响，对系统的关键元件参数和怠速转速进行优化设计。构建 AMESim – MATLAB/Simulink 联合仿真模型，比较液压蓄能器、复合控制算法分别对系统速度响应特性的影响，研究不同的管路容腔体积、液压蓄能器充气压力和额定容积等参数对执行器速度控制特性的影响。

5.1　电动挖掘机新型电液控制系统简介

不管是哪种类型的电动液压挖掘机，当前主流的驱动方案基本都是采用电动机 – 泵（液压蓄能器）– 比例方向控制阀 – 执行器的驱动方案。为了分析建模，根据液压泵出口是否具有液压蓄能器，把电液控制系统分为含液压蓄能器的电液速度控制系统简化原理图（图5-1）和无液压蓄能器的电液速度控制系统原理图（图5-2），其中，为了简化系统，将比例方向控制阀简化为一个电比例节流阀。图中，p_1 和 p_2 分别是执行器无杆腔和有杆腔的压力；A_1 和 A_2 分别是执行器无杆腔和有杆腔的有效作用面积；p_3 是液压泵的出口压力；V_1 和 V_3 分别是比例方向控制阀出口到执行器入口和液压泵出口到比例方向控制阀入口之间的容积。

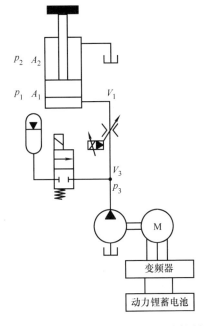

图5-1　含液压蓄能器的电液速度控制系统简化原理图

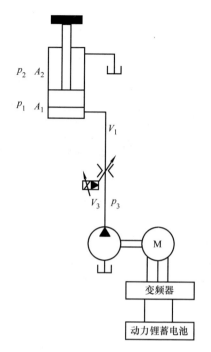

图 5-2 无液压蓄能器的电液速度控制系统原理图

5.2 系统速度控制数学模型的建立

5.2.1 含液压蓄能器的电液速度控制系统

图 5-1 所示，通过建立系统的数学模型来分析电动驱动系统的控制特性。先作如下假设。

1）忽略电磁换向阀对执行器速度特性的影响。

2）只考虑执行器液压缸伸出的运动，忽略由于执行器液压缸的活塞运动对执行器液压缸无杆腔、液压蓄能器和液压泵之间压力容腔容积的影响。

3）执行器液压缸和液压泵均无弹性负载。

4）系统安全阀未溢流、补油单向阀未打开，即它们未打开，图中不再画出。

5）液压泵的进口压力为零。

（1）变频器 – 电动机环节的电磁力矩方程

采用异步电动机作为动力，由于电动机的电磁瞬变过程要比机电瞬变过程快得多，而且考虑到变转速容积调速系统的动态过程中，变频器 – 电动机的电磁场产生目标电磁转矩的时间远小于液压泵 – 电动机的机械响应时间，因此变频器和电动机可以假设为一个比例环节：

$$T_m = K_m(\omega_{mt} - \omega_m) \tag{5-1}$$

式中，T_m 为电动机的电磁力矩（N·m）；K_m 为电动机转矩和转速差的比例系数；ω_{mt} 为电动机目标角速度（rad/s）；ω_m 为电动机的角速度（rad/s）。

（2）液压泵输出流量方程

考虑液压泵的内外泄漏，液压泵输出流量方程为：

$$q_p = V_p\omega_m - C_{ip}p_3 - C_{ep}p_3 \tag{5-2}$$

式中，V_p 为液压泵的排量（m³/rad）；C_{ip} 为液压泵的内泄漏系数 [m³/(Pa·s)]；C_{ep} 为液压泵的外泄漏系数 [m³/(Pa·s)]；p_3 为液压泵出口压力（Pa）。

（3）力矩方程

忽略弹性负载与外干扰力矩，则液压泵的负载力矩方程和电机泵的力矩平衡方程为：

$$T_L = V_pp_3 \tag{5-3}$$

$$T_m - T_L = J\frac{d\omega}{dt} + b_m\omega_m \tag{5-4}$$

式中，T_L 为液压泵的负载力矩（N·m）；J 为液压泵、电动机及联轴器的总转动惯量（kg·m²）；b_m 为液压泵旋转的黏性阻尼（N·s/rad）。

（4）比例方向控制阀的流量方程

通过比例方向控制阀的流量可表示为：

$$q_C = K_qx_v + K_C(p_3 - p_1) \tag{5-5}$$

式中，K_q 为比例方向控制阀的流量增益（m³/s）；K_C 为比例方向控制阀的流量压力系数[m³/(Pa·s)]；x_v 为比例方向控制阀阀口开度位移（m）；p_1 为执行器无杆腔压力（MPa）。

（5）液压蓄能器流量方程

流入液压蓄能器的流量可表示为：

$$q_x = \frac{V_0}{p_0}\frac{dp_x}{dt} \tag{5-6}$$

式中，p_0 为蓄能器的充气压力（MPa）；V_0 为蓄能器充气压力时对应的气囊容积（L）；p_x 为蓄能器的工作压力（MPa）。

（6）油液的连续性方程

根据质量守恒，油液的连续性方程可表示为：

$$V_p\omega_m - C_{ip}p_3 - C_{ep}p_3 + \frac{V_0}{p_0}\frac{dp_x}{dt} - K_qx_v - K_C(p_3 - p_1) = \frac{V_3}{\beta_e}\frac{dp_3}{dt} \tag{5-7}$$

$$K_qx_v + K_C(p_3 - p_1) - A_1v_c - [C_{ic}(p_1 - p_2) + C_{ec}p_1] = \frac{V_1}{\beta_e}\frac{dp_1}{dt} \tag{5-8}$$

式中，β_e 为有效体积弹性模量（Pa）；V_3 为执行器的无杆腔与比例方向控制阀之间的容积（m³）；v_c 为活塞的运动速度；V_1 为液压泵、液压蓄能器以及比例方向控制阀之间的容积（m³）；C_{ic} 和 C_{ec} 分别为液压缸的内泄漏和外泄漏系数。

（7）执行器的力平衡方程

这里只考虑执行器伸出时的单向运动。假设执行器有杆腔油液直接回油箱，背压为零，即 $p_2 = 0$；忽略弹性负载与外干扰力后，执行器与负载的力平衡方程为：

$$p_1 A_1 = m\frac{\mathrm{d}v_c}{\mathrm{d}t} + b_c v_c \tag{5-9}$$

式中，m 为执行器活塞及负载折算到活塞杆上的总质量（kg）；b_c 为执行器活塞及负载的黏性阻尼（N·s/rad）；A_1 为执行器活塞的有效面积（m²）。

与执行器和电机泵相比，液压挖掘机的惯性负载比较大。为了便于分析系统模型，这里忽略系统中执行器和电机泵的黏性阻尼，即：$b_c = b_m = 0$。

由式（5-1）～（5-9）进行拉氏变换，并整理得：

$$K_m\omega_t(s) - Q_p p_3(s) = (Js + K_m)\omega(s) \tag{5-10}$$

$$Q_p\omega(s) - K_q x_v(s) + K_C p_1(s) = \left(\frac{V_3 s}{\beta_e} - \frac{V_0 s}{p_0} + C_m + K_C\right)p_3(s) \tag{5-11}$$

$$K_q x_v(s) + K_C p_3(s) - A_1 v_c(s) = \left(\frac{V_1 s}{\beta_e} + C_C + K_C\right)p_1(s) \tag{5-12}$$

$$p_1(s) = \frac{ms}{A_1}v_c(s) \tag{5-13}$$

将式（5-10）～（5-13）整理化简得新型自动怠速系统的传递函数为：

$$
\begin{aligned}
v_c(s) = &\left[K_q(Js + K_m)A_1\left(\frac{V_3 s}{\beta_e} - \frac{V_0 s}{p_0} + K_{Cm}\right)x_v(s) - K_C K_q(Js\right.\\
&\left.+ K_m)A_1 x_v(s) + K_m K_C V_p\omega_t(s) \right]\left\{\left(\frac{V_1 V_3 Jm}{\beta_e^2} - \frac{V_1 V_0 Jm}{p_0\beta_e}\right)s^4\right.\\
&+ \left(\frac{K_{CC}V_3 Jm}{\beta_e} + \frac{V_1 V_3 K_m m}{\beta_e^2} - \frac{K_{CC}V_0 Jm}{p_0} + \frac{V_1 V_0 K_m m}{p_0\beta_e} + \frac{K_{Cm}V_1 Jm}{\beta_e}\right)s^3\\
&+ \left[\frac{V_3 J A_1^2}{\beta_e} - \frac{V_0 J A_1^2}{p_0} + \frac{K_{CC}K_m V_3 m}{\beta_e} + \frac{K_{CC}K_m V_0 m}{p_0} + (K_C C_C\right.\\
&+ C_m C_C + C_m K_C)Jm + \frac{K_{Cm}K_m V_1 m}{\beta_e}\Big]s^2 + \left(K_{Cm}JA_1^2 + \frac{V_3 K_m A_1^2}{\beta_e}\right.\\
&\left.- \frac{V_0 K_m A_1^2}{p_0} + K_{CC}K_{Cm}K_m m - K_m K_C^2 + q_p^2 K_C m\right)s + K_{Cm}K_m A_1^2\Bigg\}^{-1}
\end{aligned} \tag{5-14}
$$

式中，K_{CC} 为比例方向控制阀的流量压力增益系数和执行器的泄漏系数之和，即 $K_{CC} = K_C + C_C$；K_{Cm} 为比例方向控制阀的流量压力增益系数和液压泵的泄漏系数之和，即 $K_{Cm} = K_C + C_m$。

式（5-14）中分母中的第一项、第三项和第七项：

$$
\begin{aligned}
&\frac{V_1 V_3 Jm}{\beta_e^2}s^4 + \frac{K_{CC}V_3 Jm}{\beta_e}s^3 + \frac{K_{Cm}V_1 Jm}{\beta_e}s^3\\
&= \frac{V_3 Jm}{\beta_e p_1}s^3\left(\frac{V_1}{2\beta_e}p_1 s + K_{CC}p_1\right) + \frac{V_1 Jm}{\beta_e p_3}s^3\left(\frac{V_3}{2\beta_e}p_3 s + K_{Cm}p_3\right)
\end{aligned} \tag{5-15}
$$

分母中第二项和第五项：

$$\frac{V_1 V_0 Jm}{p_0 \beta_e} s^4 + \frac{K_{CC} V_0 Jm}{p_0} s^3 = \frac{V_0 Jm}{p_0 p_1} s^3 \left(\frac{V_1}{\beta_e} p_1 s + K_{CC} p_1 \right) \tag{5-16}$$

分母中第四项和第十项：

$$\frac{V_1 V_3 K_m m}{\beta_e^2} s^3 + \frac{K_{CC} K_m V_3 m}{\beta_e} s^2 = \frac{V_3 K_m m}{\beta_e p_1} s^2 \left(\frac{V_1}{\beta_e} p_1 s + K_{CC} p_1 \right) \tag{5-17}$$

分母中第六项和第十一项：

$$\frac{V_1 V_0 K_m m}{p_0 \beta_e} s^3 + \frac{K_{CC} K_m V_0 m}{p_0} s^2 = \frac{V_0 K_m m}{p_0 \beta_e p_1} s^2 \left(\frac{V_1}{\beta_e} p_1 s + K_{CC} p_1 \right) \tag{5-18}$$

分母中第八项和第十四项：

$$\frac{V_3 J A_1^2}{\beta_e} s^2 + K_{Cm} J A_1^2 s = \frac{J A_1^2 s}{p_3} \left(\frac{V_3}{\beta_e} p_3 s + K_{Cm} p_3 \right) \tag{5-19}$$

分母中第十三项和第十七项：

$$\frac{K_{Cm} K_m V_1 m}{\beta_e} s^2 + K_{CC} K_{Cm} K_m m s = \frac{K_{Cm} K_m m}{p_1} s \left(\frac{V_1}{\beta_e} p_1 s + K_{CC} p_1 \right) \tag{5-20}$$

式（5-15）~式（5-20）等式右侧的括号内的第一项是系统 V_1 和 V_3 两个密闭容腔中由于油液压缩性所引起的流量变化；第二项是由于两个容腔的压力变化引起的泄漏流量变化。因为油液压缩性引起的流量变化和压力变化引起的泄漏量远小于由于压力变化所引起的比例方向控制阀阀口和蓄能器容腔产生的流量变化，因此，为了方便研究，忽略上述两种因素引起的系统压力流量变化；且考虑到液压泵和电动机的等效转动惯量很小时，电动机的刚性比较大，所以式（5-14）可以简化为：

$$v_c(s) = \left[\frac{K_q(Js + K_m)}{K_{Cm} K_m A_1} \left(\frac{V_3 s}{\beta_e} - \frac{V_0 s}{p_0} + C_m \right) x_v(s) + \frac{K_C V_p}{K_{Cm} A_1} \omega_t(s) \right]$$

$$\left[\left(\frac{V_3 J}{\beta_e K_{Cm} K_m} - \frac{K_{CC} m p_0}{A_1^2 K_{Cm} V_0} \right) s^2 \right.$$

$$+ \frac{K_{Cm} J A_1^2 - \frac{V_0 K_m A_1^2}{p_0} + (K_C C_C + C_m C_C + C_m K_C) K_m m + V_p^2 K_C m}{K_{Cm} K_m A_1^2} s + 1 \right]^{-1} \tag{5-21}$$

5.2.2　无液压蓄能器的电液速度控制系统

为了对比研究有液压蓄能器的新型自动怠速系统的控制性能，建立了传统型无液压蓄能器的电动挖掘机电液控制系统的数学模型。由于没有配置液压蓄能器作为辅助驱动单元，因此，可以把传统型自动怠速系统简化成图 5-2 所示的系统。液压泵与比例方向控制阀之间容腔的油液连续性方程为：

$$V_p \omega - C_{ip} p_3 - C_{ep} p_3 - K_q x_v - K_C(p_3 - p_1) = \frac{V_3}{\beta_e} \frac{dp_3}{dt} \tag{5-22}$$

变频电机泵的电磁力矩方程、液压泵流量方程、液压泵负载力矩方程、比例方向控制阀的流量方程、比例方向阀与执行器无杆腔之间容腔的油液连续性方程以及执行器的力平衡方程均与式（5-1）~式（5-6）、（5-8）和（5-9）相同，对各方程进行拉氏变换，采用前面所述的简化原则，得到传统无液压蓄能器的电液控制系统的传递函数：

$$v_c(s) = \left[\frac{K_q(Js + K_m)}{K_{Cm}K_mA_1} \left(\frac{V_3 s}{\beta_e} + C_m \right) x_v(s) + \frac{K_C V_p}{K_{Cm}A_1} \omega_t(s) \right] \cdot \left[\frac{V_3 J}{\beta_e K_{Cm}K_m} s^2 + \right.$$

$$\left. \frac{K_{Cm}JA_1^2 + (K_C C_C + C_m C_C + C_m K_C)K_m m + V_p^2 K_C m}{K_{Cm}K_mA_1^2} s + 1 \right]^{-1} \tag{5-23}$$

5.2.3　系统控制特性分析

由式（5-21）和式（5-23）可知，新型系统和传统系统都可以简化为二阶系统，则可以通过分析对比两个系统的固有频率和阻尼比来研究新型自动怠速系统的控制特性。

由式（5-21）得到新型自动怠速系统的液压固有频率和阻尼比分别为：

$$\omega_{h1} = \sqrt{\frac{1}{\dfrac{V_3 J}{\beta_e K_{Cm}K_m} - \dfrac{K_{CC}mp_0}{A_1^2 K_{Cm}V_0}}} \tag{5-24}$$

$$\xi_{h1} = \frac{K_{Cm}JA_1^2 - \dfrac{V_0 K_m A_1^2}{p_0} + (K_C C_C + C_m C_C + C_m K_C)K_m m + V_p^2 K_C m}{2K_{Cm}K_m A_1^2 \sqrt{\dfrac{1}{\dfrac{V_3 J}{\beta_e K_{Cm}K_m} - \dfrac{K_{CC}mp_0}{A_1^2 K_{Cm}V_0}}}} \tag{5-25}$$

由式（5-23）得到传统无液压蓄能器自动怠速系统的液压固有频率和阻尼比分别为：

$$\omega_{h2} = \sqrt{\frac{1}{\dfrac{V_3 J}{\beta_e K_{Cm}K_m}}} \tag{5-26}$$

$$\xi_{h2} = \frac{K_{Cm}JA_1^2 + (K_C C_C + C_m C_C + C_m K_C)K_m m + V_p^2 K_C m}{2K_{Cm}K_m A_1^2 \sqrt{\dfrac{1}{\dfrac{V_3 J}{\beta_e K_{Cm}K_m}}}} \tag{5-27}$$

分析式（5-24）~式（5-27）可知，两种电液控制系统的最大区别在于，新型电动驱动系统的控制特性同时还受到液压蓄能器参数的影响：增加了液压蓄能器辅助驱动单元后，系统的液压固有频率变大（$\omega_{h1} > \omega_{h2}$），使得系统的速度动态响应加快。

　　然而，对于确定的机型或工程机械的吨级来说，适当减小电机泵的转动惯量 J、提高油液的有效体积弹性模量 β_e 以及减小执行器活塞有效作用面积 A_1 等均可一定程度地改善其控制特性，但改善的效果不大。提高电动挖掘机的电液控制系统的动态响应主要方法如下。

　　1）增大电动机比例系数 K_m，比如，采用动态响应较高的电动机。

　　2）考虑液压蓄能器对新型电液控制系统的影响。通过上面的分析可以看出，通过减小液压蓄能器体积 V_0 或者增大其充气压力 p_0 均可以提高系统的液压固有频率；但同时，系统的阻尼比也会发生变化，使系统速度控制稳定性变差。此外，由于取消自动怠速后执行器的速度响应归根到底还是取决于液压系统压力建立速度。对于定排量泵来说，系统压力的建立速度则取决于电动机的转速响应和液压系统管路容腔大小。其中，系统管路容腔包括液压泵与比例方向控制阀之间的容积 V_3 和比例方向控制阀与执行器之间的管路容积 V_1，从式（5-24）和式（5-26）可以看出，无论是哪种系统，液压泵与比例方向控制阀之间的容积 V_3 都对系统控制特性有较大影响，而比例方向控制阀与执行器之间的管路容积 V_1 对系统控制特性的影响不大。下面介绍系统关键元件参数优化设计方法。

5.3　关键元件参数优化设计方法

　　系统关键元件的参数优化设计方法主要有分析法、模型法、遗传算法、粒子群法等。不同的驱动系统有不同的元件参数优化设计方法。为了更有针对性，本节主要以分析法为例，阐述元件的参数优化设计法。

5.3.1　系统流量计算

　　当执行器为动臂时：规定动臂液压缸活塞杆伸出最大速度为 v_{bmo}，当动臂液压缸活塞杆达到最大速度时，进入工作腔的流量为 q_{bmo}，液压缸的容积效率为 η_{V1}，动臂液压缸无杆腔的直径为 d_{bmc}。则动臂达到最大速度时进入动臂液压缸的流量为：

$$q_{bmo} = \frac{\pi v_{bmo} d_{bmc}^2}{4\eta_{V1}} \tag{5-28}$$

　　当执行器为斗杆时：斗杆达到最大速度时，进入液压缸的流量为：

$$q_{amo} = \frac{\pi d_{amc}^2 v_{amo}}{4\eta_{V2}} \tag{5-29}$$

式中，q_{amo} 为斗杆液压缸活塞杆伸出时进入液压缸的流量；d_{amc} 为斗杆液压缸缸径；v_{amo} 为斗杆液压缸活塞杆伸出时的最大速度；η_{V2} 为斗杆液压缸容积效率。

　　当执行器为铲斗时：铲斗达到最大速度时，进入液压缸的流量为：

$$q_{bto} = \frac{\pi d_{btc}^2 v_{bto}}{4\eta_{V3}} \qquad (5-30)$$

式中，q_{bto}为铲斗液压缸活塞杆伸出时进入液压缸的流量；d_{btc}为铲斗液压缸缸径；v_{bto}为铲斗液压缸活塞杆伸出时的最大速度；η_{V3}为铲斗液压缸容积效率。

当执行器为回转马达，回转马达达到最大转速时，进入马达的流量为：

$$q_{mr} = \frac{n_{mr} V_{mr}}{\eta_{V4}} \qquad (5-31)$$

式中，q_{mr}为进入回转马达高压腔的流量；n_{mr}为回转马达最高转速；V_{mr}为回转马达排量；η_{V4}为回转马达容积效率。

当执行器为行走马达时：行走马达达到最大转速时，进入马达的流量为：

$$q_{mw} = \frac{n_{mw} V_{mw}}{\eta_{V5}} \qquad (5-32)$$

式中，q_{mw}为进入行走马达高压腔的流量；n_{mw}为行走马达最高转速；V_{mw}为行走马达排量；η_{V5}为行走马达容积效率。

根据上述所计算的各执行器达到最大运动速度/转速时所需的最大流量，以单执行器所需最大流量为参考标准。表5-1为原机型各执行器的参数。

表 5-1　各执行器的参数

执行器	工作压力	缸径或排量		容积效率	运动方向	最大速度或转速
动臂液压缸	27.5MPa	缸径	115mm	0.98	伸出	0.25m/s
斗杆液压缸	27.5MPa	缸径	95mm	0.98	伸出	0.10m/s
铲斗液压缸	27.5MPa	缸径	85mm	0.98	伸出	0.10m/s
回转马达	25.0MPa	排量	45.8mL/r	0.95	旋转	1633r/min
左行走马达	22.5MPa	排量	43.1mL/r	0.96	旋转	1300r/min
右行走马达	22.5MPa	排量	43.1mL/r	0.96	旋转	1300r/min

结合各执行器参数，经计算可得，各执行器单独动作时，动臂获得最大速度所需的流量是所有执行器中最大的，为159L/min。

5.3.2　液压泵参数匹配

根据单执行器工作满足最大速度时的流量，可得液压泵排量为：

$$V = \frac{q_{mx}}{n_p \eta_{Vp}} \qquad (5-33)$$

式中，q_{mx}为单执行器运动最大速度时所需的最小流量；n_p为液压泵转速；η_{Vp}为液压泵的容积效率。

某8t挖掘机内燃发动机的万有特性曲线如图5-3所示。由图5-3可知，内燃发动机高效区运行在1700～2400r/min左右，内燃发动机转速常预设在2000～2200r/min左右。考虑到电动机运行的高效性，并参考几款用于工程机械的典型永磁同步电动机的额定转速，暂定电动机的额定转速为 1800r/min。

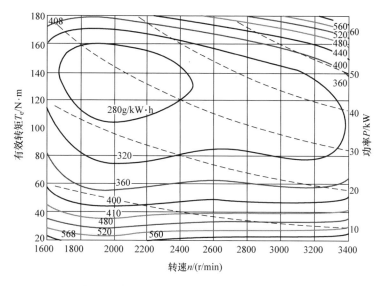

图 5-3　某 8t 挖掘机内燃发动机万有特性曲线

在多执行器复合动作时，满足单执行器最大速度时的流量不足以提供复合动作时所有工作执行器的流量之和，因此，需由足够的流量，以满足控制精度。规定电机泵在额定转速时，电机泵的输出流量为：

$$q_e = q_{emin} + k_{cq}q_e \qquad (5-34)$$

式中，q_e 为额定转速时，电机泵的输出流量；q_{emin} 为满足单执行器最大速度时的流量；k_{cq} 为流量储备系数。

由式（5-34）可知，在额定转速时，电机泵的输出流量为单执行器获得最大速度时的流量与储备流量之和。暂定流量储备系数 k_{cq} 为 1.25，通过计算可得，以额定转速运行时，泵的输出流量为 180L/min，可得液压泵的排量为 100mL/r。

5.3.3　电动机参数匹配

根据试验平台实测所得某 8t 挖掘机在典型负载下液压泵出口的压力特性曲线，如图 5-4 所示。

根据泵出口压力特性曲线和计算所得的液压泵排量，由式（5-35）可得典型负载下液压泵的转矩曲线，如图 5-5a 所示。并根据概率统计计算，可得出典型负载下液压泵转矩的概率分布曲线，如图 5-5b 所示。

$$T = \frac{pV_p}{2\pi} \qquad (5-35)$$

式中，T 为典型负载下的液压泵转矩；p 为典型负载下的液压泵出口压力；V_p 为液压泵排量。

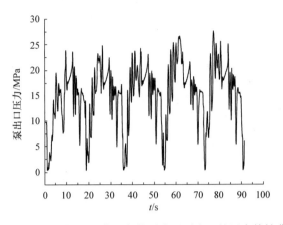

图 5-4　某 8t 挖掘机在典型负载下液压泵出口的压力特性曲线

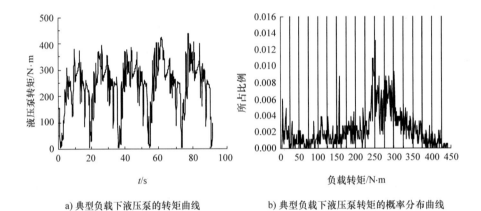

a) 典型负载下液压泵的转矩曲线　　　　　b) 典型负载下液压泵转矩的概率分布曲线

图 5-5　典型负载下液压泵的转矩及其概率分布曲线

从图 5-5b 转矩概率分布曲线中可以看出转矩落在 250N·m 左右的分布概率最大。

考虑动力系统的高效节能性，为了让电动机尽可能地工作在高效区，应该使电动机转矩尽可能地落在额定转矩。液压泵输出转矩为 250N·m 时，电动机输出转矩为额定转矩。考虑到整机的动力性能要求，电动机的额定转矩应大于 250N·m。由式 (5-36) 可得，电动机以额定功率运行时，液压泵的输出功率约为：

$$P_{\mathrm{p}} = \frac{T_{\mathrm{p}} q_{\mathrm{e}}}{9550 V_{\mathrm{p}}} \qquad (5\text{-}36)$$

式中，P_{p} 为液压泵的输出功率。

根据典型永磁同步电动机的效率特性曲线（图 5-6）可得电动机效率参数。并由式 (5-37) 可确定电动机的额定功率。

$$\eta_{\mathrm{m}} P_{\mathrm{me}} = P_{\mathrm{pi}} = P_{\mathrm{p}} + P_{\mathrm{pw}} \qquad (5\text{-}37)$$

式中，η_m 为电动机总效率值，查表可得约为 0.95；P_{me} 为电动机额定输出功率；P_{pi} 为液压泵输入功率；P_{pw} 为液压泵自身损耗功率。

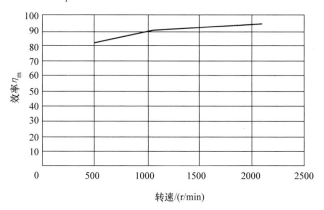

图 5-6　典型永磁同步电动机的效率特性曲线

图 5-7 所示是所选液压泵在转速为 1800r/min 时的空载功率曲线，即泵自身消耗的无功功率 P_{pw}。

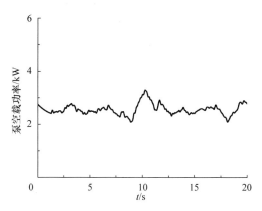

图 5-7　液压泵的空载功率曲线

综合上述，进行计算后，对电动机进行选型，所选电动机的性能参数见表 5-2。

表 5-2　所选电动机的性能参数

电动机类型	额定功率	额定转矩	额定转速	最大转矩	最大转速
永磁同步电动机	49kW	260N · m	1800r/min	450N · m	3000r/min

选择永磁同步电动机的一个重要原因是起动性能好，动态响应快，能够适应复杂多变的负载。下面介绍已选电动机的性能验证测试，为后续的研究奠定基础。图 5-8 为电动机在额定转速下，不同响应时间的响应特性曲线。

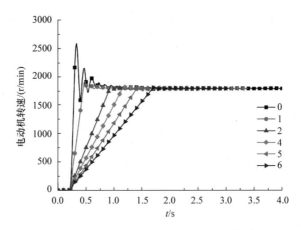

图 5-8　永磁同步电动机的响应特性曲线

从特性曲线中可发现，响应时间参数为 1s 时，起动时间约为 150ms，响应快。

电动机控制器作为储能装置与电动机之间传输能量的装置，是驱动控制系统的核心。图 5-9 为永磁同步电动机驱动系统工作原理图，输入为直流高压电，通过 CAN 通信网络对控制单元进行调速，并需具备数据监测和采集功能，冷却方式为水冷。根据电动机的额定功率和功率因数，可得电动机在额定功率工作时，由下式可得输入功率：

$$P_{mce} \geqslant \frac{P_{me}}{\cos\varphi} \tag{5-38}$$

式中，P_{mce} 为电动机额定功率；$\cos\varphi$ 为电动机功率因数。

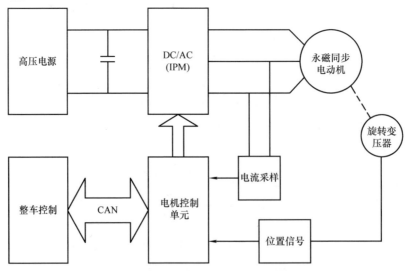

图 5-9　永磁同步电动机驱动系统工作原理图

可对电动机驱动器进行选型，参数见表5-3。

表5-3　所选电动机驱动器参数

驱动器类型	持续输出功率	额定工作电压	正常工作电压	防护等级	冷却方式
新能源车载专用电动机驱动器	60kW	510V	350~710V	IP67	水冷

5.3.4　动力蓄电池参数匹配

动力锂蓄电池作为电动工程机械整机能量的来源，其参数匹配不仅决定了整机工作的时长，也决定了整车的动力性能和节能性能。因此，有必要建立动力锂蓄电池与电动工程机械良好的匹配关系。动力蓄电池不仅为动力总成提供电能，还需有足够电能储备给空调、水泵和铅酸蓄电池等附件供电。

在对动力蓄电池选型时，要以整机的平均消耗功率为依据。主电动机驱动系统平均功率的计算以典型负载平均功率为依据。由典型负载压力曲线和原机型燃油发动机的常设转速，可得到在测试时间内挖掘机消耗能量随时间变化的曲线，如图5-10所示。在典型负载下，挖掘机在挖掘工况平均消耗功率大约为20kW。

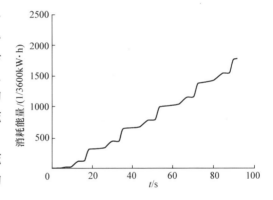

图5-10　在测试时间内挖掘机消耗能量随时间变化的曲线

与主驱电动机相比，先导驱动系统的平均功率较小，可将主驱系统的额定功率近似为平均功率。

与负载所消耗的能量相比，水泵、空调等附件和整机控制电源等耗能系统所消耗的能量较小，因而可将主电动机驱动系统的平均功率设定为额定功率，表5-4为主电动机驱动系统和辅驱电动机驱动系统、水泵和空调等附件耗能系统的平均功率。

表5-4　电动工程机械各耗能系统的平均功率

耗能系统	平均功率/kW
主电动机驱动系统	20
辅驱电动机驱动系统	1.2
空调等附件	1.5
冷却系统	0.72
整机控制电源	0.8

由表5-4可得整机的平均功率为24.22kW，由于三元锂蓄电池的放电效率高达

99.8%，可忽略动力蓄电池的自身损耗，即电动机平均放电功率大约为25kW。

（1）动力蓄电池能量

动力蓄电池的容量选择主要根据整机的续航能力来确定，按照用户的作息时间，一般半天的工作时长为4h，中间休息时间可以为电池充电。因此，续航时长要求在4h左右。为使电池不经常深度放电，假定蓄电池SOC工作范围为10%～100%，即剩余电量低于10%时尽量不放电。由此可得，蓄电池的标称能量需求大约为120kW·h。

（2）电压等级

根据电动机控制器的额定工作电压和工作电压范围，可选择动力蓄电池的电压等级。其中，动力蓄电池标称电压应稍大于电动机控制器额定工作电压，动力蓄电池工作电压范围选择依据为：动力蓄电池最大电压要略低于电动机控制器最大电压，动力蓄电池最低电压要略高于电动机控制器最低电压。

（3）动力蓄电池容量

根据动力蓄电池的总能量和动力蓄电池的总电压，可求得动力蓄电池的容量：

$$C \geqslant \frac{1000W}{U_B} \tag{5-39}$$

式中，C为动力锂蓄电池容量；U_B为动力锂蓄电池的标称电压；W为动力锂蓄电池能量。

（4）最大持续放电电流

考虑到电动工程机械的动力性，动力蓄电池的最大持续放电电流应该满足：

$$I_B \geqslant \frac{U_{MC}I_{MC}}{U_B} \tag{5-40}$$

式中，I_B为动力锂蓄电池的最大持续放电电流；I_{MC}为电动机控制器额定电流；U_{MC}为电动机控制器额定工作电压。

（5）最大脉冲放电电流

考虑到电动机驱动系统的超额定功率工况，动力蓄电池的最大脉冲放电电流应该满足：

$$I_m \geqslant I_{Mf} \tag{5-41}$$

式中，I_m为动力锂蓄电池的最大脉冲放电电流；I_{Mf}为电动机控制器峰值电流。

综上所述，可确定动力锂蓄电池的匹配参数，见表5-5。

表5-5 所选动力锂蓄电池的匹配参数

电池类型	标称能量	标称容量	最大持续放电电流	最大脉冲放电电流	工作电压范围
三元锂蓄电池	120kW·h	170.4A·h	204A	300A	380～638V

下面对已选定的动力锂蓄电池分别结合充电动机和整机进行性能的验证。

动力蓄电池充电过程各参数变化曲线如图5-11所示，分别为充电时的充电电压、充电电流、充电功率和电池能量。从图中可以看出，动力蓄电池SOC从0%到

100%时所花时间大约为3.2h；但是对于动力蓄电池来说，浅充浅放有利于电池的寿命，因此一般只计算电池SOC为10%～100%（忽略达到100%后的涓流充电时间）的充电时长，大约为2.5h，比较符合用户正常的工作与休息的时间比例。

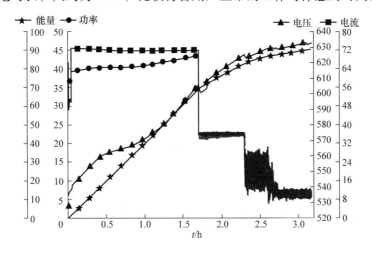

图 5-11　动力蓄电池充电过程各参数变化曲线

5.3.5　液压蓄能器参数匹配

液压蓄能器按其存储压力能的结构形式不同，可分为弹簧式、活塞式、隔膜式、囊式、气液直接接触式以及重锤式等类型。由于囊式液压蓄能器反应灵敏、成本低、气囊惯性小，能实现气液完全隔离，因此工程机械一般选用囊式液压蓄能器。液压蓄能器的主要参数包括额定体积V_0、充气压力p_0、最低工作压力p_1以及最高工作压力p_2。由于电动挖掘机并不是都存在液压蓄能器，因此，本节简单介绍液压蓄能器参数设计的一些依据。

（1）液压蓄能器工作压力范围满足负载压力需求

在新型负载压力适应型自动怠速系统中，液压蓄能器的作用是在自动怠速时进行负载压力储备，然后在取消自动怠速时，快速释放压力油，辅助系统快速建立起克服负载所需压力。因此，液压蓄能器的工作压力范围要满足负载压力的要求。但是由于在实际工作中，外负载是不断变化的，导致系统压力也不断变化，很难准确确定在进入自动怠速时系统的负载压力状况。因此，为了方便研究，根据最大负载压力来设计液压蓄能器的最大工作压力。

（2）液压蓄能器单位体积的储能密度最大

液压蓄能器越来越广泛地应用在工程机械上。但液压蓄能器的能量密度较低，且小型工程机械的装机空间十分有限，为适应在整机上安装单个液压蓄能器或者日后向多液压蓄能器组发展的方向，液压蓄能器单位体积的储能密度越大越好。影响液压蓄能器储能大小的主要参数有最大与最小工作压力、气体多变指数、初始体积和有效容积等。

液压蓄能器气囊中的气体满足波义耳定理：

$$P_0 V_0{}^n = P_1 V_1{}^n = P_2 V_2{}^n = \text{const} \tag{5-42}$$

式中，V_1 为液压蓄能器最低工作压力时对应的气囊容积；V_2 为液压蓄能器最高工作压力时对应的气囊容积。

根据式（5-42）可以得到液压蓄能器的储能公式：

$$E_a = -\int_{V_1}^{V_2} p \mathrm{d}V = \frac{p_1 V_1}{n-1}\left[1 - \left(\frac{p_1}{p_2}\right)^{\frac{1-n}{n}}\right] = \frac{p_0 V_0}{n-1}\left[\left(\frac{p_2}{p_0}\right)^{\frac{n-1}{n}} - \left(\frac{p_1}{p_0}\right)^{\frac{n-1}{n}}\right] \tag{5-43}$$

根据式（5-43）可以得到以下结论：理论上，增大液压蓄能器的额定体积 V_0 能提高液压蓄能器的储能能力。但实际上，受到整机装机空间的限制，液压蓄能器体积不能无限增大。对于选定规格和确定气体工作状态（相同的气体多变指数）的液压蓄能器，为了保证其储能密度达到最大值，可以对储能式（5-43）求极值：

$$\frac{\mathrm{d}E_a}{\mathrm{d}p_0} = 0 \tag{5-44}$$

通过求解方程得到 $\dfrac{p_1}{p_2} = n^{\frac{n}{1-n}}$，则当 $n = 1.4$ 时，液压蓄能器的储能 E_d 达到最大值，此时最高工作压力和最低工作压力满足：

$$\frac{p_1}{p_2} = n^{\frac{n}{1-n}} = 0.308 \tag{5-45}$$

（3）防止气囊变形太大，损坏气囊

为了防止蓄能器气囊变形太大而影响使用寿命，均应限制在最低和最高工作压力下的气囊体积。当系统达到最低工作压力 p_1 时，气囊膨胀后的体积应不大于充气压力下体积的 9/10；当系统达到最高工作压力 p_2 时，气囊收缩后的体积应不小于充气压力下体积的 1/4，即液压蓄能器压力值要满足如下关系：

$$0.25p_2 \leqslant p_0 \leqslant 0.9p_1 \tag{5-46}$$

第6章 电动挖掘机新型自动怠速控制技术

工程机械的作业过程具有周期性特点。据统计,大多数工程机械停止工作等待作业的怠速工况约占总运行时间的30%,若能在待机时主动降低动力系统的输出能量,将大幅降低系统的噪声污染和能量损耗。因此,目前大多数工程机械都设计了自动怠速功能。传统自动怠速控制实际上是基于内燃发动机的转速切换控制,通过自动调节内燃发动机转速,将内燃发动机转速降低到某个值。

以某型号的中型液压挖掘机为例,自动怠速功能可在显示屏上进行设置,系统上电即默认为自动怠速功能。当油门挡位对应的转速大于1350r/min时,系统控制内燃发动机在1350r/min起动,当系统检测到操作手柄工作时,通过整机控制器给内燃发动机控制器发出一个油门挡位对应的转速信号;系统启动后且内燃发动机实际转速大于1350r/min时,当系统检测到操作手柄不工作的时间超过规定时间(自动怠速时间显示屏可以设置成3~7s)时,通过整机控制器给发动机控制器发出一个1350r/min对应的转速信号,自动将内燃发动机转速降低到1350r/min,此时,油门旋钮的调节不能调节内燃发动机转速;当系统检测到操作手柄不工作的时间超过设定时间(由程序设定)时,通过整机控制器给内燃发动机控制器发出一个1000r/min对应的转速信号,自动将内燃发动机转速降低到1000r/min,此时,油门旋钮的调节不能调节内燃发动机转速。

总体来看,传统的基于内燃发动机转速控制型工程机械的自动怠速系统存在以下不足。

1)内燃发动机调速特性较差和高效工作区转速范围窄,导致自动怠速转速较高,节能效果有限;现有的最低自动怠速转速较难低于800r/min。

2)操作手柄离开中位,自动怠速功能取消时,由于内燃发动机的转速响应较慢,液压泵出口难以快速建立起克服负载所需压力,系统的操控性能差。尤其在吊装模式,重物在上升过程中存在先向下快速运动一段行程后才能往上升,存在一定的危险。

与内燃发动机相比,电动机具有优良的调速特性和高频响动态特性,工程机械采用电驱动系统后,结合专门的整机电液控制系统设计,将为新型自动怠速动力节能控制的研究开拓一条新的途径。

6.1 异步电动机驱动型电动挖掘机自动怠速控制

6.1.1 新型自动怠速系统简介

图6-1为实测某异步电动机的空载转速响应曲线。电动机在不同起始转速下的响应性能也有所不同（转速切换宽度为900r/min），从静止开始起动，滞后时间较长，约为1.3s；从500r/min开始升高转速，响应滞后时间大约为0.4s；从800r/min升高转速，响应滞后时间约为0.3s。可见，电动机切换转速的起始转速越低，其响应滞后时间越长。因此，为了保证系统的动态性能，电动机转速不能设得太低。此外，受到液压泵的自吸性能和内泄漏等因素的限制，电动机转速也不宜太低，且带载后电动机的响应速度也会相应变慢，不能满足取消自动怠速时系统对动力的需求。综合以上节能效率和操控性因素，为了方便后续控制策略研究，将一级怠速转速设为800r/min，二级怠速转速设为500r/min。但应当说明的是，在实际应用时，怠速转速的设定可以根据实际情况来灵活调整。

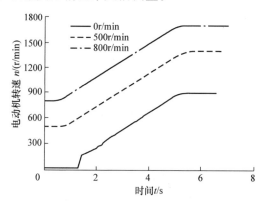

图6-1 某异步电动机空载转速响应曲线

6.1.2 分段划分规则

传统的自动怠速系统不具备最大负载压力适应功能，新型自动怠速系统中增加了液压蓄能器和最大负载压力检测单元，负载最大压力与液压蓄能器之间的压差称之为压力适应补偿压差，用于提出的怠速分段控制的液压蓄能器压力判断阈值。表6-1给出了新型自动怠速分段控制划分规则。根据先导信号、怠速时间以及负载压力信号来确定怠速状态。即：

$$\Delta p_c = p_{i1} - p_{i2} \qquad (6\text{-}1)$$

式中，Δp_c 为先导手柄压力差；p_{i1} 为先导手柄一侧压力；p_{i2} 为先导手柄另一侧压力；设定 T_{C1} 为一级自动怠速时间；T_{C2} 为二级自动怠速时间；p_{i4} 为液压蓄能器压力；p_L 为最大负载压力；Δp_a 为液压蓄能器压力判断阈值（即压力适应补偿压差）。其中两级自动怠速时间可以根据实际作业周期来调整。

当 $|\Delta p_c| < \delta$ 且 $t \geq T_{C1}$ 且 $p_{i4} - p_L < -\Delta p_a$ 时，系统进入一级自动怠速模式；当 $|\Delta p_c| < \delta$ 且 $t - T_{C1} \geq T_{C2}$ 且 $p_{i4} - p_L \geq -\Delta p_a$ 时，系统进入二级自动怠速模式。当 $|\Delta p_c| \geq \delta$ 时，系统取消自动怠速，恢复目标工作状态。其中，为避免手柄处于中位时受到噪声干扰，取 δ 为一个大于 0 的较小正值。

表 6-1　新型自动怠速分段控制划分规则

分段模式		划分规则
怠速模式	一级怠速	$\|\Delta p_c\| < \delta$ 且 $t \geq T_{C1}$ 且 $p_{i4} - p_L < -\Delta p_a$
	二级怠速	$\|\Delta p_c\| < \delta$ 且 $t - T_{C1} \geq T_{C2}$ 且 $p_{i4} - p_L \geq -\Delta p_a$
取消自动怠速		$\|\Delta p_c\| \geq \delta$

6.1.3　分段控制策略

新型自动怠速控制是基于变转速电动机和液压蓄能器辅助驱动来实现的。电动机的转速响应需要一定的时间，导致液压泵不能快速输出负载所需功率，而液压蓄能器高功率密度特点正好弥补了这一缺点。电动机在不同转速状态之间的切换控制，主要包括从高速到低速的降速控制和从低速到高速的升速控制。对于降速控制，主要考虑系统的节能性，而怠速转速的高低是影响系统能耗的主要因素；对于升速控制，则主要考虑系统的操控性，要求从怠速状态恢复到正常工作的过渡过程平稳、时间短。控制策略研究取一级怠速转速为 800r/min，二级怠速转速需要根据电动机的响应时间。比如异步电动机的二级自动怠速为 500r/min，响应较快的永磁同步电动机的二级自动怠速可以直接设置为 0r/min。综合考虑上述要求，提出新型自动怠速的控制流程，如图 6-2 所示。

1. 一级自动怠速

工程机械在一级自动怠速阶段采用最大负载压力适应控制，液压泵对液压蓄能器直接充油，进行最大负载压力储备。整机控制器实时检测液压蓄能器回路压力 p_{i4} 和执行器两腔最大负载压力 $p_L = \max\{p_{i5}, p_{i6}\}$，根据设定的液压蓄能器压力判断阈值 Δp_a 进行负载最大压力适应控制。具体控制策略如下。

当 $|\Delta p_c| < \delta$ 且 $t \geq T_{C1}$ 时，整机控制器输出的电动机转速控制信号 n_t 为：

$$n_t = 800 \text{r/min} \qquad (6-2)$$

当 $p_{i4} - p_L > \Delta p_a$ 时，只须保证液压蓄能器压力与负载最大压力相适应，多余的液压蓄能器内的液压油供其他液压回路使用，系统进入二级自动怠速判断程序。

当 $p_{i4} - p_L < -\Delta p_a$ 时，整机控制器控制电磁换向阀 1 接通、电磁换向阀 2 断

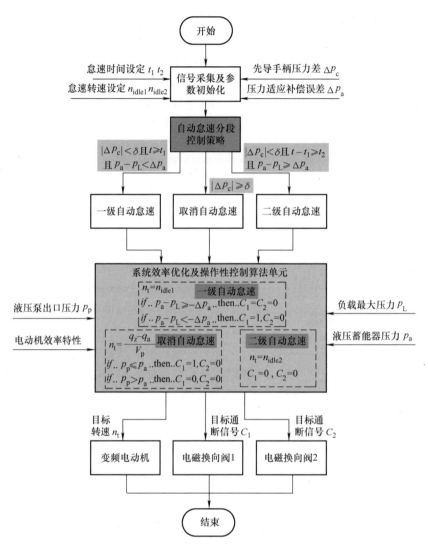

图 6-2　系统控制策略算法流程图

开，液压泵给液压蓄能器充油；当液压蓄能器压力与负载最大压力相适应时，控制
电磁换向阀 1 断开、电磁换向阀 2 接通，液压泵通过多路阀中位回油卸荷，进入二
级自动怠速判断程序。

当 $-\Delta p_a \leqslant p_{i4} - p_L \leqslant \Delta p_a$ 时，液压蓄能器压力与负载最大压力相适应，系统进
入二级自动怠速判断程序。

两个电磁换向阀的控制规则均可表示为：

$$C_1 = C_2 = \begin{cases} 1, p_{i4} - p_L < -\Delta p_a \\ 0, p_{i4} - p_L \geqslant -\Delta p_a \end{cases} \tag{6-3}$$

2. 二级自动怠速

工程机械在二级自动怠速阶段无须考虑最大负载压力问题，该阶段采用最低能耗控制，目标是使电动机转速降到整机能耗最低和噪声分贝最低。该阶段的控制策略需要综合考虑系统关键元件的效率特性和性能要求，如储能单元的效率特性、动力电动机效率和转速响应特性以及液压泵自身性能和效率特性等，从而确定二级怠速转速工作点。系统进入一级自动怠速后，若工程机械继续停止工作的时间 t 超过所设定的二级怠速时间 T_{C2}，则工程机械进入二级自动怠速状态，进一步降低整机能耗。即当 $|\Delta p_c| < \delta$ 且 $t - T_{C1} \geq T_{C2}$ 时，整机控制器输出的动力电动机转速控制信号 n_t 为：

$$n_t = 500 \text{r/min} \tag{6-4}$$

3. 取消自动怠速

当 $|\Delta p_c| \geq \delta$ 时，系统取消自动怠速，恢复正常工作状态。该阶段采用基于动力电动机变转速和液压蓄能器辅助驱动的全局正流量控制策略：合理匹配液压泵和液压蓄能器的输出流量，共同驱动执行器运动。

由于液压蓄能器具有缓冲作用，因此，在液压泵出口重新建立起目标压力的动态过程中，供油管路压力变化引起的系统供油量的变化可以忽略不计。此时执行器驱动腔、液压蓄能器和液压泵之间的流量关系满足：

$$q_z = q_p + q_a \tag{6-5}$$

式中，q_z 为执行器驱动腔流量；q_p 为液压泵输出流量；q_a 为蓄能器释放的流量。

（1）动力电动机目标转速控制策略

液压泵出口建立起所需压力大约需要 $2 \sim 3s$，因此液压蓄能器只在 $1 \sim 2s$ 内起作用，可以认为液压蓄能器内的气体压缩和膨胀过程为绝热过程，与外界无热交换，故取液压蓄能器内的气体多变系数 $n = 1.4$。

根据液压蓄能器的气体状态方程：

$$p_0 V_0^n = p_x (V_0 + \Delta V)^n \tag{6-6}$$

式中，p_0 为初始充气压力；V_0 为初始容积；p_x 为某时刻的气体压力；ΔV 为气体体积变化量。

则蓄能器内气体的体积变化量为：

$$\Delta V = V_0 - V_0 \left(\frac{p_0}{p_x} \right)^{\frac{1}{n}} \tag{6-7}$$

因此，液压蓄能器输出流量为：

$$q_a = \frac{d \Delta V}{dt} = -\frac{V_0 p_0^{\frac{1}{n}}}{n} (p_x)^{\frac{-1-n}{n}} \frac{dp_x}{dt} \tag{6-8}$$

式中，负号表示液压蓄能器释放压力油。

根据先导压差信号和执行器驱动腔面积计算出目标流量 q_z，即

$$q_z = k_{vc} \Delta p_c A \tag{6-9}$$

式中，k_{vc} 为执行器目标速度与先导压差的比例系数；A 为执行器驱动腔面积。

则液压泵的目标输出流量方程为：

$$q_p = q_z - q_a \tag{6-10}$$

根据目标流量和定量液压泵的排量 V_p 可以计算出动力电动机的基准控制信号 n_t，即

$$n_t = \frac{q_p}{V_p} = \frac{k_{vc} \Delta p_c A - \dfrac{V_0 p_0^{\frac{1}{n}}}{n} (p_x)^{\frac{-1-n}{n}} \dfrac{dp_x}{dt}}{V_p} \tag{6-11}$$

由于液压泵和动力电动机工作在转速过低区域的效率较低，且考虑到取消自动怠速时的操控性能，因此对于转速响应较慢的异步电动机的转速并不能直接停机；此外，执行器工作过程中可能会碰到突变载荷而阻碍执行器运动，使得执行器的速度降低，此时液压系统只须提供高压小流量即可维持执行器缓慢运动，若此时液压泵输出流量很大，必然会导致大量液压油产生溢流而造成较大损失。为了保证电动机和液压泵的工作效率，避免液压泵产生大量的溢流损失，可采用以下两种动力电动机目标转速修正方法。

1）电动机转速反馈修正方法。若计算出的动力电动机目标转速比怠速转速低，则维持怠速转速不变；相反，若计算出的动力电动机目标转速比怠速转速高，则动力电动机从怠速转速恢复至目标转速。故电动机转速反馈修正系数 k_{mn} 为

$$k_{mn} = \begin{cases} 1, & n_t \geq n_c \\ \dfrac{n_c}{n_t}, & n_t < n_c \end{cases} \tag{6-12}$$

式中，n_c 为动力电动机怠速速度，即

$$n_c = \begin{cases} 800, & |\Delta p_c| < \delta \text{ 且 } t \geq T_{C1} \\ 500, & |\Delta p_c| < \delta \text{ 且 } t - T_{C1} \geq T_{C2} \end{cases} \tag{6-13}$$

2）刚性负载反馈修正方法。由于液压泵出口压力反映负载的大小，因此可以通过实时检测液压泵出口压力与设定的安全阀压力阈值作比较，动态修正电动机目标转速，刚性负载反馈修正系数 k_{mp} 为：

$$k_{mp} = \begin{cases} 1, & p_{i3} \leq p_{pc} \\ \dfrac{p_{pc}}{p_{i3}}, & p_{i3} > p_{pc} \end{cases} \tag{6-14}$$

式中，p_{i3} 为液压泵出口压力；p_{pc} 为液压泵的安全阀压力阈值。

综上所述，电动机的实际转速控制信号为：

$$n_m = n_t k_{mn} k_{mp} \tag{6-15}$$

图 6-3 为取消自动怠速时电动机转速的控制策略，根据上述两个反馈修正方法分

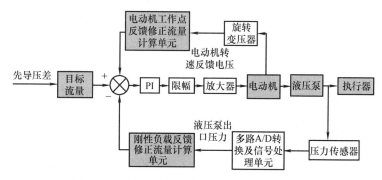

图 6-3　取消自动怠速时电动机转速的控制策略

别设定电动机转速反馈修正的流量计算单元和刚性负载反馈修正的流量计算单元。

（2）电磁换向阀控制策略

通过比较液压泵出口压力与执行器驱动腔压力的大小，判断是否需要液压蓄能器辅助驱动执行器，其控制原则为：

$$C_1 = \begin{cases} 1, & |\Delta p_c| > \delta \text{ 且 } p_{i3} < p_L \\ 0, & |\Delta p_c| > \delta \text{ 且 } p_{i3} \geqslant p_L \end{cases} \tag{6-16}$$

综上所述，考虑到液压挖掘机等工程机械是一个速度控制系统，因此取消自动怠速时，基于变转速的全局正流量复合动力控制策略，采用先导信号决定目标流量值和负载信号对目标值进行修正相结合的方法，液压蓄能器辅助液压泵共同匹配负载。式（6-11）表明，由先导信号决定电动机的目标转速，从而决定系统的目标流量；式（6-15）则根据负载信号来对目标流量值进行修正，从而得到实际工况所需的合适流量值。

4. 仿真

根据上述控制策略的介绍，新型自动怠速系统的控制器模型如图 6-4 所示。

图 6-5 为新型自动怠速系统根据先导信号和负载信号变化，电动机转速和先导

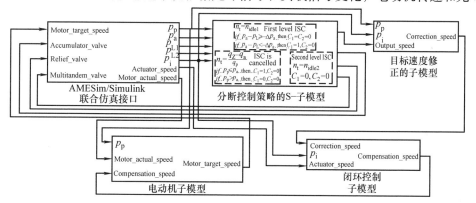

图 6-4　新型自动怠速系统的控制器模型

手柄控制信号的变化曲线。①先导
手柄处于中位并且执行器停止工作
3s；②当先导手柄一直处于中位
8s，即执行器停止工作8s，则控制
器发出控制指令，使电动机转速降
到一级急速转速800r/min；③执行
器继续停止工作25s，则控制器发
出控制指令，使电动机转速降到二
级急速转速500r/min，进一步降低
能量损失；④当控制器检测到先导
操作手柄离开中位（即要恢复正常
作业）的控制信号，则使电动机转
速迅速恢复到目标转速1800r/min。

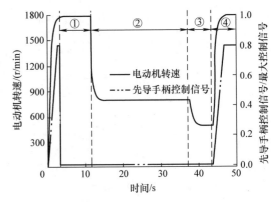

图6-5　电动机转速和先导手柄控制信号变化曲线
①—停止工作　②——级自动急速
③—二级自动急速　④—取消自动急速

如图6-6所示，当先导手柄处于中位，先导手柄控制信号为0，此时执行器停
止运动，则执行器的速度为0，液压泵卸载。当电动机工作在一级自动急速转速，
液压泵直接对液压蓄能器充油，直到液压蓄能器压力与负载最大压力相适应，然后
液压泵继续通过中位回油卸荷；当先导手柄有操作，假设此时的先导手柄控制信号
为最大控制信号的0.8倍时，立即取消自动急速，液压泵和液压蓄能器共同提供压
力油来使执行器迅速恢复运动，执行器的运动速度取决于液压泵和液压蓄能器的压
力变化速率。

由图6-6可以清楚地看出，取消自动急速的最初时刻，电动机仍处于较低的急
速状态，此时储存在液压蓄能器中的能量迅速释放出来驱动执行器恢复运动。随着
电动机转速逐渐恢复，液压泵开始提供压力油，与液压蓄能器共同驱动执行器，而
液压蓄能器输出能量随着压力降低而逐渐减小。这表明液压蓄能器能具有高功率密
度，可以快速释放压力油以建立起克服负载所需的压力。因此所提出的新型自动急

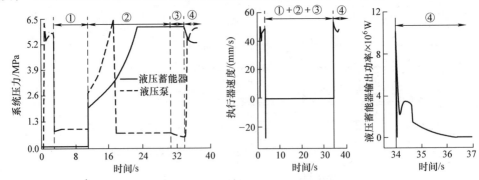

图6-6　新型自动急速系统关键曲线
（图中①～④的说明见图6-5）

速系统能够实现分段控制策略，达到预期控制目标。

6.1.4　液压蓄能器与最大负载的压力适应补偿压差优化策略

1. 补偿压差优化策略

在一级自动怠速中，液压泵直接对液压蓄能器充油，使液压蓄能器压力与负载最大压力相适应。取消自动怠速恢复正常工作时，当操作手柄突然拨到最大位置，虽然动力电动机立即向目标转速恢复，但这期间仍存在一定的响应时间，因此由于泵的最初输出流量太少而不能保证执行器达到目标运行速度。除此之外，液压泵或液压蓄能器输出的压力油经过多个液压阀和管路到达执行器驱动腔，沿程会有部分压力损失，使执行器得不到充足的驱动力。液压蓄能器的压力变化特性对执行器速度有重要影响。因此，在一级自动怠速对液压蓄能器充油时需要适当控制液压蓄能器与最大负载之间的压差：若压差过大，则执行器会突然运动，造成较大冲击且导致液压阀的额外损失；若压差过小，则执行器无法达到目标速度。因此，优化液压蓄能器与最大负载压力 p_{Lmax} 之间的压差，对提高系统的操控性能和节能效率作用显著。

系统最大负载压力为：

$$p_{Lmax} = \max(p_{Lb}, p_{Ls}) \qquad (6\text{-}17)$$

式中，p_{Lb} 为执行器无杆腔压力（MPa）；p_{Ls} 为执行器有杆腔压力（MPa）。

执行器的目标运行速度为：

$$v_t = k(p_{Lb} - p_{Ls}) \qquad (6\text{-}18)$$

式中，k 为执行器目标运行速度与执行器两腔压力差之间的比例关系。

执行器的实际运行速度为：

$$v = \frac{V_p n_p - (C_{ip} + C_{ep})p_p + q_{ac}}{A_L} \qquad (6\text{-}19)$$

式中，V_p 为液压泵的排量（m^3/r）；n_p 为液压泵的转速（r/min）。C_{ip} 和 C_{ep} 分别为液压泵的内泄漏和外泄漏系数 [$m^3/(Pa \cdot s)$]；p_p 为液压泵的出口压力（Pa）；q_{ac} 为液压蓄能器的流量（m^3/s）。A_L 为执行器驱动腔的有效作用面积（m^2）。

根据波义耳定律，蓄能器的气体状态方程为：

$$p_{a0}V_0{}^n = p_{ax}(V_0 \pm \Delta V)^n \qquad (6\text{-}20)$$

式中，p_{a0} 为液压蓄能器的充气压力（MPa）；V_0 为充气压力 p_{a0} 下的容积（m^3）。p_{ax} 为液压蓄能器的工作压力（MPa）；ΔV 为液压蓄能器的体积变化量（m^3）。由于液压蓄能器释放压力油的时间很短，少于 5s，因此该过程可以看作绝热过程，取 $n = 1.4$。

因此，液压蓄能器的容积变化量为：

$$\Delta V = \pm V_0 \mp V_0 \left(\frac{p_{a0}}{p_{ax}}\right)^{\frac{1}{n}} \qquad (6\text{-}21)$$

对方程（6-21）求导，得到液压蓄能器的流量方程为：

$$q_{ac} = \frac{d\Delta V}{dt} = \pm \frac{V_0 p_{a0}^{\frac{1}{n}}}{n} (p_{ax})^{\frac{-1-n}{n}} \frac{dp_{ax}}{dt} \tag{6-22}$$

取消自动怠速时，最初阶段是由液压蓄能器释放压力油来驱动执行器运动，因此可以得到释放过程中，液压蓄能器的压力变化率为：

$$\frac{dp_{ax}}{dt} = \pm \frac{q_{ac} n}{V_0 p_{a0}^{\frac{1}{n}} (p_{ax})^{\frac{-1-n}{n}}} = \pm \frac{v A_L n}{V_0 p_{a0}^{\frac{1}{n}} (p_{ax})^{\frac{-1-n}{n}}}$$

$$\geq \pm \frac{v A_L n}{V_0 p_{a0}^{\frac{1}{n}} (1.2 p_{a0})^{\frac{-1-n}{n}}} = \pm \frac{v A_L 1.4 p_{a0}}{V_0 \times 1.2^{\frac{-2.4}{1.4}}} \approx \pm \frac{v A_L p_{a0}}{V_0} \tag{6-23}$$

因此，可以得到液压蓄能器与最大负载压力之间的压差控制方程为：

$$\Delta p = p_a - p_L = \int \frac{A_L p_0 v}{V_0} dt + \Delta p_v \tag{6-24}$$

式中，p_a 为液压蓄能器压力（MPa）；p_L 为最大负载压力（MPa）；p_0 为蓄能器充气压力（MPa），Δp_v 为液压系统中电磁换向阀1、多路阀和管路的压力损失（MPa）。

然而，决定执行器实际速度的先导信号和负载信号在下一个工作周期是不确定的，实际系统中可采用最大目标运行速度来替代实际速度进行控制。则液压蓄能器与最大负载压力之间的压差 Δp 控制方程可表示为：

$$\Delta p = p_a - p_L = \Delta p_v + \int \frac{A_L p_0 v_{tmax}}{V_0} dt \tag{6-25}$$

式中，v_{tmax} 为执行器的最大目标运行速度（m/s）。

根据式（6-25），压差 Δp 可以分为两部分：第一部分为电磁换向阀1、多路阀和管路的压力损失。第二部分是液压蓄能器释放压力油的压力变化量，主要取决于液压蓄能器的额定体积、充气压力以及执行器的最大目标运行速度 v_{tmax}。

2. 仿真

如图 6-7 所示，根据上述提出的液压蓄能器与最大负载压力的适应补偿压差优化策略对新型自动怠速系统进行仿真研究。由图 6-7a 可以看出，在一级自动怠速阶段，液压泵直接对液压蓄能器充油，液压蓄能器的控制压力由两部分组成：目标储备压力基值和压力适应补偿压差。其中目标储备压力基值是以最大负载压力为目标控制压力，而压力适应补偿压差则由液压蓄能器压力油释放回路的液压阀和管路压力损失、液压蓄能器释放压力油的压力变化量组成。

图 6-7b 是图 6-7a 在取消自动怠速阶段（即第 33～37s）的系统关键参数仿真曲线。由图 6-7b 可以看出，取消自动怠速时使电磁换向阀1（图 6-2）直接全开，液压蓄能器压力油快速释放到多路阀进油口，快速建立起克服负载所需压力，执行器速度曲线也产生了一个阶跃，快速恢复到目标运行速度。随着电动机转速的恢

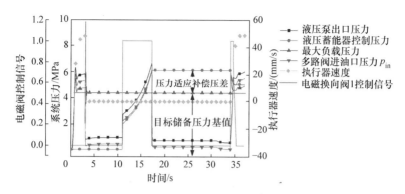

a) 压力适应控制系统关键参数仿真曲线

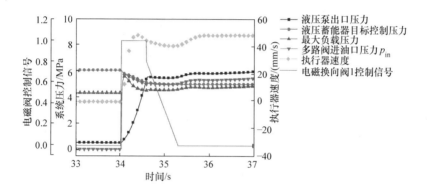

b) 取消自动怠速阶段系统关键参数仿真曲线

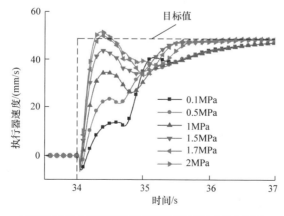

c) 不同压力适应补偿压差下执行器恢复运动速度仿真曲线

图 6-7　液压蓄能器与最大负载压力的适应补偿压差优化仿真曲线

复，液压泵出口逐渐建立起能够克服负载的压力，然后逐渐关闭电磁换向阀1，切断液压蓄能器回路，由液压泵来提供维持运动所需的压力油。

图6-7c为不同适应补偿压差下执行器恢复运动的速度仿真曲线。由图可见，补偿压差对最大负载压力控制具有重要影响：补偿压差为1.7MPa时系统动态品质最佳；当补偿压差太小，则执行器需要较长时间才能恢复目标运行速度；而当补偿压差过大，则执行器速度会出现过大超调，造成执行器振荡，影响操控性能。

6.1.5 试验

为了验证新型自动怠速系统的节能性和操控性，搭建了自动怠速试验硬件平台，并对分段控制策略进行软件设计。基于试验平台，分别进行了分段控制模式、系统操控性能和节能性等试验研究。

1. 自动怠速试验平台研制

为了验证电动工程机械新型自动怠速系统的节能效率和操控性能，在某1.5t电动液压挖掘机上搭建了自动怠速试验平台。图6-8所示为新型自动怠速系统试验原理图，试验系统采用磷酸铁锂高功率动力锂蓄电池和液压蓄能器作为复合能源组合，电动机采用变频器驱动实现变频调速，以动臂液压缸为执行器作为试验对象，分别设计了液压蓄能器控制阀块和压力加载阀块，系统压力采用丹佛斯压力传感器检测得到。

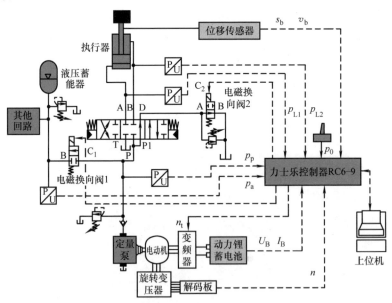

图6-8 新型自动怠速系统试验原理图

图6-9所示为自动怠速电控系统原理图，试验的电控系统主要包括自动怠速控制单元、数据采集单元和电动机调速单元三部分。自动怠速控制单元的核心是由整

机控制器 RC6-9 编写控制策略，通过检测相关信号完成整机控制，实现新型自动怠速功能。数据采集系统是基于 NI - PCI6259 数据采集卡来采集压力传感器的压力信号、位移传感器的位移信号、电动机转速信号和电量储存单元的状态信号等，完成数据采集和整机状态监控。电动机调速单元是核心执行部分，按照转速控制信号和电动机动力模式信号，控制电动机处于转速模式或者转矩模式。以上三部分有两种连接方式，一是控制器 I/O 口足够的情况下，采用简单的直接电气连接，但这样会导致线束繁多，可维护性差；二是信号的传输主要使用 CAN 总线来完成，这样既节省了电气导线的使用量，又具有很高的可靠性和可维护性。本试验台综合使用 CAN 总线和直接电气连接来完成试验台搭建。图 6-10 所示为某 1.5t 电动液压挖掘机自动怠速试验平台，图 6-11 所示为该试验平台上所涉及的自动怠速实验平台关键元件实物图，试验平台各关键元件性能参数见表 6-2。

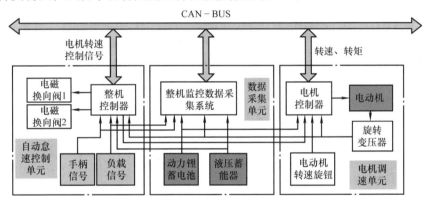

图 6-9　自动怠速电控系统原理图

图 6-10　某 1.5t 电动液压挖掘机自动怠速试验平台

a) 动力锂蓄电池

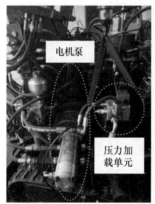

b) 电机泵同轴相连

c) 动臂执行器

d) 液压蓄能器控制单元

图 6-11　自动怠速试验平台关键元件实物图

表 6-2　自动怠速试验平台各关键元件性能参数

关键元件	参数	数值
液压泵	排量	$2 \times 16\text{mL/r}$
电动机	额定功率	1800r/min
动臂液压缸（动臂执行器）	活塞直径	63mm
	活塞杆直径	35mm
	最大行程	340mm
液压蓄能器	额定体积	1.6L
	充气压力	2MPa
动力锂蓄电池	额定电压	346V
	容量	60A·h

2. 控制策略软件设计

采用力士乐 RC6-9 控制器作为整机控制器，基于 Codesys 的 BODAS 编程语言编写控制程序，实现新型自动怠速控制功能。控制程序采用模块化程序设计，将整个自动怠速控制程序划分为主程序和多个子程序。

（1）自动怠速控制主程序

自动怠速控制主程序是整机控制器进行整机参数初始化、系统状态参数采集、工作模式选择或者自动识别等功能的模块，流程图如图 6-12 所示。该主程序中包括正常作业模式下的基于变转速的全局正流量功率匹配子模块和自动怠速模式下的最大负载压力适应控制、最低能耗控制以及复合动力控制三个子模块，本节重点介绍自动怠速模式下的控制子模块，而正常作业模式的控制不做详述。主程序的控制过程为：在系统参数初始化和状态参数采集完成后，控制器进行工作模式判断。根据分段划分规则，控制器自动调用相应的各级自动怠速子程序。

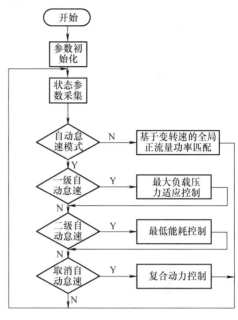

图 6-12　自动怠速控制主程序流程图

（2）各级自动怠速控制子程序

各级自动怠速控制子程序是整机控制器根据系统功能要求，实现分段控制功能，具体来说就是输出控制动力电动机转速和液压控制阀控制信号。

① 一级怠速子程序即最大负载压力控制子模块。如图 6-13a 所示，根据模式判断，系统进入一级怠速后，整机控制器向电动机控制器发出转速信号，控制动力电动机转速降低到一级怠速转速，重新实时检测和比较液压蓄能器压力和负载压力，再根据比较结果，输出相应液压控制阀的控制信号。

② 二级怠速子程序即最低能耗控制子模块。如图 6-13b 所示，根据模式判断，系统进入二级怠速后，整机控制器重新检测动力蓄电池 SOC 和电压、动力电动机转速、液压泵出口压力、执行器两腔压力等参数，根据预先划分好的整机高效率工作点范围，选择合适的工作点。整机控制器向电动机控制器发出转速信号，控制动力电动机转速降低到二级怠速转速。

③ 取消怠速子程序即复合动力子模块。如图 6-13c 所示，根据先导信号判断，系统需要马上取消自动怠速恢复正常工作，整机控制器首先检测先导信号，根据先导信号计算出基准目标流量值，进而得到电动机的基准目标转速。然后整机控制器再重新检测负载信号，根据负载信号判断是否处于特殊作业模式（如高压小流量工况等），再对电动机基准转速值进行修正更新，最后整机控制器发出电动机修正目标转速信号和液压控制阀控制信号，使液压蓄能器和液压泵共同匹配负载，逐渐恢复正常作业状态。

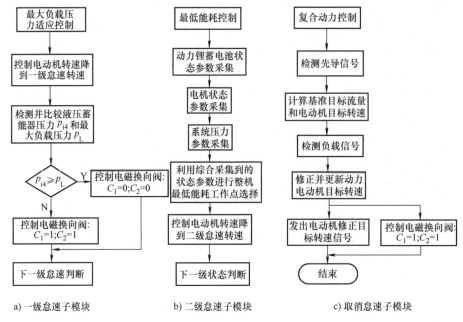

a) 一级急速子模块   b) 二级急速子模块   c) 取消急速子模块

图 6-13   各级急速控制子模块流程图

3. 分段控制模式试验

新型自动急速控制系统的工作模式不仅由先导压力信号和计时器状态来决定，同时还需要检测液压蓄能器压力和执行器两腔的负载压力，并根据判断准则来决策自动急速控制系统的实际工作模式。如图 6-14 所示，电动机转速控制的试验结果与仿真结果吻合，而最大区别是，由于各种实际因素影响，试验时动力电动机恢复正常工作转速的响应较慢，需要多 2 ~ 3s 左右的响应时间，这也验证了增加液压蓄能器的必要性。

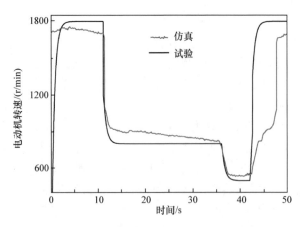

图 6-14   仿真与试验的电动机转速对比曲线

如图 6-15a 所示，在初始时刻，给先导手柄一个压力信号，电动机初始工作在额定转速 1800r/min 附近。液压泵输出压力油驱动执行器运动；第 7s 先导手柄处于中位，执行器停止工作；在第 15s 处，即当停止工作时间达到 8s 时，控制器发出指令将电动机转速降至一级怠速 800r/min 左右，系统进入一级自动怠速状态；由图 6-15b 可以清晰地看到，在该阶段液压泵直接对液压蓄能器充油进行最大负载压力适应控制，液压蓄能器的控制压力由目标压力储备基值和补偿压差组成；如图 6-15a 所示，在第 35s 处，即系统继续停止工作 20s，则进一步自动降低电动机转速至二级怠速 500r/min 左右，系统进入二级自动怠速状态；由图 6-15b 可知，该阶段由于电动机转速较低，液压泵出口压力仅为约 0.5MPa 左右的系统损失；如图 6-15a 所示，在第 45s 时刻，给先导手柄一个较大的信号，则取消自动怠速，电动机恢复至目标工作转速；由图 6-15b 可知在液压泵出口建立起克服负载所需压力前，液压蓄能器释放预先储备好的与负载相适应的压力，使执行器驱动腔始终得到充足的驱动力。

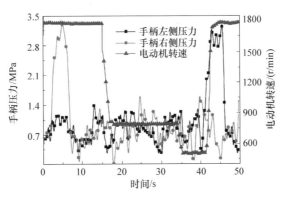

a) 电动机转速与手柄压力关系曲线

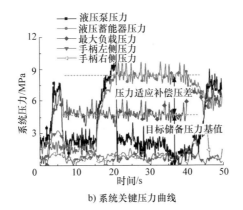

b) 系统关键压力曲线

图 6-15　分段控制模式试验曲线

由试验结果知，所提出新型自动怠速分段划分准则准确可行，将整个自动怠速过程划分为一级自动怠速、二级自动怠速以及取消自动怠速三个阶段，各个阶段都能按照相应的控制策略实现预定的功能。

4. 操控性能试验

自动怠速操控性能的研究主要围绕取消自动怠速恢复工作状态阶段系统能否快速建立起克服负载所需压力来展开，下面将新型自动怠速系统与传统无液压蓄能器的自动怠速系统进行对比。

图6-16为传统无液压蓄能器自动怠速系统压力曲线。在第45s取消自动怠速时，此时电动机转速较低，液压泵出口压力较低，与负载压力不匹配，因此在打开比例方向控制阀使执行器驱动腔与泵出口相通瞬间压力波动较大，执行器出现剧烈抖动，电动机响应时间变长，影响了执行器的操控性。

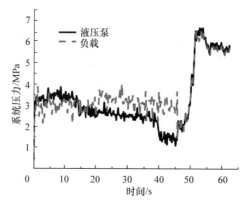

图6-16 传统无液压蓄能器自动怠速系统压力曲线

图6-17为新型自动怠速系统压力曲线，第15～18s为负载压力适应过程，液压泵给液压蓄能器充油，液压蓄能器压力上升，当液压蓄能器压力与执行器负载压力相适应时，液压蓄能器停止充油，液压泵通过中路回油卸荷。第45s时取消自动怠速，在第45～48s内，液压蓄能器释放压力油驱动执行器，执行器驱动腔压力跟随蓄能器压力变化；在第48s时液压

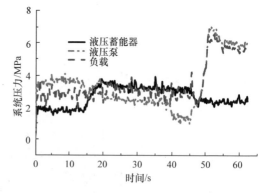

图6-17 新型自动怠速系统压力曲线

泵出口已建立起足够克服负载的压力，执行器驱动腔压力跟随液压泵出口压力变化。

由图6-18两种模式下泵出口压力和执行器驱动腔压力对比曲线可以看出，在取消自动怠速时，新型系统执行器驱动腔和液压泵快速建立起压力，与传统系统相比，响应时间大约快了 2s。液压泵出口压力达到稳态时，传统系统有 1.2MPa 的稳态误差，而新型系统不仅稳态值接近目标压力值，且调整时间快了 1s 左右。试验结果表明，由于液压蓄能器释放预先储备好的压力油，使得执行器驱动腔始终能够获得与负载相匹配的驱动力，与传统自动怠速系统相比，新型系统液压泵出口压力建立时间短、波动小，因而克服了由于驱动力不足而影响操控性的缺点，保证了较好的操作性能。

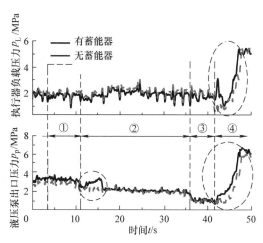

图 6-18　新型系统与传统系统两种模式下泵出口压力和执行器负载压力对比曲线

5. 最大负载压力适应压差控制

图 6-19 和图 6-20 所示为新型自动怠速中不同压力适应补偿压差下执行器无杆腔的压力变化曲线和执行器速度曲线。取压力适应补偿压差 Δp 为 0MPa、1MPa、2MPa、3MPa 和 3.5MPa 来进行试验。可见，适当增加压差 Δp，执行器的速度响应变快，其中在本试验中 Δp 为 3MPa 时执行器速度响应动态性能最好。但压差过大会导致速度响应超调量过大，因此合适的补偿压差控制，不仅可以提

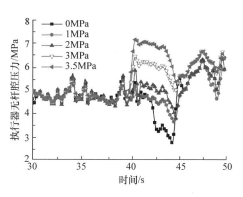

图 6-19　不同压力适应补偿压差下执行器无杆腔的压力变化曲线

高取消自动怠速时的操控性能，而且可以减小稳态误差，得到的综合性能最佳。因此，新型自动怠速系统的性能关键在于充分考虑液压蓄能器的释放特性和系统管路压力损失，对液压蓄能器与最大负载压力之间的补偿压差进行控制，则可以通过对液压蓄能器进行合理参数匹配，从而降低对电动机的动态响应要求。

6. 节能性试验

有液压蓄能器和无液压蓄能器对自动怠速系统的能量损失产生重要影响。从图

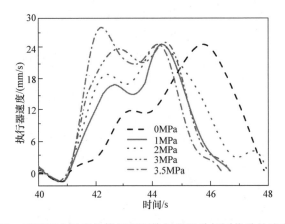

图 6-20　不同压力适应补偿压差下执行器运动相同位移的速度曲线

6-21 可以看出，在怠速过程中，有液压蓄能器的电动机转速比无液压蓄能器的自动怠速系统和传统无自动怠速系统的电动机转速低；从图 6-22 可以看出，由于液压泵需要对液压蓄能器充油储备能量，所以仅在 15 ~ 17.6s 时间段内，有液压蓄能器的液压泵出口压力比无液压蓄能器的自动怠速系统和传统无自动怠速系统的泵出口压力高，但前者在整个自动怠速的其他时间段内，液压泵出口压力均比后者低。由图 6-23 和表 6-3 得出，在整个自动怠速阶段，无自动怠速系统消耗能量为 48.23kJ，无液压蓄能器的自动怠速系统消耗能量为 25.46kJ，而有液压蓄能器的新型自动怠速系统消耗能量为 15.95kJ。与无自动怠速系统相比，有液压蓄能器的自动怠速系统节能效率达到 67%，而无液压蓄能器的自动怠速系统节能效率为 47%。需要说明的是，在本自动怠速节能性试验研究中，研究的怠速总时间只有 25s 左右，而在实际中自动怠速时长往往能达到数分钟以上，而怠速时间越长，节能效率会更高。由此可见，新型自动怠速系统同时兼具节能效率高和操控性能好的特点。

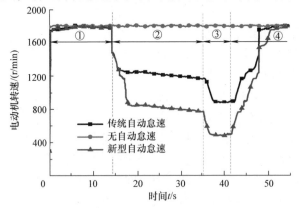

图 6-21　不同控制系统电动机转速对比曲线
①正常工作　②一级怠速　③二级怠速　④取消怠速

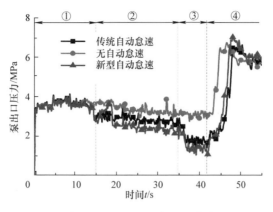

图 6-22　泵出口压力对比曲线
（①~④见图 6-21）

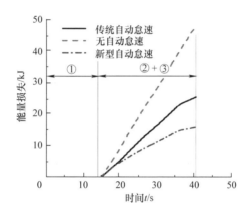

图 6-23　能量损失对比曲线
（①~③见图 6-21）

表 6-3　不同系统能量损失和节能效率计算

系统类型	能量损失	节能效率
无自动怠速	48233J	—
有液压蓄能器的自动怠速	15950J	67%
无液压蓄能器的自动怠速	25459J	47%

6.2　永磁同步电动机驱动型电动挖掘机自动怠速控制

如图 6-24 所示，电动挖掘机采用永磁同步电动机驱动液压泵后，可以通过调整电动机控制器的加速时间参数来改变电动机的响应曲线。当加速时间参数在 0 ~ 6 时，永磁同步电动机的响应时间基本在 50~200ms 之间。当加速时间参数为 1 时，加速时间能够达到 100ms 左右，响应快，能够克服传统变排量定量泵控制系统响应慢的不足。因此，基于永磁同步电动机驱动电动挖掘机的自动怠速模式，可以直接停机，整机的损耗最低，噪声也最低。比如手柄回中位大约 5~10s，直接停机怠速，手柄一有动作，电动机立即返回旋钮指定的转速。如图 6-25 所示，大约 106s，手柄回到中位，116s 左右进入自动怠速模式，电动机停机，电动机的转速为零。125s 左右，手柄离开中位，电动机转速迅速跟随目标速度，主泵压力也可以迅速建立起来。

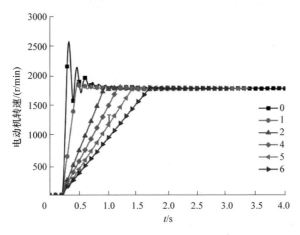

图 6-24　某型号永磁同步电动机在不同加速时间参数（0~6）下的转速响应曲线

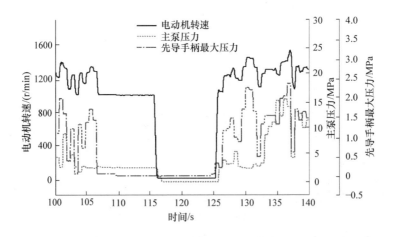

图 6-25　基于永磁同步电动机驱动的电动挖掘机自动怠速响应曲线

第7章 基于变转速控制的变压差闭环控制负载敏感系统

7.1 基于变转速控制的定量泵负载敏感控制策略

通过对泵出口压力的闭环控制，实现泵出口压力与负载最大压力保持某一压差值，从而实现负载敏感系统。同时，通过改变压差值来实现变压差控制，提高系统的节能性和操控性。

7.1.1 基于变转速控制的定量泵负载敏感系统方案分析

图 7-1 所示为基于变转速控制的定量泵负载敏感系统原理图。在基于变转速控

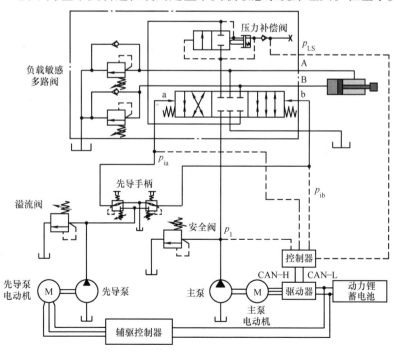

图 7-1 基于变转速控制的定量泵负载敏感系统原理图

制的定量泵负载敏感系统中，使用内啮合齿轮泵代替负载敏感泵，永磁同步电动机代替三相异步电动机，其具有响应快、低速性能好、起动性能和调速性能优越等优点。在空载时可以将内啮合齿轮泵最低转速限制的比负载敏感泵低，在怠速时甚至可以停机等待，系统无能量损失；且由于永磁同步电动机起动特性好，响应快，在恢复正常工作状态时，能够快速提高电动机转速以驱动液压泵满足系统对压力流量的需求。

目前，市场上绝大多数的工程机械，基本采用先导泵与主泵同轴连接的方式，在提高整机空间利用率的同时可以降低装机成本。但主泵和先导泵同轴连接后会有先导压力与主泵流量的耦合现象，控制复杂程度大。因此，在该方案中，多路阀的先导油路由辅驱电动机单独驱动先导泵供油，降低控制复杂难度，同时保证控制精度。

在正常工作时，电动机驱动液压泵使泵出口压力与负载最大压力保持某个压差值，而这个参数不仅会影响整机的节能效果，也会影响执行器速度的动态响应；实际上，一种理想的负载敏感压差控制方案应该是变压差控制。通过控制不同的压差值来兼顾系统的节能性和操控性。在低速小流量场合，通过减小压差来减小压力损失，提高系统的能量利用率；在高速大流量场合，通过增大系统压差来满足对大流量需求的同时提高响应速度，提高系统的操控性。

动力蓄电池在不同状态下有不同的最大允许放电功率，为了不致动力蓄电池放电功率过大，影响动力蓄电池寿命和动力系统正常运行，需根据当前动力蓄电池最大允许放电功率设置不同的最大功率点；在动力蓄电池最大允许放电功率大于电动机的峰值功率，且电动机及其驱动器工作在允许的温度范围内时，设置电动机的峰值功率为最大功率点；当温度超出正常工作的温度时，设置额定功率为最大功率点。动力系统根据不同阶段最大功率点进行恒功率控制，保证系统能在安全稳定运行的前提下提高系统的动力性能。

7.1.2 闭环控制算法

基于变转速控制的负载敏感系统的压差控制，归根结底是控制泵出口压力始终比负载最大压力高出一定的压差值，所以实质上是泵出口压力的闭环控制，如图7-2所示。通过采集负载最大压力与给定压差值相加后，作为闭环控制器的输入，通过控制器后得到电动机的目标转速，电动机驱动液压泵后，将实际的液压泵出口压力作为反馈量，使泵出口压力逐渐逼近目标值。

在闭环控制中，PID控制器主要有PID、PI和PD这三类。在本系统中，对系统的动态稳定性和稳态精度的要求较高，对于快速性的要求相对于动态稳定性和稳态精度来说可以低一些，因此，本系统的控制调节器采用PI控制器。

图7-3为增量式PI控制器的控制原理图，式（7-1）和式（7-2）为增量式PI控制器的控制方程。

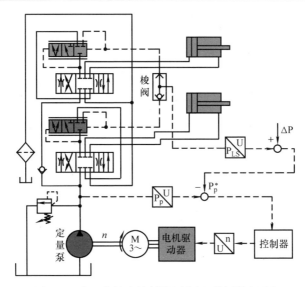

图 7-2　基于变转速控制的压差闭环控制原理图

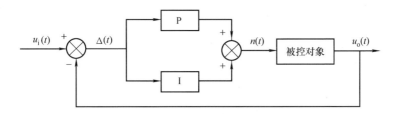

图 7-3　增量式 PI 控制器的控制原理图

$$u_o(t) = k_p * \left(\Delta(t) + \frac{1}{T_i}\int \Delta(t)\,\mathrm{d}t \right) \tag{7-1}$$

$$\Delta(t) = u_i(t) - u_o(t) \tag{7-2}$$

式中，$u_i(t)$ 为目标给定值；$u_o(t)$ 为实际输出值；$\Delta(t)$ 为控制偏差值；k_p 为比例系数；T_i 为积分时间常数。

PI 控制器的输入量为泵出口目标压力，由采集到的负载最大压力信号与用户所期望的压差值相加所得，即：

$$u_i(t) = p_p^* = p_{LS} + \Delta p \tag{7-3}$$

输出值为实际的泵出口压力：

$$u_o(t) = p_p \tag{7-4}$$

在闭环控制算法中，应用的是离散型 PI 算法，首先设定系统采样周期 T，将式（7-1）进行离散化处理：

$$\int_0^t \Delta(t)\,\mathrm{d}t \approx T\sum_{j=0}^{k}\Delta(jT) \approx T\sum_{j=0}^{k}\Delta(j) \tag{7-5}$$

$$t = kT(k = 0,1,2,\cdots) \tag{7-6}$$

$$n_{(k)} = k_p\Delta_{(k)} + \frac{1}{T_i}\sum_{j=0}^{k}\Delta(j) \tag{7-7}$$

式中，T 为采样周期；k 为采样点序号，$k=0,1,2,\cdots$；$n_{(k)}$ 为第 k 个采样周期的 PI 控制器输出目标转速值；$\Delta_{(k)}$ 为第 k 个采样周期时的输入误差值。

由式（7-7）根据递推原理可得：

$$n_{(k-1)} = k_p\Delta_{(k-1)} + \frac{1}{T_i}\sum_{j=0}^{k-1}\Delta(j) \tag{7-8}$$

由式（7-7）和式（7-8），可求得电机泵目标转速增量：

$$\Delta n_{(k)} = n_{(k)} - n_{(k-1)} \tag{7-9}$$

式中，$\Delta n_{(k)}$ 为电机泵目标转速增量。

图 7-4 为实际应用的闭环控制算法控制流程图。

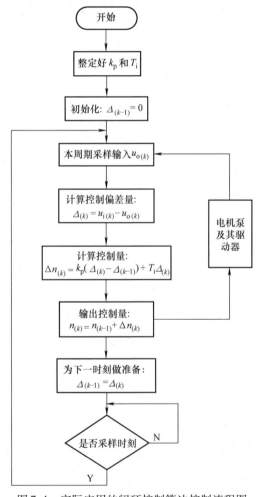

图 7-4　实际应用的闭环控制算法控制流程图

对于工程机械复杂多变的工况而言，通常负载和目标速度的变化范围大，目标给定值变化范围大，会导致控制器的变量及输出量出现饱和与溢出的情况，从而导致系统的超调过大且达到系统稳态的调整时间过长，最终导致系统的动态性能和稳态性能差。因此，单一的增量式 PI 控制器无法满足工程机械的系统控制需求，需要对控制系统的积分环节进行校正，校正方法如下：

$$u_{o}(t) = \begin{cases} u_{\min} & \text{当 } u_k \leqslant u_{\min} \text{时} \\ u_k & \text{当 } u_{\min} \leqslant u_k \leqslant u_{\max} \text{时} \\ u_{\max} & \text{当 } u_k \geqslant u_{\max} \text{时} \end{cases} \qquad (7\text{-}10)$$

当控制输出量进入饱和区时，即控制输出量 $u_{o}(t)$ 超出控制系统设置的幅值时，自动执行削弱积分运算的控制算法，实时满足控制系统的快速性和稳定性的要求。

7.1.3　控制策略

传统负载敏感系统基本原理是利用负载变化引起的压力变化，调节泵的输出压力，使泵的压力始终比负载压力高出一定的压差，约为 2MPa；而输出流量适应系统的工作需求，如图 7-5 所示。传统负载敏感系统中采用执行器的速度与负载压力和液压泵流量无关，只与操纵阀杆行程有关，获得了较好的操作性。但泵的压力与负载压力之间的压差为定值，故总存在一定的压差损失。

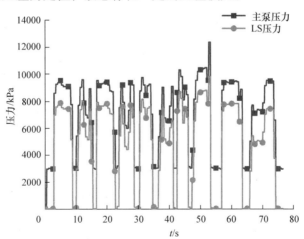

图 7-5　传统电动挖掘机负载敏感系统压力测试曲线

新型系统通过定压差控制可以复现传统负载敏感系统的功能，同时可降低给定的系统压差值来减小压差损失，比传统系统更加节能；并能通过变压差控制，根据负载工况来改变系统压差值，提高系统的节能性和操控性。

1. 定压差控制

通过控制液压泵出口压力与负载最大压力保持一恒定值，使泵的出口压力随负载的变化而变化。当系统压差为一定值时，液压泵的输出流量仅与用户的操纵阀杆位移有关，即只与最大的先导压力有关。系统工作时，只产生比负载最大压力大一个能保证操控性所需求压差的压力，能够实现按需供给，这就是所谓的负载敏感系统。

$$q = CA\Delta p^{\varphi} \tag{7-11}$$

式中，C 为由节流口形状、液体流态、油液性质等因素决定的系数；A 为节流口的通流面积；φ 为由节流口形状决定的节流阀指数。

为实现基于变转速控制的定量泵负载敏感系统，要充分利用变频调速技术。要实现泵出口压力始终比最大负载压力高出一定压力，需将每个采样周期的最大负载压力通过负载敏感多路阀的 LS 口压力采集到整车控制器中，与给定的压差值相加后作为闭环控制中的输入，经过 PI 控制器计算出目标转速，经过电动机驱动系统驱动液压泵后，输出与目标压力接近的泵出口压力值，并将其采集至整车控制器中的最大负载压力作为反馈量，最终通过闭环控制，输出目标压力。由于在工程机械中，负载压力变化率大，因此采样周期应设置的较小，才能使泵出口压力尽可能地跟随负载最大压力的变化。但采样周期如果设置的过小，则会因为计算量变大而产生较大的延迟。图 7-6 所示为定压差的控制策略流程图。

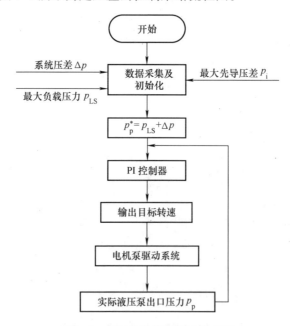

图 7-6 定压差的控制策略流程图

由式（7-12）可知，在同等负载和同等输出流量下，压差值取得越小，压力损失越小，系统节能性越好。

$$P_{\text{p}} = p_{\text{p}}^* q_{\text{p}} = (p_{\text{LS}} + \Delta p) q_{\text{p}} \tag{7-12}$$

通过定压差控制，实现负载敏感系统功能的同时，可使系统压差值比常规负载敏感系统的压差值要小，减小压力损失，以此来提高系统的节能性。但是，压差值较小会导致系统在一些场合，如起动加速工况，动态响应能力降低。因此，需要通过变压差控制，实现节能性和操控性的有机结合。

2. 变压差控制

由定压差控制可知，最合适的负载敏感系统应该是变压差控制。为了能够使得流量只与用户对操纵阀杆的操纵有关，需要将压差与最大先导压力建立联系，即系统压差由先导压力 p_i 决定：

$$\Delta p = \begin{cases} \Delta p_d & \text{当 } 0 \leqslant p_i \leqslant p_{ik} \text{时} \\ kp_i & \text{当 } p_{ik} < p_i \leqslant p_{imax} \text{时} \\ \Delta p_{max} & \text{当 } p_i > p_{imax} \text{时} \end{cases} \tag{7-13}$$

式中，Δp_d 为空载时的系统压差，一般为 2MPa；p_{ik} 为阀口开启时的先导压力；k 为先导压力与系统压差的比例系数；Δp_{max} 为系统设置的最大压差；p_{imax} 为达到系统所需最大压差时的先导压力。

为减小先导压力零位漂移现象对控制精度的影响，将多路阀其中一路两侧的先导压力作差，所得先导压差即为单侧工作的先导压力：

$$p_i = \left| p_{ia} - p_{ib} \right| \tag{7-14}$$

式中，p_{ia} 为先导手柄左侧压力；p_{ib} 为先导手柄右侧压力。

在进行联动操作时，决定系统压差的先导压力为各路多路阀中的最大先导压力：

$$p_i = \max(p_{i1}, p_{i2}, \cdots, p_{in}) \tag{7-15}$$

式中，p_{i1} 为多路阀第 1 路先导压力；p_{i2} 为多路阀第 2 路先导压力；p_{in} 为多路阀第 n 路先导压力，$n = 1, 2, 3, \cdots$。

比例系数 k 值由多路阀先导油口压力的线性范围和系统输出流量的范围确定。当出现流量饱和或动力系统的需求功率大于最大允许输出功率时，需对 k 值进行修正。图 7-7 所示为实测所得的某负载敏感多路阀节流口先导压力与阀口开度的关系曲线，根据此特性可得出先导压力与节流口的通流面积的关系式如（7-16），节流口的通流面积是系统最大先导压力 p_i 的函数：

$$A = h(p_i) \tag{7-16}$$

式中，A 为节流口的通流面积。

通过查表法，结合式（7-15）和式（7-16），并结合节流阀流量特性方程式（7-11），可验证新型系统的执行器速度与负载压力及液压泵流量无关，只与操纵阀杆控制的先导压力有关，从而验证了变压差控制的可行性。

变压差控制可由图 7-8 所示变压差控制策略流程图表示。

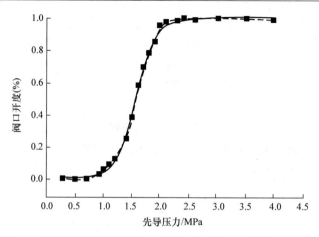

图7-7 负载敏感多路阀节流口先导压力与阀口开度的关系曲线

变压差控制主要通过不同的工况体现其优势：在空载工况时，通过无自动怠速控制将能耗降至最低；在低速小流量工况时，减小压差，提高系统的节能性；在起动和加速工况时，通过增大压差，提高系统的动态响应能力；在高速大流量工况时，通过将压差调至较大值，实现无流量饱和功能，满足系统对流量的需求，提高控制精度。

（1）空载工况

新型系统所采用的内啮合齿轮泵，低速性能好，一般最低转速能低至200r/min左右。在空载工况时，负载压力为零，由于变转速控制，电机泵转速会降低至所限制的最低转速（所搭建的试验平台设置为200r/min），此时流量降至最低，相当于传统机型的

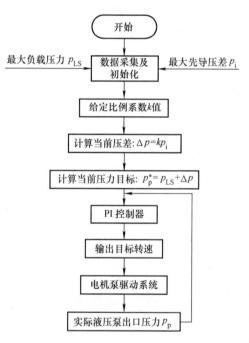

图7-8 变压差控制策略流程图

自动怠速功能。当系统检测到空载时间到达传统机型进入自动怠速的时间阈值时，直接停机等待，相当于传统机型的怠速控制，此时系统无能量损失。而在本方案中，新型系统对空载工况的控制称为无自动怠速控制，其控制策略流程图如图7-9所示。

（2）低速小流量工况

在低速小流量工况，由式（7-16）可知，新型系统变压差控制的流量只与驾

驶人对操纵阀杆的控制有关。流量需求小时，操纵阀杆位移小，即先导压力小，系统压差小。由式（7-12）可知，在流量需求小的场合，由于变压差控制，压差小，系统压力损失小，系统的能量利用率高。

（3）起动和加速阶段

在起动和加速阶段，为了能够快速达到目标流量和目标压力，驾驶人可增大操纵阀杆的位移，以此增大系统压差，提高系统的快速响应能力。尤其是在保压起动加速时，通过增加系统压差不仅可以提高快速响应能力，快速建立目标流量和目标压力，还能避免因多路阀口打开瞬间执行器因压力突跌而产生执行器抖动的现象。

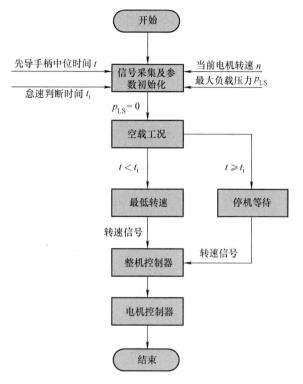

图 7-9　新型系统无自动怠速控制策略流程图

（4）高速大流量工况

在高速大流量工况，对流量需求较大。新型系统的执行器速度与负载压力及液压泵流量无关，只与操纵阀杆控制的先导压力有关。按照驾驶人对传统的负载敏感系统的操作习惯，执行器速度越大，操纵阀杆行程越大，先导压力越大。在高速大流量工况，由式（7-11）可知，可通过增大系统压差来增大系统的流量，以此满足系统对大流量的需求。

在整机进行联动操作，各执行器所需流量之和小于液压泵所能提供的最大流量时，各执行器的速度与负载压力无关。当各执行器所需流量之和大于液压泵所能提供的最大流量时，负载敏感系统会因压力平衡阀的调节而失效，执行器将受负载压力影响，流量将会流向负载较轻的执行器，而负载压力较高的执行器的速度降低甚至停止运动。而 LUDV 系统通过基于溢流阀的阀后补偿，各执行器所需流量之和大于液压泵所能提供的最大流量时，虽然各执行器的速度会降低，但由于所有阀口上的压差一致，因此各执行器的工作速度之间的比例关系仍然保持不变，从而保证了各执行器动作的准确性。

LUDV 系统虽然能够能通过阀后压差补偿实现抗流量饱和功能，但是各执行器的速度还是会降低，难以实现无流量饱和功能。基于变转速控制的定量泵负载敏感系统，搭配 LUDV 多路阀，在多执行器联动时，通过流量估计，当液压泵流量不满足所需流量时，修正比例系数 k 值，增大系统压差，从而输出系统所需流量，不会导致各执行器速度的降低，从而实现无流量饱和功能。

各执行器所需流量，根据式（7-11）可求得：

$$q_{Tn} = CA(kp_i)^\varphi \qquad (7-17)$$

式中，q_{Tn} 为多路阀第 n 路节流口的通流流量，$n = 1,2,3,\cdots$。

由此可求得所有执行器的流量需求之和：

$$q_{px} = \sum_{i=1}^{n} q_{Ti} = q_{T1} + q_{T2} + \cdots + q_{Tn} \qquad (7-18)$$

式中，q_{px} 为所有执行器的流量需求之和。

当系统压差已达到系统所设的最大值，且液压泵输出流量小于所有执行器的流量需求之和时，修正比例系数 k 值，使系统压差增大至液压泵输出流量能满足所有执行器的流量需求之和。

通过式（7-11）可求得所有执行器的流量需求之和与比例系数 k 值与最大先导压力的关系表达式：

$$q_{Tn} = h(k,p_i) \qquad (7-19)$$

通过式（7-19）计算后，可求得当前 k 值。将修正后的 k 值代入式（7-13），可求出当前系统压差，控制液压泵输出目标流量，从而实现无流量饱和控制功能，提高系统控制精度。

7.1.4　系统仿真

根据动力总成各元件的参数，通过 AMESim 仿真软件对系统进行建模仿真，验证基于变转速控制的定量泵负载敏感系统变压差控制的可行性。

图 7-10 所示为基于变转速控制的定量泵负载敏感系统的 AMESim 仿真模型。仿真模型中，只建立多路阀其中一路的模型作为仿真对象。由于比例溢流阀易于设定所需进口压力，为方便观察压力流量变化，在多路阀的出口接溢流阀来模拟负载。因为动力蓄电池及电动机驱动器的模型较难建立且许多参数未知，现忽略动力蓄电池和电动机驱动器，仅通过建立液压系统的仿真模型来观察新型系统的特性。为方便通过变转速控制技术调节液压泵转速，用 Mechanical 库中通过外部控制的电动机模型 Pmover01v_1［PMV00］代替永磁同步电动机及其驱动器。通过限幅控制器，限制转速输入信号超过实际电动机的最高转速。

图 7-11 所示为新型系统定压差控制仿真曲线。设置泵出口压力与负载最大压力（LS 压力）之间的压差恒定，为 2MPa。从仿真结果中可以看出，泵出口压力随着负载最大压力的变化而变化，且二者之间的压差值保持为一定值，不受先导压力的影响。通过仿真结果可验证新型系统能够实现传统负载敏感系统的定压差控制功能：流量不受负载变化的影响，只与系统压差有关。

图 7-12 所示为系统变压差控制的仿真曲线，由此曲线可以看出，先导压力由

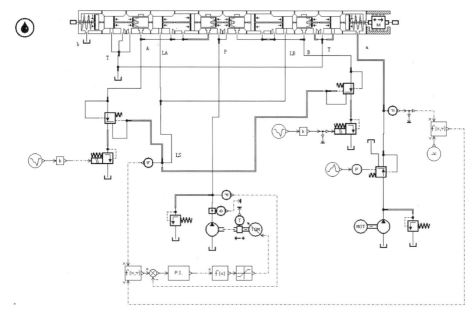

图 7-10　基于变转速控制的定量泵负载敏感系统的 AMESim 仿真模型

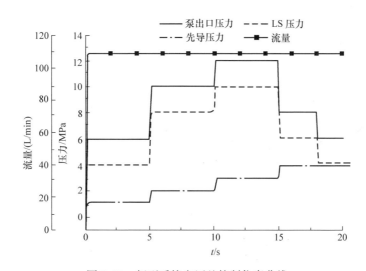

图 7-11　新型系统定压差控制仿真曲线

1MPa 变为 2MPa，最后变为 3MPa。在仿真设置中，设置比例系数 k 值为 1，所以系统压差的变化与先导压力一致，也是由 1MPa 变为 2MPa，最后变为 3MPa。流量随着系统的压差变化而变化，并不随负载压力的变化而变化，验证了新型负载敏系统的流量不随负载压力的变化而变化，只与系统压差有关，压差越大，流量越大。因此，通过仿真验证了变压差控制的可行性。

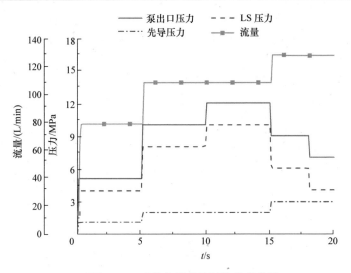

图 7-12   系统变压差控制的仿真曲线

图 7-13 所示为低速小流量工况时不同压差的仿真曲线。图 7-13a 可以看出，在同一负载下，前 10s 两个对比试验的压差都为 0.5MPa；在第 10s 时改变压差，分别为 1MPa 和 2MPa。由图 7-13b 可以看出，在不同压差时，压差越小，压力损失越小，消耗功率越低。由此可知，在低速小流量时，可通过减小压差，提高系统节能性。

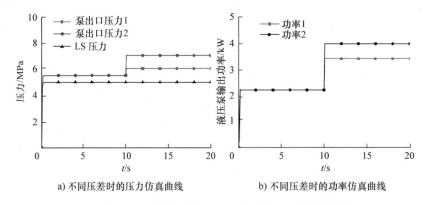

a) 不同压差时的压力仿真曲线   b) 不同压差时的功率仿真曲线

图 7-13   低速小流量工况时不同压差的仿真曲线

图 7-14 所示为相同负载下不同压差时的压力仿真曲线，由图 7-14b 的压力局部放大图可见，泵出口压力 2 的曲线斜率较大，即系统压差越大，建压速度越快，动态响应能力越好。

7.1.5   试验

根据变转速定排量的新型电驱动需求，搭建试验平台，如图 7-15 所示。

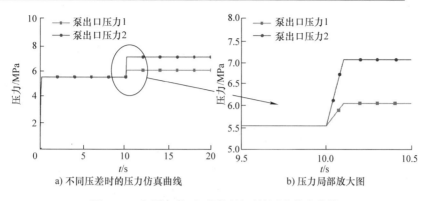

a) 不同压差时的压力仿真曲线   b) 压力局部放大图

图 7-14 相同负载下不同压差时的压力仿真曲线

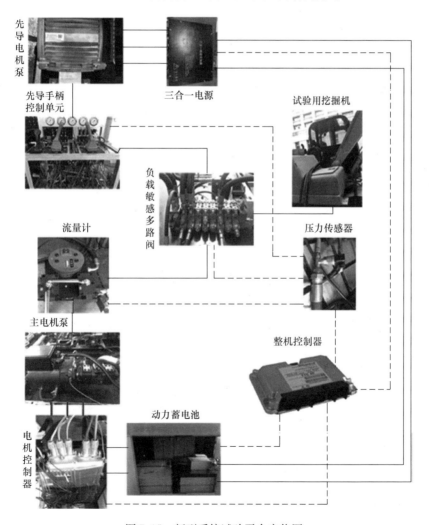

图 7-15 新型系统试验平台实物图

各部件的参数见表 7-1。

表 7-1　新型系统动力总成各部件的参数

设备名称	参数
动力蓄电池	标称电量：120kW·h、标称容量：170A·h
电动机	额定功率：49kW、额定转矩：260N·m
电动机控制器	工作电压范围：420～750V、最大持续输出功率：63kW
液压泵	排量：100mL/r、最大压力：35MPa
整机控制器	工程机械专用整机控制器
多路阀	标准6T履带挖掘机变量泵标配负载敏感多路阀
先导泵	排量：10mL/r、最大压力：35MPa
先导电动机	额定功率：2.5kW
三合一电源	额定功率：5.5kW、输出电压：380V/24V

为方便试验研究，试验平台将动力总成与挖掘机独立开，将液压缸两腔接电控比例溢流阀模拟负载，能够更加方便地模拟出挖掘机的各种工况。除了系统压力与流量通过传感器采集，其他设备之间的信息数据交互均通过 CAN 总线通信网络实现，如动力蓄电池输出通断、电动机运行模式选择和电动机转速的给定等。动力蓄电池组安装在电源拖车上，方便移动，剩余电量不足时，可移动至充电桩旁进行充电。

为体现新型系统的节能性和操控性的优越，搭建了传统系统的试验平台作为新型系统的参考对象。与新型系统试验平台的区别在于：将定量泵换成原机型上用的负载敏感泵，将永磁同步电动机换成三相异步电动机。

1. 操控性试验

（1）动态响应性能

在起动时，新型系统电机泵由零转速升至目标转速，从而达到目标流量和压力，而传统系统一般从负载敏感变量泵的最低限制转速（本试验设置为 800r/min）升至目标转速。图 7-16 所示为两种系统在空载时的压力流量试验曲线，试验过程中保持两种系统的目标压力和流量一致，观察两种系统的变化。

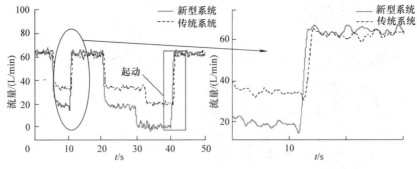

a) 两种系统空载时的流量试验对比曲线　　　　b) 加速时局部放大图

图 7-16　两种系统在空载时的压力流量试验曲线

从图 7-16a 的试验曲线中可以观察出，由于新型系统采用永磁同步电动机和内啮合齿轮泵后，响应快，故新型系统相比传统系统能够更快地建立起目标流量。因此，与传统系统相比，新型系统在起动时能够更快地建立起目标流量，动态响应能力更优越。

从图 7-16b 的加速时局部放大图可以看出，在系统由空载进入作业工况的加速过程中，新型系统的加速较快，动态响应能力更好。

新型系统的控制压力信号通过压力传感器变为电信号传输到控制器中，再通过控制器来控制电机泵，输出目标流量和压力；而传统负载敏感系统则是通过液压管道将压力控制信号传输到负载敏感泵的变量机构中，控制泵输出目标流量和目标压力。电信号的传输比液压管道传输压力的信号要快得多，因此新型系统的动态响应能力优于传统负载敏感系统。通过对两个系统在起动时设置相同的压差和目标压力的过程可以验证该结论，试验结果如图 7-17 所示。

在挖掘工况负载突变时，新型系统可通过增大系统压差来提升系统的响应能力，使系统更快地建立目标压力。为验证增加系统压差可提升系统的响应能力，设计新型系统在突变负载时改变系统压差，观察压力变化。试验结果如图 7-18 所示，试验在第 2.5s 左右时，突然改变负载，可发现，压差越大，系统建立目标压力越迅速。可得结论：系统压差越大，动态响应能力越好。

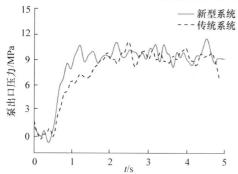

图 7-17　两种系统起动时压力建立过程曲线

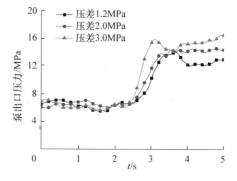

图 7-18　新型系统在突变负载时
的压力试验曲线

（2）高速大流量

图 7-19a 所示为新型系统在比例数 k 初始值为 1 时，多执行器联合动作且逐渐增大先导压力时的压力变化曲线。由试验曲线可知，随着先导压力的增大，系统压差逐渐增大，液压泵流量也逐渐增大。因此在高速大流量时可通过增大压差来满足系统对大流量的需求，同时通过对比例系统 k 值的动态修正，实现无流量饱和功能，在不致使执行器减速的同时提高执行器的控制精度。

由图 7-19b 所示流量变化曲线可以看出，曲线较为平滑，未出现突变的现象，即整机无抖动现象，在实际操控过程中能够平稳运行。

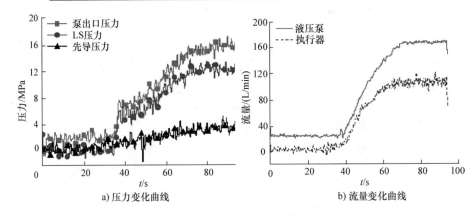

a) 压力变化曲线   b) 流量变化曲线

图7-19　新型系统变压差控制试验曲线

2. 节能性试验

（1）空载和怠速工况

为验证新型系统的节能性，试验研究中，将作为试验平台所用挖掘机在改装前所用的动力系统作为参考对象，通过比对试验，对新型系统进行节能性分析。试验步骤为：首先使两种系统的负载保持一致，让系统先处于正常工作模式，在工作模式时，系统压差设置一致。而后进入空载工况，进入空载状态6s后，系统又进入正常工作模式，系统工作10s后，进入空载状态10s；随后进入怠速工况。测试数据如图7-20所示，主要讨论空载和怠速阶段的功率消耗。

由图7-20a可发现两种系统在带载状态和空载状态时，泵出口压力相同；在进入怠速时，由于新型系统直接停机等待，泵出口压力直接降为零，而传统系统电机泵保持800r/min左右的转速，泵出口压力也保持在2MPa左右。

从图7-20b中可以观察到，由于两种系统在工作状态时压差设置保持一致，因此流量在工作状态时相同；但是在空载时，由于负载压力为零，两种系统的负载敏感都失效。但是，由于新型系统可将转速设置在内啮合齿轮泵所允许的最低转速，约为200r/min，此时流量小，约为20L/min。而传统系统在空载时的排量为最小排量，但是由于电机泵转速仍是工作模式时的转速，传统系统的流量比新型系统的要大一些。在怠速工况时，新型系统直接停机等待，流量为零，而传统系统则是将转速降至800r/min左右，排量为最小排量，此时的流量仍较大。

从图7-20c、d中，最能直观地发现，在空载状态下，与传统系统相比，新型系统的功率损失大约降低了33.3%。在怠速状态时，新型系统无能量损失，而传统系统的消耗功率大约为0.6kW，新型系统更加节能。

由上述试验分析可见，新型系统在空载和怠速工况时的节能性优于传统电动挖掘机的负载敏感系统。

（2）低速小流量工况

为验证新型系统的流量只与压差有关，而与负载无关，在低速小流量场合，通

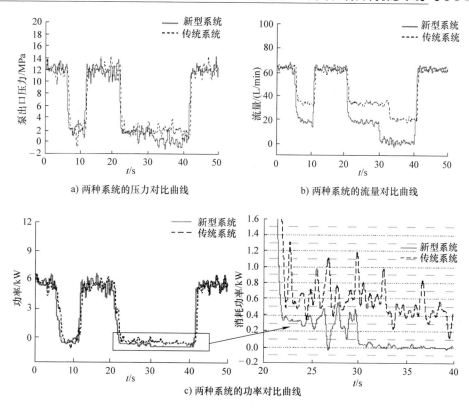

a) 两种系统的压力对比曲线　　　　b) 两种系统的流量对比曲线

c) 两种系统的功率对比曲线

图 7-20　两种系统在空载及怠速控制时的试验对比曲线

过较小系统压差，新型系统比传统系统更佳节能；通过电控比例溢流阀模拟典型负载，依次改变系统压差，观察流量压力变化。试验结果如图 7-21 所示。

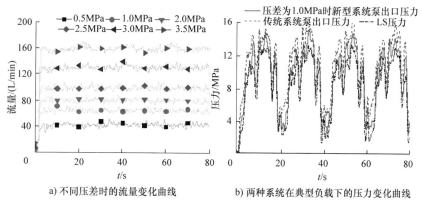

a) 不同压差时的流量变化曲线　　　　b) 两种系统在典型负载下的压力变化曲线

图 7-21　典型负载下不同压差时的压力流量变化曲线

图 7-21a 为在典型负载下不同压差时的流量变化曲线，可由试验结果发现：系统流量与负载变化无关，只与系统压差有关，压差越大，流量越大。

  图 7-21b 所示为典型负载下压差为 1.0MPa 时新型系统泵出口压力和传统系统泵出口压力的变化曲线，由曲线可知，系统在小流量需求场合时可降低系统压差，从而降低系统的压力损失。在同等流量需求的场合时，由式（7-12）可知，系统消耗功率更低，与传统系统相比，新型系统更加节能。

  针对举升保压工况，让两种系统的泵出口压力相同，系统只提供很小的流量不让执行器下降。图 7-22 所示为两种系统在执行器举升保压工况时的试验曲线。

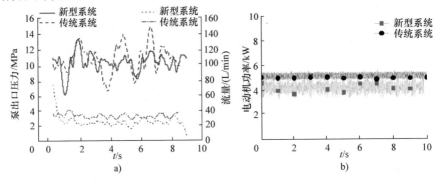

图 7-22 两种系统在执行器举升保压工况时的试验曲线

  由试验曲线可知，在执行器举升保压工况时，新型系统所需输出流量更小，电动机转速更低，如图 7-22b 所示，与传统系统相比，新型系统的电动机消耗功率大约降低了 17%。

  通过以上试验分析可知，与传统系统相比，新型系统在低速小流量场合的节能性更优越。

7.2 基于变转速控制的变量泵负载敏感控制策略

7.2.1 基于排量自适应变转速控制的负载敏感系统方案分析

  为了进一步发挥电驱动的优良特性，获得兼具操控性与节能性的电动挖掘机动力总成系统。根据对现有的定转速 – 变排量系统以及变转速 – 定排量系统的性能分析结果，提出一种基于排量自适应变转速控制的负载敏感系统，该系统的原理图如图 7-23 所示。

  该系统采用变转速永磁同步电动机驱动负载敏感变量泵，向负载敏感多路阀供油。在工作过程中，负载敏感多路阀内的梭阀所选的最高负载压力仍然通过油管反馈至负载敏感变量泵内，与泵出口压力进行对比，进而通过 LS 阀调控变量柱塞改变泵排量，达到维持变量泵设定压差的效果。同时，控制器通过传感器采集泵出口压力及负载敏感压力，根据控制策略，实时控制永磁同步电动机的转速。因此，当系统流量需求变化时，变量泵的排量自适应变化，而永磁同步电动机的转速由控制

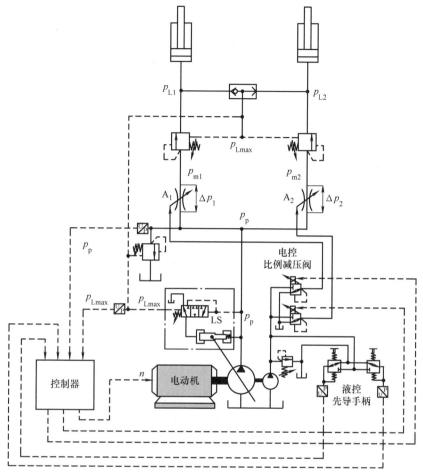

图 7-23　基于排量自适应变转速控制的负载敏感系统原理图

器根据系统状态主动控制，由此组成排量自适应 – 变转速控制动力源。

此外，为了发挥排量自适应 – 变转速控制动力源在变压差控制上的灵活性，使之不对操控性造成影响，对传统液控先导系统进行电控化改造，如图 7-23 所示，将原本液控先导手柄至多路阀的先导油路断开，采用电控比例减压阀对多路阀输出先导控制压力油，采用压力传感器组对液控先导手柄的输出压力进行采集。为了简化电驱动系统，采用与负载敏感泵同轴串联驱动的内啮合齿轮泵作为先导泵向电控比例减压阀组及液控先导手柄供油。在工作过程中，控制器采集操控手柄的先导压力对各执行器的目标需求流量并进行预测，结合对排量自适应 – 变转速控制动力源的转速控制策略，对各电控比例减压阀进行控制。

与定转速 – 变排量与变转速 – 定排量系统相比，排量自适应 – 变转速负载敏感系统的电动机转速以及泵排量均可根据需求进行变化，在系统结构上，具备更大的流量变化范围。以前面分析的某 8t 挖掘机为例，变量泵的排量一般具有 10～11 倍的变换范围；考虑到常用斜盘式轴向柱塞泵的转速范围，电动机的最低转速一般为 600~800r/min，最高转速可以达到2400~2600r/min，因此电动机的转速变化范围约为最低转速的3~4倍，故该系统总流量变化范围可以达到最低流量的30~44倍。

在高速大流量工况下，该系统可在排量增大情况下同时提升转速以最大程度避免系统进入流量饱和工况而影响操控性；在低速小流量工况下，该系统可在排量减小的同时降低转速以实现更精确的小流量需求匹配，避免多余流量通过溢流阀溢流造成溢流损失，提高节能性；在怠速工况下，可以实现停机怠速，实现无能量损失，并且在取消怠速时流量可快速响应负载需求。

7.2.2 基于分级压差控制的排量自适应变转速控制策略

1. 排量自适应 – 变转速动力源的效率特性分析

针对所提出的基于排量自适应 – 变转速控制的负载敏感系统，在工作过程中，变量泵排量根据泵出口压力与最高负载压力的压差自适应调整，而电动机转速则由控制器主动控制。因此，当执行器的需求流量处于系统所能提供的最小流量与最大流量之间时，存在不同的转速 – 排量组合可满足同一目标流量。

为了得到更有利于系统性能的转速 – 排量组合，变转速控制策略主要从系统的稳态性能、动态响应以及综合效率这三方面进行考虑。

由于系统的结构特点，对于不同的控制转速，排量均能自适应变化以匹配负载流量需求达到较好的稳态效果。在动态响应过程中，由于永磁同步电动机起动性能好，动态响应快，能快速完成工作范围内转速的调整（100ms内完成大范围转速的准确控制）。综合效率方面，斜盘式轴向柱塞泵的效率随着排量、输入转速和压力的变化而变化，永磁同步电动机的效率也会随着转矩与转速的变化而变化。因此，对于排量自适应负载敏感系统的变转速控制策略需要考虑使电机泵综合工作效率最高，以提高节能性。

（1）斜盘式轴向柱塞泵效率特性分析

图7-24所示为所选斜盘式轴向柱塞泵的效率曲线，分析该图可得以下结论。

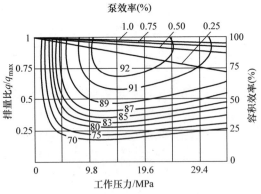

图7-24 斜盘式轴向柱塞泵的效率曲线

1）在定转速运行且排量比固定的情况下，变量泵的效率随着工作压力的增大而减小，且当排量比较小时，其下降趋势较为明显；当排量比较大时，其下降趋势较为缓慢。

2）在定转速运行且工作压力固定的情况下，变量泵的容积效率随着排量比的减小而减小，并且当工作压力较小时，其下降幅度较为缓慢；当工作压力较大时，其下降幅度较为明显。

3）在定转速运行且排量比固定的情况下，变量泵的效率随着工作压力的增加先快速增加后缓慢减小。

4）在定转速运行且工作压力固定的情况下，变量泵的效率随着排量比的下降而下降，并且在 10～20MPa 的工作压力范围内，当排量比从 0.7 降至 0.2 时，泵效率将从 90% 降至 70%；当排量比降至 0.2 以下时，在整个工作压力范围内，其效率均低于 70%，并且在 0～10MPa 的低压范围内快速下降。

因为变量泵的工作压力取决于系统的最高负载压力，无法进行调控。所以，为了使变量泵工作在高效区间，应当尽量使其工作在大排量状态。

（2）永磁同步电动机效率特性分析

图 7-25 所示为所选永磁同步电动机的效率 MAP 图，由此图可知，永磁同步电动机的效率随着转速和转矩的变化而变化，但在正常工作范围内，其效率均在 90% 以上；在额定工作区间内，其效率达到了 96%；即使是在低速大转矩的极限工作区间内，其效率仍能达到 80%，但由于液压系统压力等级的限制，电动机并不会工作在该区间。

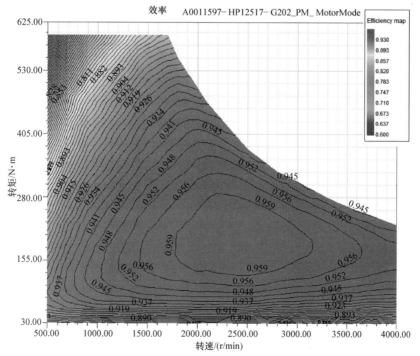

图 7-25　所选永磁同步电动机的效率 MAP 图

因此，永磁同步电动机在整个工作范围内都能保持高效率运行，与斜盘式轴向柱塞泵排量变化所引起的效率波动相比，永磁同步电动机运行过程中的效率波动在工程上可以忽略。因此，为了让排量自适应 – 变转速动力源实时工作在高效区间，变转速控制策略应当保证负载敏感变量泵尽可能运行在大排量比状态。

2. 控制策略工作原理

为了充分发挥自适应变量泵 – 变转速电动机的结构优势，拓宽系统变量范围以达到全范围流量自匹配，同时针对系统高效率运行的进一步要求，提出基于分级压差控制的排量自适应 – 变转速控制策略。

（1）分级压差控制策略工作原理

基于分级压差控制的排量自适应变转速控制策略液压系统原理图如图 7-26 所示。

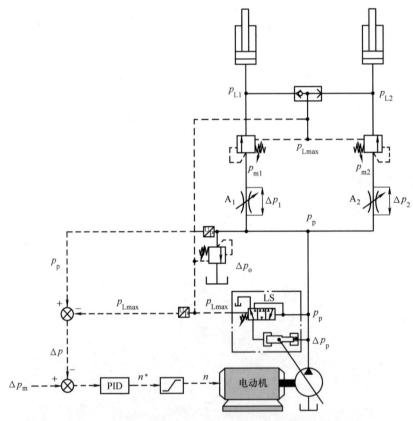

图 7-26　基于分级压差控制的排量自适应变转速控制策略液压系统原理图

首先，对电动机转速进行恒定压差闭环控制，其控制过程为：将传感器采集到的泵出口压力 p_p 以及最高负载压力 p_{Lmax} 信号值作差，得到系统当前的实际负载敏感压差 Δp；将变转速负载敏感设定压差 Δp_m 与实际负载敏感压差 Δp 作差得到控制偏差，将其输入 PID 控制器，得到未限幅转速控制值 n^*，经过限幅处理得到最

终转速控制值 n。

因此，对整个系统而言，存在三个压差设定值对实际负载敏感压差进行调控：

1）溢流压差 Δp_o，一般设定在 $2 \sim 3$MPa 之间，由负载敏感多路阀内定差溢流阀调定；当实际压差大于溢流压差时，该溢流阀打开以维持压差恒定。

2）变排量设定压差为 Δp_p，由负载敏感变量泵内的 LS 阀调定；当实际压差小于变排量设定压差时，变量泵排量增大；当实际压差大于溢流压差时，变量泵排量减小，其设定值小于溢流压差 Δp_o，一般取 $1.5 \sim 2.5$MPa。

3）变转速设定压差 Δp_m，由控制器程序调定，当实际压差小于变转速设定压差时，电动机转速提升；当实际压差大于溢流压差时，电动机转速下降。

将变转速负载敏感设定压差设置为小于变排量负载敏感设定压差的某个值，则有：

$$\Delta p_o > \Delta p_p > \Delta p_m \tag{7-20}$$

所以，系统的三个压差设定值呈分级分布。随着执行器目标需求流量的增加，系统将依次出现以下五个阶段，如图 7-27 所示。

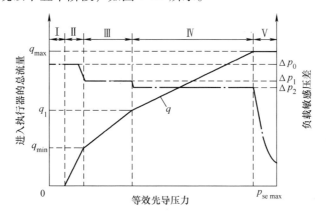

图 7-27　等效执行器流量及实际负载敏感压差变化曲线

Ⅰ 空载溢流阶段：当先导操控手柄（图 7-26 中未画出）无动作，执行器目标需求流量为零，泵出口流量全部经多路阀溢流回油箱，负载敏感实际压差为溢流压差 Δp_o。此时，变量泵排量与电动机转速均以工作变化范围内的最小值 V_{min} 与 n_{min} 运行，泵出口流量为系统最小输出流量 q_{min}，系统的空载溢流损耗降至最低。

Ⅱ 小流量溢流阶段：随着执行器目标需求流量的增加，泵出口流量一部分溢流回油箱，一部分进入执行器。此时泵出口压力随着最大负载压力的升高而升高，但实际压差仍为溢流压差 Δp_o。（需要说明的是，此时的溢流压差将会随着溢流流量的降低而降低，这是由溢流阀的调压偏差所引起的。）

Ⅲ 变排量调压阶段：当执行器目标需求流量增至与系统最小输出流量相等时，泵出口流量全部进入执行器，溢流阀关断。此时，实际压差降至变排量设定压差

Δp_{p}，继续增大目标需求流量，实际压差在这一时刻呈现下降趋势。由于变转速设定压差 Δp_{m} 小于变排量设定压差 Δp_{p}，因此该下降趋势不足以引起转速的升高，电动机仍然运行在最小转速 $n_{\min}$；而变量泵的排量则开始随着目标需求流量的增加而增加，使实际压差维持在变排量设定压差 Δp_{p}。

Ⅳ 变转速调压阶段：当变量泵的排量增至最大值 $V_{\max}$，此时，对于进一步增加的流量需求，变量泵无法再通过增大排量以维持压差恒定，实际压差开始下降。当实际压差下降至变转速设定压差 Δp_{m} 时，电动机转速则开始随着目标需求流量的增加而升高，使实际压差维持在变转速设定压差 Δp_{m}。

Ⅴ 流量饱和阶段：当电动机转速提升至最大值 $n_{\max}$，此时，对于进一步增加的流量需求 $q_{\max}$，电动机无法再通过升高转速以维持压差恒定，泵出口流量达到系统所能提供的最大流量，实际压差开始下降，出现流量饱和现象。

需要说明的是，在该控制策略中，电控先导系统仅模拟原液控先导系统的功能，不进行其他功能的控制，图 7-28 是所选电控比例减压阀在不同输入电流下的输出电压实测曲线，给出了电流与输出压力之间的对应关系。当控制器采集到各先导手柄的输出压力后，即可通过 PWM 控制给相应的电控比例减压阀输出相应的电流信号，从而实现对先导手柄压力输出的模拟。

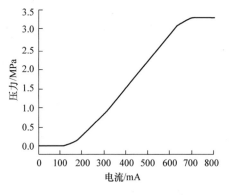

图 7-28　电控比例减压阀在不同输入
电流下的输出电压实测曲线

（2）系统执行器总量等效曲线图

根据上述的五个系统运行阶段，可以对进入执行器的总流量进行分析。

对于多路阀芯的节流口开口面积，在阀芯受力平衡的状态下，为对应先导压力的一元函数：

$$A_i = f_i(p_i) \tag{7-21}$$

为了方便示意，将其简化为：

$$A_i = k_i p_i \tag{7-22}$$

式中，k_i 为比例系数。

定义系统等效先导压力 p_{ep}，表征各先导压力对系统作用的总和：

$$p_{\mathrm{ep}} = \sum_{i=1}^{n} k_i p_i \tag{7-23}$$

对于进入各执行器的总流量，根据式（7-22）和式（7-23），可得：

$$q_{\mathrm{AT}} = \sum_{i=1}^{n} q_i = \sum_{i=1}^{n} C A_i \sqrt{2\Delta p/\rho} = C p_{\mathrm{ep}} \sqrt{2\Delta p/\rho} \tag{7-24}$$

可进一步简化为：

$$q_{AT} = = C\Delta p^{\varphi} p_{ep} \tag{7-25}$$

其中，对阶段变化点的流量，有：

$$\begin{cases} q_{min} = n_{min} V_{min} \eta \\ q_1 = n_{min} V_{max} \eta \\ q_{max} = n_{max} V_{max} \eta \end{cases} \tag{7-26}$$

（3）分级压差控制策略的优点

1）可实现全变量范围的流量自匹配。基于分级压差控制的排量自适应变转速控制策略通过分级压差的设置，使得空载工况下，电动机与变量泵均运行在最低变量状态，系统空载损失降至最低；在低速小流量工况下，电动机运行在最低转速，仅由变量泵调控压差，降低系统流量变化范围下限，使系统更准确地匹配小流量需求；在高速大流量工况下，当变量泵无法通过变排量增大流量以稳定压差时，电动机转速升高以进一步维持压差恒定，避免系统进入流量饱和工况；只有当泵排量和电动机转速均达到最高值，动力源的供油能力达到上限时，系统才有可能进入流量饱和工况。

2）可实现动力源的高效运行。在变转速调压阶段与流量饱和阶段，变量泵以最高排量运行；而在其他阶段，由于电动机转速为最低转速，所以变量泵仍以足以稳定压差的最大排量运行。因此，在系统的整个运行过程中，排量自适应 – 变转速负载敏感系统的动力源均运行在实现功能前提下的综合高效区间。

7.2.3　仿真

AMESim 为多学科领域复杂系统建模仿真平台，为用户提供了包括流体系统、电气系统、热系统及机械系统等多领域的解决方案。AMESim 拥有一套标准且优化的应用库，拥有丰富的模型，并采用了图形化建模方式，使得用户从繁琐的数学建模中解放出来从而专注于物理系统本身的研究。

根据图 7-26 所示的液压系统原理图，在 AMESim 软件平台上完成了图 7-29 所示仿真模型的搭建。

在该仿真模型中，采用 HCD 库搭建变量泵的 LS 阀、变量柱塞以及多路阀的两联节流口、压力补偿器及梭阀；采用信号控制库搭建了压差变转速控制部分以及先导控制部分。

同时，由于仿真的目的主要是为了验证控制策略的可行性，所以为了方便分析，在该仿真模型中，做了以下处理。

1）采用比例方向控制阀模拟多路阀的换向功能。

2）采用电比例溢流阀替代执行器进行加载。

3）采用机械库中的变转速电动机模型［PMV00］模拟永磁同步电动机及其驱动器，忽略其效率影响。

4）采用液压库中的变量泵模型［PU002］模拟斜盘式轴向柱塞泵，忽略其效

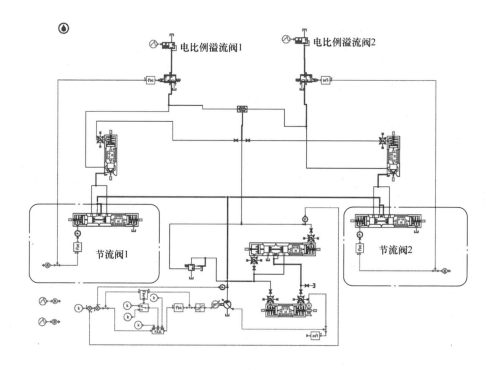

图 7-29　基于分级压差控制的排量自适应变转速系统 AMESim 仿真模型

率影响。

仿真模型中的主要设置参数如下：

电动机转速范围：600 ~ 2600r/min

变量泵排量范围：7 ~ 76mL/r

LS 阀设定压差：1.6MPa。

定差溢流阀额定开启压力：2.5MPa。

节流口孔径：10mm。

1. 仿真模型正确性验证

为了验证所搭建液压系统模型的正确性，将图 7-29 所示的仿真模型中的变转速电动机模型及压差闭环控制部分用定转速电动机模型替代，得到图 7-30 所示的定转速 – 变排量负载敏感系统仿真模型。

将电动机转速设置为 2000r/min，将加载电比例溢流阀 1、2 的压力分别设置为 10MPa 以及 20MPa，左、右节流口先导压力的设定变化曲线如图 7-31 所示。

按照以上运行参数的设定运行仿真程序，得到图 7-32 和图 7-33 所示的仿真曲线。

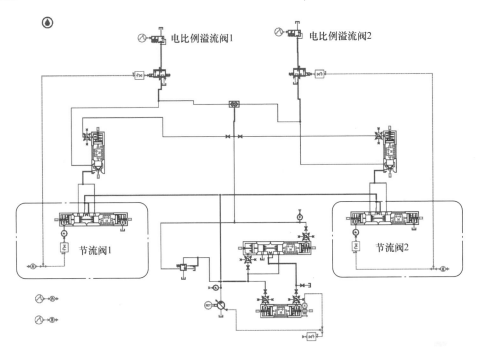

图 7-30　定转速 – 变排量负载敏感系统 AMESim 仿真模型

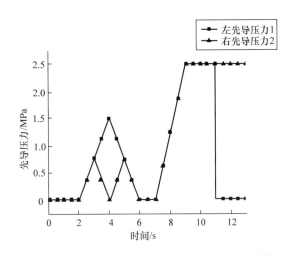

图 7-31　左、右节流口先导压力的设定变化曲线

由图 7-32 与图 7-33 分析可知：

1）1 ~ 6s 内：随着先导压力的增加，负载敏感压差从溢流压差 2.5MPa 下降并稳定在变量泵调定压差 1.6MPa。虽然负载压力 1 与负载压力 2 相差 10MPa，但负载流量 1 与负载流量 2 都能较好地跟随相应的先导压力的变化而变化，而不受负载压力的影响。

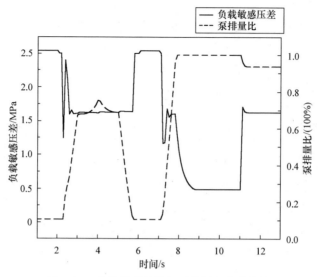

图 7-32　负载敏感压差与泵排量比仿真曲线

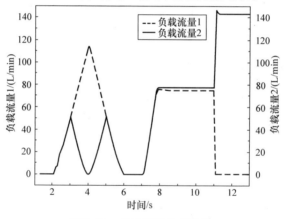

图 7-33　负载流量仿真曲线

2）6～7s 内：先导压力均为 0MPa，节流口与换向阀均关闭，LS 压力降为 0MPa，泵排量比降至最低值，此时负载敏感压差为溢流压差 2.5MPa。

3）7～10s 内：随着先导压力 1、2 快速从 0MPa 增至 2.5MPa，泵排量比迅速增加，在 7.9s 时到 100%。随后，负载敏感压差快速降至 0.5MPa，而负载流量 1 与负载流量 2 均基本保持不变。因此，系统并没有因为进入流量饱和工况而出现执行器流量配比失调现象。

4）10～13s 内：在 11s 时刻，先导压力 1 从 2.5MPa 迅速跳变至 0MPa，而先导压力 2 保持不变。此时，负载敏感压差迅速从 0.5MPa 升至 1.6MPa，负载流量 1 迅速降至 0，同时负载流量 2 迅速从 77L/min 升至 142L/min，出现了流量突变。

通过对负载敏感功能以及抗流量饱和功能的仿真结果分析，验证了所搭建变量泵负载敏感液压系统的正确性。同时，对该系统流量饱和工况下可能发生的流量突变现象进行了仿真验证。

2. 仿真结果分析

对于图 7-29 所搭建的基于分级压差控制的排量自适应变转速系统 AMESim 仿真模型，除了上面的参数设定外，将变转速设定压差设置为 1.4MPa，图中节流阀 1、2 的节流口的先导压力均设定为图 7-34 所示的变化曲线。

同时，对 PI 调节器通过试凑法进行参数整定得到 P、I 参数。运行仿真程序，得到图 7-35 所示的仿真曲线。

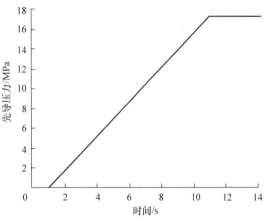

图 7-34　先导压力的设定变化曲线

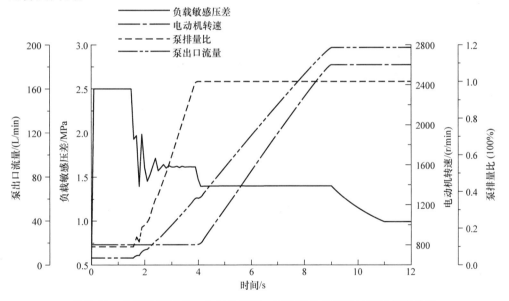

图 7-35　负载敏感压差、电动机转速、泵排量比及泵出口流量仿真曲线

由图 7-35 分析可知：

1）0 ~ 1s：先导压力均为 0MPa，电动机转速为 800r/min，泵排量比为 10.5%；泵出口流量为系统所能提供的最小流量，经溢流阀流回油箱，负载敏感压力为溢流压差 2.5MPa。

2）1 ~ 4s：随着先导压力的上升，经过溢流阀的流量逐渐减小，直至溢流阀关断。1.6s 时，溢流阀关断，泵排量开始逐渐上升，负载敏感压力下降并稳定在

1.6MPa。3.9s时，泵排量比达到100%，负载敏感压差再次下降。

3）4～9s：当负载敏感压差下降至1.4MPa，电动机转速开始上升，将压差维持在1.4MPa。在变排量调压向变转速调压切换的过程中，泵出口流量在出现一瞬间的停滞后快速跟随先导压力的升高而增加，且前后流量变化斜率无明显区别。

4）9～12s：9s时，电动机转速达到峰值转速2600r/min，泵出口流量达到197.6L/min，为系统所能提供的最大流量。此后，随着先导压力的进一步增加，负载敏感压差下降。

如图7-36所示，负载流量1与负载流量2除了变排量调压阶段向变转速调压阶段切换时出现瞬间的迟滞外，均能较好地跟随先导压力的变化而变化，并且由于两个压差设定值相近，两个压差调控阶段的流量变化斜率差别不大。同时，系统配流不受负载压力影响，即使是在流量饱和工况下。

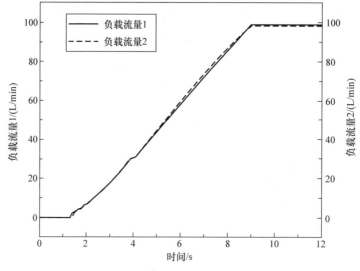

图7-36　负载流量1、2仿真曲线

因此，仿真结果验证了基于分级压差控制的排量自适应－变转速控制策略在实现全范围流量自匹配以及变排量高排量比运行的可行性。

7.2.4　试验

1. 试验平台改造

为了方便对所提出的控制策略进行试验研究，考虑到执行器直接加载不易控制、可重复性差等问题，采用4个电比例溢流阀分别对多路阀动臂联及斗杆联A、B出油口进行模拟加载。此外，采用流量计分别测试泵出口流量以及各支路流量；采用压力传感器采集各支路负载压力；采用上位机通过PEAK－CAN对试验数据进行采集。试验平台系统原理图及实物图如图7-37和图7-38所示。

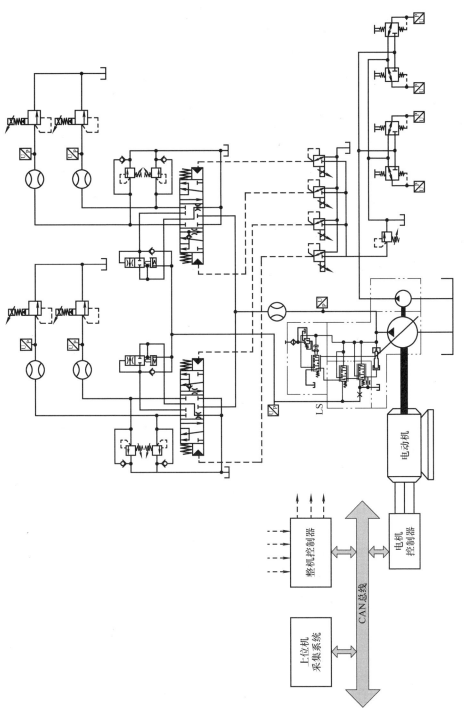

图 7-37　试验平台系统原理图

图 7-38　试验平台实物图

2. 试验及试验结果分析

将基于压差分级的变转速控制策略算法在整机控制器程序中实现，并在所搭建的试验平台上进行试验。

（1）阶跃信号响应试验

将电动机分别运行在 800r/min 定转速、2000r/min 定转速以及分级压差控制三种状态下，对多路阀其中一联 A 口施加图 7-39 所示的阶跃先导压力信号，得到的试验结果如图 7-40 ~ 图 7-42 所示。

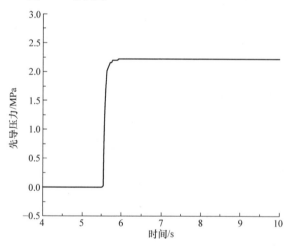

图 7-39　阶跃先导压力信号

图 7-40 为三种控制状态下的泵出口流量响应曲线。空载运行时，泵排量最低，在 800r/min 定转速与分级压差控制状态下，泵出口流量很小，不超过 6L/min，由于流量计在低测量范围的死区误差，测得流量为零；而在 2000r/min 定转速状态下

的泵出口流量约为 14L/min。此时负载敏感压差均为系统溢流压差；不同的是，由于 2000r/min 定转速状态下的溢流流量较大，其溢流压力为 2.88MPa，而 800r/min 定转速与分级压差控制状态的溢流压力为 2.32MPa。

图 7-41 为三种控制状态下的负载敏感压差，在先导压力阶跃信号作用下，各控制状态的负载敏感压差均瞬间下降，并随着泵出口流量的响应稳定于某一压差值。其中，2000r/min 状态下的负载敏感压差稳定在变量泵调定压差，分级压差控制状态稳定在变转速控制压差，而 800r/min 状态下的压差则降至 0.66MPa，进入流量饱和工况。由于变转速控制压差略小于变量泵所调定的负载敏感压差，因此，分级压差控制状态的稳定后的泵出口流量略小于 2000r/min 定转速状态下的流量，而 800r/min 定转速状态下的泵流量稳定在 53.9L/min。

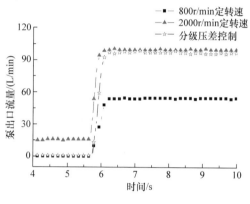

图 7-40 泵出口流量响应曲线

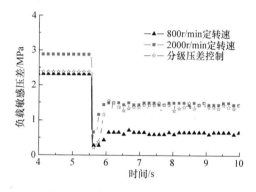

图 7-41 负载敏感压差响应曲线

图 7-42 所示为电动机输入功率响应曲线。在空载情况下，2000r/min 定转速状态的功率为 7.7kW，而分级压差控制的功率为 2.0kW，与 2000r/min 定转速状态相比，空载损耗降低了 74%。在先导压力阶跃信号作用下，2000r/min 定转速状态下的电动机功率为 18.6kW，而分级压差控制的功率为 14.4kW，能量损耗降低了 22.6%。

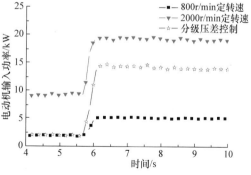

图 7-42 电动机输入功率曲线

（2）斜坡信号响应试验

同样，在电动机三种控制状态下，对多路阀其中一联 A 口施加图 7-43 所示的阶跃先导压力信号，得到图 7-44 ~ 图 7-47 所示响应曲线。

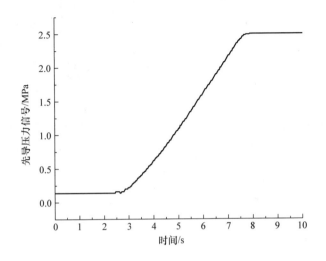

图 7-43　斜坡先导压力信号

图 7-44 所示为分级压差控制状态下，电动机转速和泵排量响应曲线，其中泵排量由实际测得泵出口流量与电动机转速估算。可以看出，随着先导压力的上升，泵排量上升至最大后，电动机转速开始升高并最终稳定在1400r/min。

如图 7-45 和图 7-46 所示，随着先导压力的上升，三种控制状态下的负载敏感压差均从溢流压差降至变量泵所设定的压差。

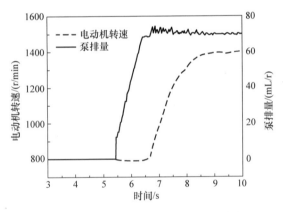

图 7-44　电动机转速和泵排量响应曲线

随着进一步的流量需求，800r/min 定转速状态的压差降至 0.6MPa，其流量增长至54.7L/min 后不再跟随先导压力增加而增加；2000r/min 定转速状态的压差由于系统流量的增加而略有下降，但整体上仍保持稳定，其流量能很好地跟随先导压力的变化；分级压差控制的压差先下降后随着电动机转速的增加稳定在变转速调定压差1.4MPa，其流量在变排量调压阶段向变转速调压阶段切换过程中出现短暂滞后，随后继续跟随先导压力的升高而增加。

如图 7-47 所示，与 2000r/min 定转速状态相比，分级压差控制状态下的电动机功率在整个过程均明显降低，即使在大流量输出情况下，仍能降低电动机输入功率 18% 以上。

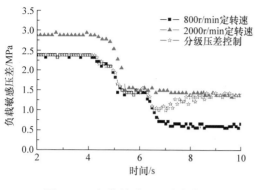

图 7-45　负载敏感压差响应曲线

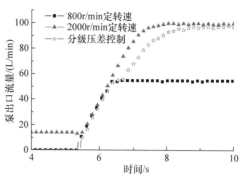

图 7-46　泵出口流量响应曲线

通过对阶跃及斜坡先导压力响应的
试验结果分析可知，分级压差控制策略
可以在较快的压差响应及较好的流量跟
随的前提下，实现能耗的显著降低。与
传统电驱动负载敏感系统相比，解决了
在低转速下的流量饱和工况问题，显著
降低了高转速下小流量需求匹配不准确
及排量波动所造成的能耗。试验验证了
基于分级压差的排量自适应 – 变转速控
制策略的有效性和优越性。

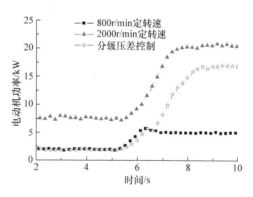

图 7-47　电动机功率响应曲线

7.3　基于变转速控制的正流量液压系统

7.3.1　基于变转速正流量控制系统方案分析

针对传统液压挖掘机在节能性方面的不足，提出了一种基于变转速控制的电动
挖掘机正流量系统。如图 7-48 所示，在基于变转速控制的电动挖掘机正流量系统
中，通过改变电动机转速来改变液压泵的输出流量，实现泵输出流量与进入执行器
流量之间的匹配，降低系统的流量损失，从而实现液压系统节能。

系统的工作原理和结构特性如下：

1）工作原理：在挖掘机工作时，电控手柄产生电压差信号，传输给控制器，
控制器对手柄电压差信号进行分析处理，然后分别输出控制信号给先导阀和变频
器，通过控制先导压力大小对多路阀的阀口开度进行控制，从而控制进入执行器的
流量。通过变频器输出控制信号对电动机进行速度控制，从而改变液压泵的输出流
量。通过对液压泵输出流量和进入执行器流量之间的匹配，减少液压系统在运行过

程中的流量损失，提高系统的节能性。

2）使用永磁同步电动机变转速控制方式驱动内啮合齿轮泵供油，发挥了电动机调速性能好和定量泵调速范围宽的优势，通过容积调速的方式实现对系统流量的控制，降低了挖掘机运行时由于流量不匹配而产生的能量损失。定量泵的效率高，可以提高系统的效率。电动机功率密度高，过载能力强，能够满足挖掘机负载多变的工况。

3）使用电控手柄对正流量系统进行控制，在电控手柄电信号的发送和采集过程中，没有梭阀组对液压信号的选择过程，减少了控制信号在液压压力信号和电信号之间的转换，提高了液压系统的控制精度和响应时间，弥补了传统液控正流量系统控制方式响应速度慢、控制精度低的不足。

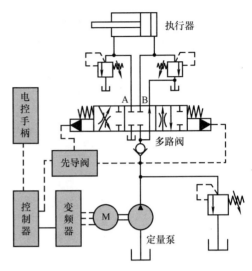

图 7-48　基于变转速控制的电动挖掘机
正流量系统原理图

7.3.2　基于变转速的正流量系统控制策略

传统电动挖掘机多采用定转速定排量和定转速变排量的节流调速系统，实现对挖掘机执行器的运动控制。其中，定转速定排量系统无法实现液压泵与执行器之间的流量匹配，造成大量的溢流损失。而定转速变量泵在工作的过程中通过改变变量泵的排量实现泵 – 负载流量的匹配，进而控制执行器的运动。变量泵具有效率低、调速范围小的缺点，尤其是排量低时，变量泵的效率会大大降低。

针对以上两种液压系统的不足，提出一种基于变转速控制的正流量系统。图7-49为基于变转速控制的正流量系统原理图，通过控制电控手柄信号同时控制泵输出流量以及多路阀阀口开度，实现泵输出流量与进入执行器流量的匹配，从而降低溢流损失。

1. 控制策略总体方案

图 7-50 为基于变转速控制的正流量系统的控制策略总体方案，该控制策略主要包括三部分：中心控制部分、容积调速部分和节流调速部分。中心控制部分由电控手柄和控制器组成，容积调速部分由变频器、变频电动机和定量泵组成，节流调速部分由先导比例减压阀和多路阀组成。控制器对电控手柄的输出信号和传感器的反馈信号进行逻辑处理和流量预估，根据逻辑运算结果向先导比例减压阀和变频器输出控制信号，分别控制变频电动机转速从而控制定量泵的输出流量；控制先导比例减压阀的输出压力从而控制多路阀阀口开度，进而控制进入执行器的流量；最终

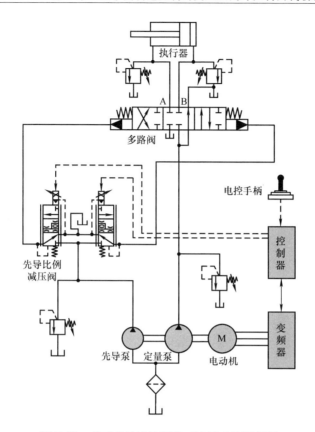

图 7-49　基于变转速控制的正流量系统原理图

实现泵的输出流量和进入执行器的流量相匹配，以达到更好的节能效果。

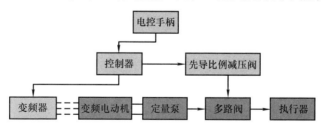

图 7-50　基于变转速控制的正流量系统的控制策略总体方案

2. 正流量系统控制规则

　　根据控制策略总体方案设计图 7-51 所示的基于变转速控制的正流量系统控制策略流程图，并对控制策略的具体规则进行设计。控制器根据电控手柄的控制信号来控制相应先导减压阀的输出压力，从而控制多路阀的阀芯位移，并对进入相应执行器的流量进行预估，预估得出的执行器所需总流量为：

$$q_m = q_1 + q_2 + \cdots + q_n \qquad (7\text{-}27)$$

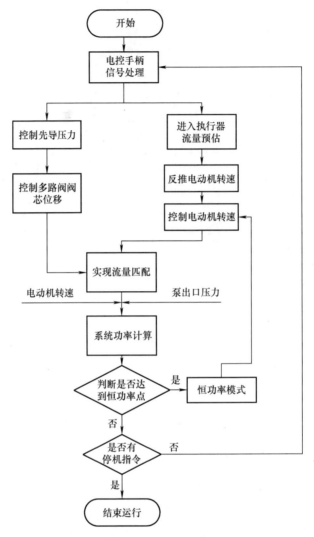

图 7-51 基于变转速控制的正流量系统控制策略流程图

式中，q_m 为预估执行器所需总流量（L/min）；q_n 为同时运行的第 n 个执行器的预估流量，$n \geqslant 1$。

根据预估流量的大小，推算电动机转速：

$$n_c = \frac{q_m}{V_p \eta_r C_y} \tag{7-28}$$

式中，n_c 为目标控制电动机转速（r/min）；V_p 为定量泵排量（mL/r）；η_r 为定量泵的容积效率；C_y 为预估转速系数，作用是保证泵输出流量有一定余量来弥补油路泄漏。

泵输出功率为：

$$P_{\mathrm{p}} = \frac{n_{\mathrm{d}}V_{\mathrm{p}}p_{\mathrm{p}}}{60000} \qquad (7\text{-}29)$$

式中，P_{p} 为主泵输出功率（kW）；n_{d} 为电动机的实际转速（r/min），从变频器读取；p_{p} 为主泵出口压力（MPa）。

将主泵输出功率与恒功率点功率进行对比，若泵输出功率小于恒功率点功率，则以正流量匹配模式进行；当主泵输出功率大于恒功率点功率时，系统切换到恒功率模式运行。

7.3.3　正流量系统仿真

1. 仿真模型

如图 7-52 所示，使用 AMESim 液压仿真软件建立了基于变转速控制的正流量系统仿真模型。仿真系统关键元件的参数设定按照某 1.5t 液压挖掘机试验平台实际执行器参数和动力系统选型参数设计，而机械结构模型方面则根据某 1.5t 液压挖掘机试验样机机械结构的实际测量参数来建立，用动态仿真研究来探索基于变转速控制的电动液压挖掘机正流量系统的操控性和节能性。

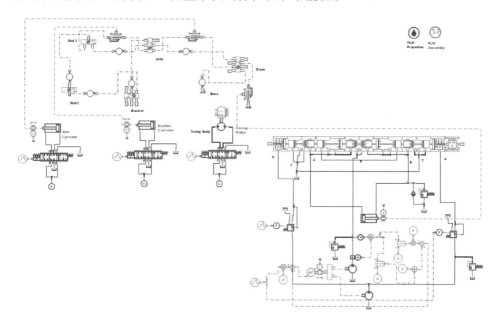

图 7-52　基于变转速控制的正流量系统仿真模型

2. 仿真方案设计

提出一种基于变转速控制的正流量系统，以取代传统液压挖掘机的定量系统，在节能性方面具有明显优势。在正流量系统流量匹配模式下，先导控制信号同时控制动力电动机转速和多路阀阀口开度。实现泵输出流量与执行器所需流量之间的匹配，减少能量损失，提高系统节能性。

选取具有代表性的斗杆液压缸作为研究对象，并对液压缸伸出 – 收回的典型运行状态进行动态仿真，验证基于变转速控制的电动挖掘机正流量系统的操控性和节能性。表 7-2 为基于变转速控制的正流量系统仿真主要参数，结合实际参数，设置主油路溢流阀安全压力为 20MPa，先导油路溢流阀安全压力为 4MPa。图 7-53 为仿真过程中液压缸两腔对应的先导压力控制信号曲线。

通过设置对比仿真模型，对基于变转速正流量控制系统的性能做进一步分析。对比仿真模型为定转速定排量的节流调速系统，该系统运行时，电动机以额定转速运行，其他参数与正流量仿真模型相同。

表 7-2　基于变转速控制的正流量系统仿真主要参数

仿真参数项		参数值
斗杆液压缸	缸径	63mm
	杆径	35mm
	行程	340mm
主油路安全压力		20MPa
先导油路安全压力		4MPa
液压泵排量		25mL/r
电动机额定转速		1800r/min

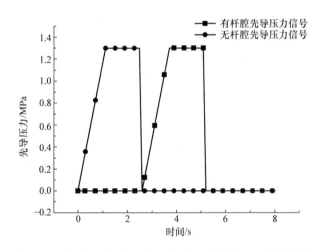

图 7-53　仿真过程中液压缸两腔对应的先导压力信号曲线

3. 基于变转速的正流量系统操控性分析

对斗杆液压缸典型运行状态进行动态仿真有利于验证所设计的基于变转速控制正流量系统和所提出的控制策略的操控性。图 7-54 为基于变转速控制的正流量系统运行过程中液压缸活塞的速度、位移曲线。由该图可知，活塞位移先增大后减小，速度先为正后为负，符合液压缸做伸出 – 收回动作的运行规律。

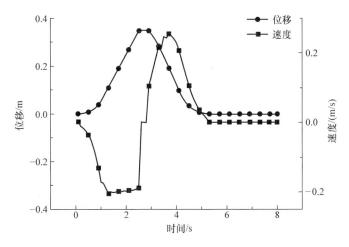

图 7-54　斗杆液压缸活塞的速度、位移曲线

图 7-55 为电动机转速与先导压力信号曲线，由该图可知，电动机转速随先导压力的增大而增大，与先导压力成正比例关系，符合基于变转速控制的正流量系统的运行特性。图 7-56 为基于变转速控制的正流量系统运行过程中液压缸两腔与液压泵出口流量曲线，由此图可知，液压泵输出流量与进入液压缸两腔流量变化趋势一致，实现了液压泵与执行器之间的流量匹配。验证了该正流量系统以及控制策略具有良好的操控性。

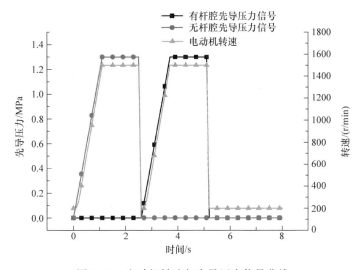

图 7-55　电动机转速与先导压力信号曲线

图 7-57 和图 7-58 分别为定转速定排量节流调速系统与变转速定排量正流量系统动态仿真过程中斗杆液压缸活塞位移和速度曲线。由这两图可知，在两种系统的动态仿真过程中，液压缸活塞的位移和速度曲线基本相同，说明该正流量系统及控

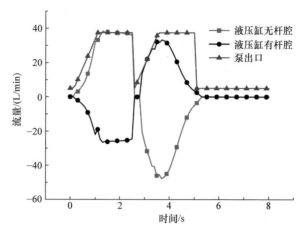

图 7-56　液压缸两腔与液压泵出口流量曲线

制策略可以保证挖掘机液压系统具有良好的操控性。

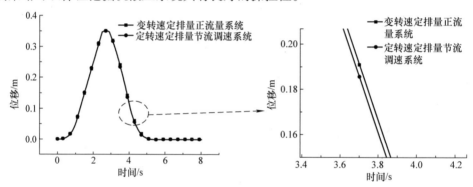

图 7-57　斗杆液压缸活塞位移曲线

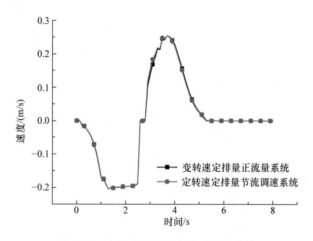

图 7-58　斗杆液压缸活塞移动速度曲线

4. 基于变转速的正流量系统节能性分析

通过对变转速定排量正流量系统与定转速定排量节流系统主泵功率、能耗的仿真结果进行分析，可以对比研究两种系统的节能性。

图 7-59 为两种系统主泵出口的压力和流量曲线。由该图可知，在执行器运动过程中，两种系统的泵出口压力随负载变化规律相同。定转速定排量节流调速系统存在较大的流量损失，变转速定排量正流量系统的流量随多路阀口开度增大而增大，减少了流量损失，节能性较好。

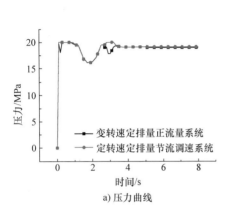

a) 压力曲线

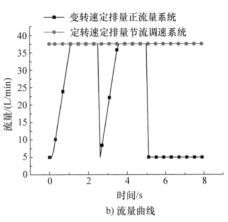

b) 流量曲线

图 7-59　两种系统主泵出口的压力和流量曲线

图 7-60 为两种液压系统主泵输出功率曲线，由该图可知，变转速定排量正流量系统的输出功率小于定转速定排量节流调速系统。图 7-61 为两种系统主泵能量损失曲线，从该图中可以直观地看出，变转速定排量正流量系统的能耗小于定转速定排量节流调速系统的能耗，具有良好的节能效果。

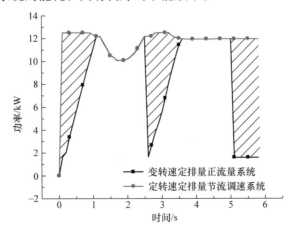

图 7-60　两种系统主泵输出功率曲线

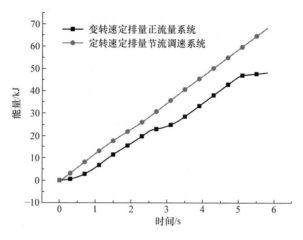

图 7-61　两种系统主泵能量损失曲线

由表 7-3 可知，在斗杆液压缸做伸出运行的动态仿真过程中，定转速定排量节流调速系统消耗能量 67.5kJ，变转速定排量正流量系统消耗能量 47.5kJ，由此可见，变转速定排量正流量系统的节能效率达到 29.6%，具有良好的节能性。

表 7-3　不同系统的能量损失和节能效率（仿真）

系统类型	能量损失	节能效率
定转速定排量节流调速系统	67.5kJ	—
变转速定排量正流量系统	47.5kJ	29.6%

7.3.4　正流量系统试验

1. 试验平台搭建

为验证基于变转速控制正流量系统的操控性和节能性，搭建了图 7-62 所示试验平台。整个试验平台由三部分组成：变转速动力系统、节流调速系统和测控系统。变转速动力系统包括电动机、主泵和先导泵，电动机驱动双泵供油。节流调速系统包括先导比例减压阀和多路阀，根据控制信号控制进入执行器的流量，调节执行器的运行速度。测控系统包括工控机、NI-PCI6259 采集卡、变频器、电控手柄、传感器和相应的线束，主要作用是对系统的相关参数进行采集和处理，并对变转速系统和模拟加载的电比例溢流阀进行控制。

如图 7-63 所示，试验台的测控系统主要由正流量控制、数据采集和电动机调速三个部分组成，正流量控制部分的核心是在上位机软件中编写的变转速正流量系统控制策略，通过对采集到的信号进行处理并输出相应的控制信号完成系统的控制。数据采集部分是基于 NI-PCI6259 采集卡配合传感器对各个系统的压力、流量和电动机转速等信号进行采集，完成系统数据的采集和监控。表 7-4 为试验过程中采集的信号及关键数据。电动机调速部分是整个系统的核心部分，主要由变频器和

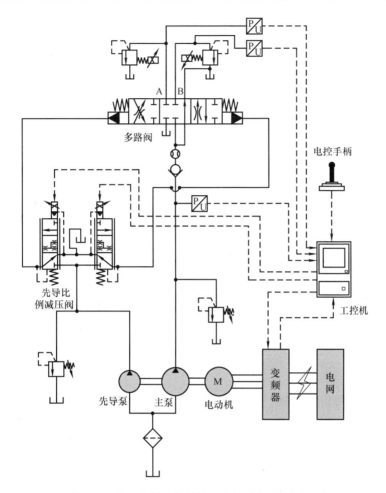

图 7-62   基于变转速控制的正流量系统试验原理图

动力电动机组成，变频器根据采集板输出的转速控制信号对电动机的转速进行实时控制。

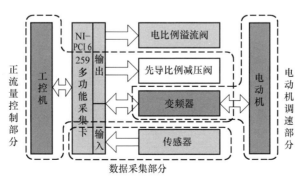

图 7-63   测控系统原理图

表 7-4 采集的信号及关键参数

采集信号	信号来源	数据范围
泵出口压力	压力传感器	$0 \sim 40MPa$
多路阀出口压力	压力传感器	$0 \sim 40MPa$
先导压力	压力传感器	$0 \sim 6MPa$
多路阀流量	流量计	$0 \sim 60L/min$
电动机转速	变频器	$-3000 \sim +3000r/min$

选用 LabVIEW 上位机软件进行数据采集界面的开发和控制程序的编写。Lab-VIEW 采用可视化的编程语言，程序简洁高效，操作简单，便于观察，可以及时了解系统运行的相关参数以便做出调整。LabVIEW 与 NI – PCI6259 采集板搭配使用切合度高，有利于系统运行和数据采集的稳定性。采集的数据可以文档的形式保存下来，有利于后期的数据处理。压力、流量传感器均采用 4 ~ 20mA 信号输出，以减少变频干扰的影响。基于变转速控制的电动挖掘机正流量系统试验平台实物如图7-64 ~ 图 7-66 所示，试验台各关键元件的性能参数见表 7-5。

图 7-64 某 1.5t 挖掘机试验平台

2. 变转速正流量试验过程设计

前面的理论分析和仿真证明了基于变转速控制的正流量系统的操控性和节能性。为对基于变转速控制的正流量系统的操控性和节能性做进一步分析，开展了相关的试验。

试验过程中对正流量系统的电动机转速、泵出口压力、先导压力和进入执行器流量等参数信号进行采集，对基于变转速控制正流量系统的操控性进行分析。与基于定转速的节流调速系统进行对比试验分析，研究基于变转速控制的正流量系统的节能性。

a) 动力单元 　　　　　　　　　　　　　b) 斗杆液压缸

c) 先导比例减压阀　　　　　　d) 加载单元　　　　　　e) 多路阀

图 7-65　试验平台实物图

a) 工控机　　　　b) 压力传感器　　　c) NI数据采集卡　　　d) 电控手柄

图 7-66　传感器与数据采集实物图

表 7-5　试验台各关键元件的性能参数

关键元件	主要参数	数值
电动机	额定转速	1800r/min
主泵	排量	25mL/r
先导泵	排量	8mL/r
先导比例减压阀	额定压力	3.2MPa
电比例溢流阀	额定压力	31.5MPa

以具有代表性的斗杆液压缸为研究对象，对斗杆液压缸典型的伸出 - 收回动作进行试验研究，图 7-67 为试验过程中电控手柄的控制信号曲线，在 0～4s 内，电

控手柄控制液压缸做伸出动作；在 4~8s 内电控手柄控制液压缸做收回动作。

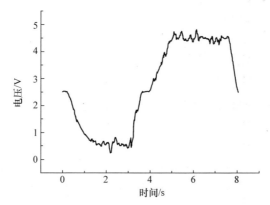

图 7-67　电控手柄的控制信号曲线

3. 正流量系统操控性分析

图 7-68 为液压缸两腔对应的先导压力信号曲线，由该图可知，液压缸两腔先导压力受电控手柄信号控制。在 0~3.2s 内，液压缸无杆腔对应的先导比例减压阀工作，先导压力增大到 3.2MPa，液压缸做伸出运动；在 3.5~4s 内，液压缸有杆腔对应的先导比例减压阀工作，先导压力增大到 3.2MPa，液压缸做收回运动。

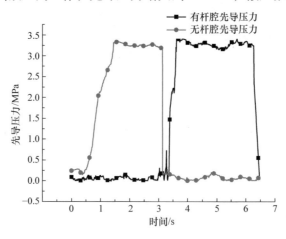

图 7-68　液压缸两腔对应的先导压力曲线

图 7-69 为基于变转速控制的正流量系统先导压力与电动机转速的曲线，由该图可知，电动机转速和先导压力同时受电控手柄信号控制，电动机转速随着先导压力的增大而增大，成正比关系，符合基于变转速的正流量系统的运行特点，验证了变转速正流量系统的操控性。

4. 正流量系统节能性分析

图 7-70 为两种试验系统的主泵输出功率对比曲线，由该图可知，在液压缸做

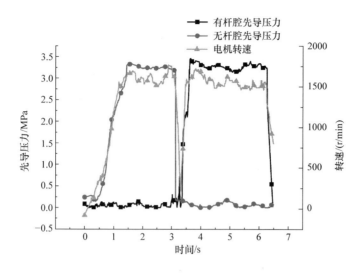

图 7-69　基于变转速控制的正流量系统先导压力与电动机转速的曲线

往复运动过程中，变转速定排量正流量系统的输出功率小于传统定转速定排量节流调速系统，瞬时功率最大降低 3kW。图 7-71 为在运行过程中两种系统的主泵能量损失曲线，由该图可知，变转速定排量正流量系统的能耗低于定转速定排量节流调速系统，节能效果良好。

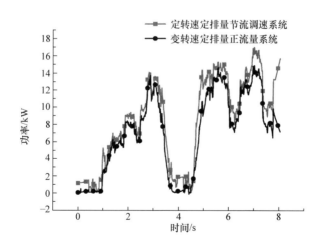

图 7-70　两种试验系统的主泵输出功率对比曲线

由表 7-6 可见，在整个试验过程中，传统定转速定排量节流调速系统能量损失为 73kJ，基于变转速定排量的正流量系统能量损失为 54kJ，与传统液压系统相比，变转速定排量的正流量系统节能效率达 26%。

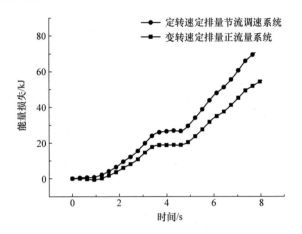

图 7-71　两种试验系统主泵能量损失曲线

表 7-6　不同系统能量损失与节能效率计算（试验）

系统类型	能量损失	节能效率
定转速定排量节流调速系统	73kJ	—
变转速定排量正流量系统	54kJ	26%

第8章 基于电动机控制的新型恒功率控制

电动工程机械动力总成对动力性能的评价指标一般体现在动态响应能力和最大输出功率能力，通过第 7 章的变压差控制，增大系统压差可提高系统的动态响应能力；与内燃发动机驱动不同，电动机峰值功率一般为额定功率的 1.5～2 倍，且动力源的最大输出功率受到蓄电池 SOC、温度等参数的影响，为提高系统最大输出功率能力的同时提高系统高效性和安全性，需要针对电传动技术的特点提出新的恒功率控制策略。

8.1 分段恒功率控制方案设计

传统的电动挖掘机对于电动机的控制一般根据传统液压挖掘机的功率匹配控制技术，模拟内燃发动机的工况选择不同的挡位进行调速，但是这种电动机控制方式并未发挥电动机优良的调速性能和强过载能力。为了在不同工况下满足作业性能要求和安全性，让电动机输出功率被液压泵充分吸收的同时使电动机功率不致过高，实现整机的高效性和安全性，一般采用恒功率控制。对于采用负载敏感变量泵的传统电动挖掘机，一般通过恒功率控制模块来实现恒功率控制功能。和传统液压挖掘机一样，在实际操作中，操作人员不可能根据实际工作情况随时调节电动机转速，只能对当前工作进行经验判断，将转速固定在某一定值，因此，这种控制方式只有一个恒功率点。

由前面的章节可知：挖掘机动力系统的工作具有周期性，且大约为二十秒一个周期，负载波动大。整机在挖掘工况遇大负载时，需要动力系统输出足够大的功率，保证系统正常工作。

电动机的强过载能力可以让电动机在遇到大功率负载时能进行短时超载工作，提高系统最大输出功率，以此来提高系统的动力性能。对于传统液压挖掘机来说，为不致在遇到大负载时内燃发动机严重降速而熄火停机，液压泵的最大输出功率一般为内燃发动机额定功率的 88%～90%；动力性能从最大输出功率来说会劣于采用同等功率等级电动机的电动挖掘机。传统电动挖掘机只是单纯地模拟内燃发动机分工况按挡位调速，虽能够利用超载能力输出系统所需的足够功率，但是动力系统工作时没有考虑到还需根据当前动力蓄电池的放电特性和电动机及其驱动器的运行状态设置液压泵的最大输出功率，从而会导致系统过载停机等故障。若传统电动挖掘机的负载敏感泵的恒功率设置点低于电动机的恒功率时，基本不会出现系统过载停机等故障，但是却不能发挥电动机的强过载能力，且需在选型时选择功率较大的电动机，这样加大了整机的装机成本。针对传统电动工程机械负载敏感系统的单一恒功率点的不足，可采用分段恒功率控制策略，实现新型电动工程机械动力系统的动力性和安全性的有机统一。

8.1.1 基于动力锂蓄电池放电特性的恒功率控制

动力锂蓄电池作为电动工程机械中的储能元件，在进行参数匹配的过程中，满足系统动力性是进行参数匹配的一个重要考虑因素。动力锂蓄电池的放电特性为：在不同阶段的剩余电量（SOC）状态下，其蓄电池的放电能力不同。SOC 越大，放电能力越强，放电功率越大。图 8-1 为某型号的动力锂蓄电池在不同 SOC 时实测得到的最大允许放电功率。

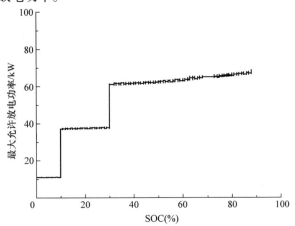

图 8-1　某型号的动力锂蓄电池在不同 SOC 时的最大允许放电功率

在传统电动工程机械中，往往只将系统工作状态作为输入条件，通过计算得出当前系统液压泵所需功率，从而控制蓄电池输出系统所需功率。但是动力锂蓄电池的放电能力也是整机运行中的一个重要影响因素，当前系统运行功率应小于蓄电池的最大允许放电功率，否则会导致蓄电池过放而缩短寿命，且动力系统无法正常运行。因此，从蓄电池寿命特性和系统运行特性的角度出发，蓄电池的当前运行状态信息也要作为输入条件，控制系统功率不大于蓄电池最大允许放电功率。当用户操作时，当前所需系统功率大于系统功率边界值时，进行恒功率控制，控制当前系统液压泵输出功率，见式（8-1），进行参数修正，使当前系统功率等于恒功率值，不致使动力锂蓄电池因过放而缩减寿命，并且保证系统正常工作。

$$P_p \leqslant P_{b\ max} \eta_b \eta_{mc} \eta_m \eta_p \qquad (8\text{-}1)$$

式中，P_{bmax} 为当前动力锂蓄电池最大允许放电功率；η_b 为动力锂蓄电池总效率；η_{mc} 为电动机控制器总效率；η_m 为系统电动机总效率；η_p 为液压泵总效率。

图 8-2 所示为动力蓄电池剩余电量由 100% ~ 10% 的放电过程实测所得的蓄电池放电效率随 SOC 的变化曲线，可根据不同的 SOC 得到对应的蓄电池放电效率。

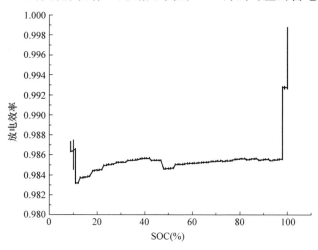

图 8-2 放电效率随 SOC 的变化曲线

针对所选的蓄电池，当前动力锂蓄电池的最大允许放电功率如下式

$$P_{bmax} = \begin{cases} 11 & \text{当 } 0 \leqslant SOC \leqslant 10\% \text{ 时} \\ 38 & \text{当 } 10\% < SOC \leqslant 30\% \text{ 时} \\ 63 & \text{当 } 30\% < SOC \text{ 时} \end{cases} \qquad (8\text{-}2)$$

当系统功率达到输出功率的边界约束点时，需要进行恒功率控制，使系统在保证动力性能的同时保证系统的安全性能。动力系统在进行恒功率控制时，需通过修正系统压差与先导压力的比例系数 k。

根据动力锂蓄电池的当前剩余电量，可知其所在的区间：

$$SOC_t \in (SOC_1, SOC_2) \qquad (8\text{-}3)$$

式中，SOC_t 为当前动力蓄电池剩余电量；SOC_1 为相同最大放电功率的剩余电量区间下限值；SOC_2 为相同最大放电功率的剩余电量区间上限值。

可判断当前动力蓄电池的最大允许放电功率 P_{bmax}，并由式（8-1）可得当前液压泵最大允许输出功率：

$$P_{pmaxt} = P_{bmaxt} \eta_b \eta_{mc} \eta_m \eta_p \qquad (8\text{-}4)$$

式中，P_{pmaxt} 为当前液压泵最大允许输出功率；P_{bmaxt} 为当前动力蓄电池最大允许输出功率。

当用户操作时，所需液压泵功率超过当前液压泵最大允许输出功率时，即：

$$P_p \geqslant P_{pmaxt} \qquad (8\text{-}5)$$

控制液压泵当前输出功率恒定为液压泵当前最大允许输出功率：

$$P_p = p_1 q_p = P_{pmaxt} \tag{8-6}$$

当前电动机的机械功率为：

$$P_m = n_m T_m = P_{bmaxt} \eta_b \eta_{mc} \eta_m \tag{8-7}$$

液压泵出口压力和流量可表示为：

$$\begin{cases} q_p = g(k,\ p_i) \\ p_1 = h(k,\ p_i,\ p_{LS}) \end{cases} \tag{8-8}$$

液压泵输出功率可根据式（8-8）表示为：

$$P_p = F(k,\ p_i,\ p_{LS}) \tag{8-9}$$

在实际操作中，用户通过调节先导手柄改变先导压力 p_i 来满足执行器的速度 v，即满足执行器对流量 q_p 的需求，而负载最大压力 p_{LS} 则取决于负载。因此可将先导压力 p_i、负载最大压力 p_{LS} 和液压泵当前最大允许输出功率 P_{pmaxt} 作为输入量，可得到当前的 k 值：

$$k = F(P_{pmaxt},\ p_i,\ p_{LS}) \tag{8-10}$$

8.1.2　基于温度控制的恒功率控制

图 8-3 所示为某电动机传感器安装位置及温度随负载变化的曲线，其中传感器的安装位置如图 8-3a 所示。转子部分有轴中心 13，轴伸侧表面 14 和风扇侧表面 15；定子绕组端部有轴伸侧 1，风扇侧 10；定子铁心槽部有轴伸侧 17，风扇侧 4；壳内空间气隙部分有轴伸侧 8，轴伸侧靠近定子绕组 19，风扇侧 20；以及电动机壳体 6。从图 8-3b 可以看出，电动机各部件的温度均随着负载功率的增大而升高。比功率大是永磁同步电动机作为电动工程机械动力总成中最关键部件的主要因素之一，正因为永磁同步电动机比功率大，容易使得在大功率运行时导致温升过高，而过高的温度会导致永磁体退磁或者寿命严重衰弱，严重影响电动机的正常运行。

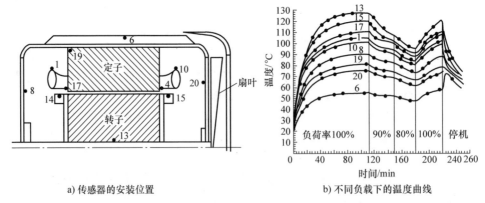

a) 传感器的安装位置　　　　　　　　b) 不同负载下的温度曲线

图 8-3　某电动机传感器的安装位置及温度随负载变化的曲线

电动机驱动器作为电动机控制的关键元件，如今在工业控制中的应用相当成熟，但是由于工程机械的工作环境恶劣，一般选择应用于新能源汽车中防护等级较高的新能源电动机驱动器。图 8-4 为实测所得的电动机以额定功率工作五分钟前后的电动机控制器温度，从该图中可以看出，电动机驱动器在大功率下温度上升快。IGBT 模块作为电动机驱动器中的关键单元，其电流容量随着温度的升高而减少，导致电动机驱动器的驱动能力降低，且温度升高到一定程度后会导致故障率增加，甚至炸裂，因此其工作时的温度是影响电动机运行时动力性能和安全性能的重要因素之一。

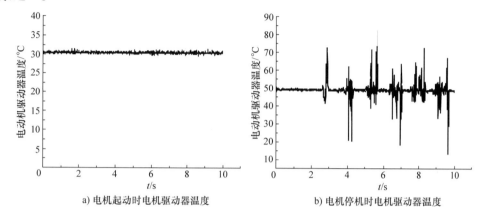

a) 电机起动时电机驱动器温度　　　　　　b) 电机停机时电机驱动器温度

图 8-4　电动机以额定功率工作五分钟前后的电动机控制器温度

与工业控制相比，工程机械的负载功率较大，电动机驱动器和电动机的功率也较大，尤其是在重载工况中，电动机驱动器中的 IGBT 模块和永磁同步电动机中的永磁体会因为温升太快，导致温度过高，从而影响电动机及其驱动器的正常运行。电动机驱动器中的 IGBT 模块和永磁同步电动机中的永磁体都有其正常工作的温度范围，当它们的温度达到其正常工作的临界温度时，进行恒功率控制，通过对系统压差与先导压力的比例系数 k 的修正来约束系统功率，从而降低电动机驱动器 IG-BT 模块和永磁同步电动机永磁体的温度，让其能够一直工作在正常工作允许温度范围内，保证整机工作的安全性。

电动机驱动器正常工作的温度边界约束条件为：
$$T_{pmc} < T_{pmc\,max} \tag{8-11}$$
式中，T_{pmc} 为电动机驱动器当前温度；$T_{pmc\,max}$ 为电动机驱动器正常工作上限温度。

电动机正常工作的温度边界约束条件为：
$$T_{pm} < T_{pm\,max} \tag{8-12}$$
式中，T_{pm} 为电动机当前温度；$T_{pm\,max}$ 为电动机正常工作允许的最高温度。

（1）峰值功率恒功率控制

为了满足动力系统的动力性能，在动力蓄电池最大允许放电功率大于电动机的峰值功率，且电动机及其驱动器温度在正常工作所允许的范围内时，一般只进行峰值功率的恒功率控制，限制液压泵的输出功率，使电动机当前功率不超过峰值功率。

峰值恒功率控制的约束条件为：

$$\begin{cases} T_{pmc} < T_{pmc\,max} \\ T_{pm} < T_{pm\,max} \\ P_{mp} \leqslant P_{bmaxt}\eta_b\eta_{mc} \end{cases} \tag{8-13}$$

式中，P_{mp} 为电动机的峰值功率。

当满足峰值功率恒功率控制约束条件时，控制液压泵的输出功率为：

$$P_p \leqslant P_{mp}\eta_m\eta_p \tag{8-14}$$

液压泵最大允许输出功率为：

$$P_{pmaxt} = P_{mp}\eta_m\eta_p \tag{8-15}$$

当液压泵当前所需功率超出其最大允许输出功率时，将当前最大功率点代入式（8-10）可确定当前的 k 值。

（2）额定功率恒功率控制

根据所测得的挖掘机典型负载载荷谱可知，工程机械的工况负载，电动机的转速和转矩波动较大，电动机频繁加减速且变化范围大，电动机及其驱动器温度上升快。当检测到电动机及其驱动器温度上升到其正常工作所允许的温度上限值时，需通过降低液压泵最大允许输出功率来降低电动机的最大允许输出功率，不再以峰值功率为参考标准。

电动机温度和电动机驱动器温度的变化趋势是相同的，电动机驱动器的驱动能力随着温度的升高而下降。当电动机驱动器的温度达到正常工作所允许的温度上限值时，不能再提供给电动机工作在峰值功率时所需的功率，此时应将电动机的最大允许功率降至额定功率，不能盲目地追求动力最大化继续以峰值功率为电动机的最大允许功率，从而降低系统的安全性能。

额定功率恒功率控制的约束条件为：

$$T_{pmc} \geqslant T_{pmc\,max} \text{ 或 } T_{pm} \geqslant T_{pm\,max} \tag{8-16}$$

当满足额定功率恒功率控制约束条件时，液压泵的输出功率应为：

$$P_p \leqslant P_{me}\eta_m\eta_p \tag{8-17}$$

液压泵最大允许输出功率为：

$$P_{pmaxt} = P_{me}\eta_m\eta_p \tag{8-18}$$

当液压泵当前所需功率大于其最大允许输出功率时，可根据（8-10）修正 k 值。

动力系统最大允许输出功率降低后，电动机及其驱动器温度并不能立即降低，且温度达到温度临界点后，系统若一直以额定功率为电动机的最大允许输出功率，会降低整机的动力性能。因此，将电动机最大允许输出功率由峰值功率降到额定功率后，电动机及其驱动器温度各自降至低于某一阈值时：

$$T_{pm} \leqslant T_{pmb} \text{ 且 } T_{pmc} \geqslant T_{pmcb} \tag{8-19}$$

式中，T_{pmb} 为电动机最大允许输出功率由额定功率回升至峰值功率的温度阈值；T_{pmcb} 为电动机最大允许输出功率由额定功率回升至峰值功率的温度阈值。

重新设定峰值功率为电动机的最大允许输出功率，当系统当前所需功率大于最大允许输出功率时，将当前最大功率点代入式（8-10）可确定当前的 k 值。

8.2　分段恒功率控制仿真

通过构建仿真模型对恒功率控制进行仿真。由于动力蓄电池和电动机控制器的模型较难建立，且由于商家产品的机密性，许多关键参数未知，因此在本书中的仿真模型无法结合动力蓄电池的放电特性和电动机及其驱动器的运行状态进行分段恒功率控制，因此采用 AMESim 仿真软件构建恒功率控制模型，如图 8-5 所示。

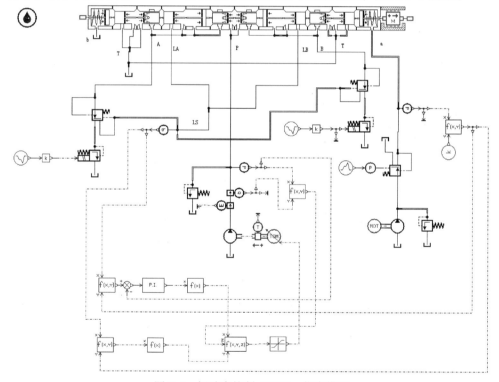

图 8-5　恒功率控制 AMESim 仿真模型

仿真模型中电动机和液压泵等部件参数按照试验平台所用的实际部件的参数进行设定，通过仿真模型验证当液压泵所需功率大于其最大允许输出功率时，能否根据多路阀出口压力、先导压力和液压泵最大允许输出功率作为输入，改变系统压差，从而控制当前液压泵输出功率等于其最大允许输出功率。

在仿真模型中，设置液压泵最大允许输出功率为 20kW，仿真时长为 20s。图

8-6 所示为恒功率控制仿真曲线，负载最大压力（LS 压力）和先导压力由人为设定。在前 10s 中，液压泵所需功率未达到最大允许输出功率时，泵出口压力和负载最大压力之间的压差、先导压力以及两者的比例系数 k 值（预设为 1）的关系符合设想：

$$\Delta p = kp_i \quad 当 k = 2 时 \tag{8-20}$$

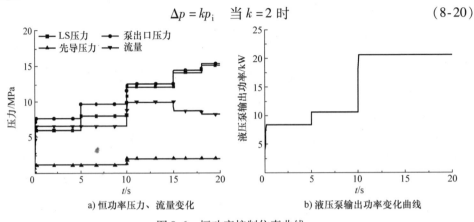

a) 恒功率压力、流量变化   b) 液压泵输出功率变化曲线

图 8-6　恒功率控制仿真曲线

从仿真曲线可以看出，仿真进行到 10s 后，当液压泵所需功率达到最大允许输出功率，此时随着泵出口压力的增大，液压泵出口流量减小，液压泵的输出功率等于最大允许输出功率。在达到恒功率点时，泵出口压力和负载最大压力之间的压差、先导压力以及两者的比例系数 k 值的关系不再符合式（8-10），将先导压力、负载最大压力和液压泵的当前最大允许输出功率作为输入量，对比例系数进行修正，改变系统压差值，从而让液压泵输出功率等于最大允许输出功率。

从仿真曲线及其分析，验证了液压泵恒功率控制的可行性。在实际系统中，通过数据采集和计算即可得到当前最大允许输出功率，只要能实现液压泵的恒功率控制就能进行动力总成其他部件的恒功率控制。因此，分段恒功率控制的方案是可行的，通过恒功率控制能提高系统的动力性能和安全性能。

8.3　分段恒功率控制试验

8.3.1　试验平台

分段恒功率控制是在变压差的基础上进行的，试验平台和变压差控制的试验平台相同。电动机及其驱动器的温度通过 PTC 接口进行采集，动力蓄电池包括最大允许放电功率等运行状态通过 CAN 通信网络进行采集。各部件的状态信息传输到整机控制器后，通过计算，可得出系统压差与先导压力的比例系数 k，最后结合变压差控制，当液压泵当前所需功率超出其最大允许输出功率时，实现分段恒功率控制。

8.3.2 试验结果及分析

（1）基于动力蓄电池运行状态的恒功率控制试验

试验过程中，首先将动力蓄电池放电至剩余电量分别为10%、30%和60%，负载由电比例溢流阀进行模拟；为方便观察系统压差的变化，保持先导压力不变。

当SOC为分别为10%、30%和60%时，通过式（8-2）计算当前蓄电池的最大允许放电功率，同时结合查表法，计算出折算到液压泵输出功率后的总效率：

$$\eta_T = \eta_b \eta_{mc} \eta_m \eta_p \tag{8-21}$$

式中，η_T为从动力蓄电池到液压泵的总效率。

试验曲线如图8-7~图8-9所示，分别是当动力蓄电池剩余电量为10%、30%和60%时的液压泵压力流量曲线和输出功率曲线。

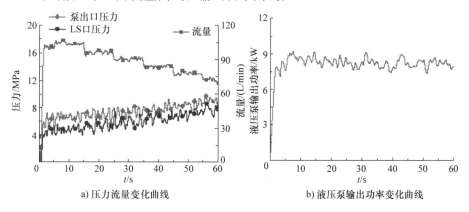

a) 压力流量变化曲线　　　　　　　　　b) 液压泵输出功率变化曲线

图8-7　SOC为10%时的试验曲线

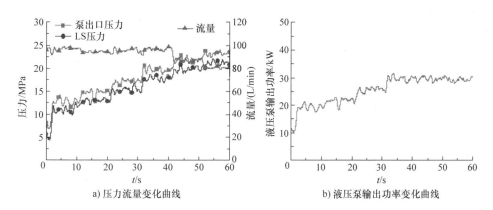

a) 压力流量变化曲线　　　　　　　　　b) 液压泵输出功率变化曲线

图8-8　SOC为30%时的试验曲线

从试验曲线中可以看出，动力蓄电池在不同的电量阶段，蓄电池放电功率未达到最大允许放电功率时，由于压差不变，流量不变，随着负载压力的增大，液压泵输

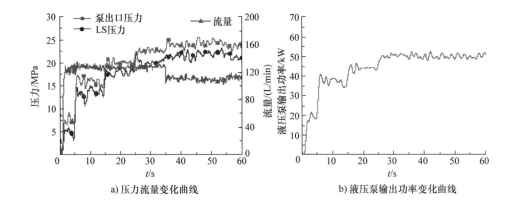

a) 压力流量变化曲线   b) 液压泵输出功率变化曲线

图 8-9 SOC 为 60% 时的试验曲线

出功率增大。在蓄电池放电功率达到最大允许放电功率时，即液压泵输出功率达到最大允许输出功率点，液压泵输出功率不再变大，随着负载最大压力的增大，液压泵流量减小，系统压差减小，且液压泵输出功率能够稳定在当前最大允许输出功率附近，使蓄电池放电功率不超出当前蓄电池的最大允许放电功率，保证蓄电池不致因放电功率不足而导致系统运行异常，且保证不因放电功率过大而损害蓄电池寿命。

（2）基于温度控制的恒功率控制试验

基于温度控制的恒功率控制主要针对动力蓄电池电量较大的情况，即动力蓄电池剩余电量大于30%时，此时蓄电池最大允许放电功率大于动力电动机的峰值功率。为方便试验首先将蓄电池充满电，通过查表法，得到动力系统总效率。

由于现有电动机及其驱动器的水冷系统散热效果较好，要使电动机及其驱动器温度达到其所允许的正常工作范围的上限值，试验时间较长，且出于试验安全的角度，本试验过程中假设电动机工作在峰值功率大概20s后，电动机及其驱动器的温度达到其正常工作的温度临界值，电动机以额定功率为电动机的最大允许输出功率，并假设20s后电动机及其驱动器温度降至可将最大允许功率升至峰值功率的温度阈值。试验曲线如图 8-10 所示。

由图 8-10 所示的试验曲线可以看出，当系统所需功率大于最大允许输出功率时，液压泵流量减小，系统压差减小，电动机功率限制在峰值功率附近。当温度达到正常工作的温度范围临界值时，将电动机最大允许输出功率由峰值功率降至额定功率，由于负载不变，因此流量下降，压差减小，电动机允许输出功率限制在额定功率附近。当电动机及其驱动器温度降至可将最大允许输出功率升至峰值功率的温度阈值时，电动机最大允许输出功率由额定功率升回至峰值功率，此时流量和系统压差变大，电动机功率限制在峰值功率附近。

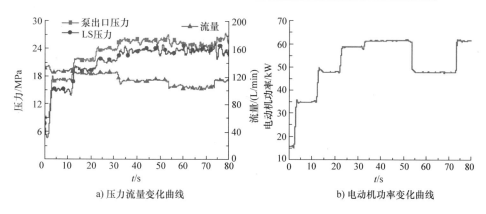

a) 压力流量变化曲线   b) 电动机功率变化曲线

图 8-10 基于温度控制的恒功率控制试验曲线

第9章　电动化工程机械典型案例

电驱动技术并不是一个新技术，但不同的时代赋予它不同的意义。近年来，随着新能源电动机、动力蓄电池等关键技术的快速发展，伴随着日益严格的排放法规和各个国家相继出台逐渐取消内燃发动机的措施，电动工程机械在未来几年内将进入一个快速发展的阶段。

目前，国外的沃尔沃、日立和国内的华侨大学、浙江大学、太原理工大学、蓝力电动、徐工、山河、三一、玉柴等均致力于电动工程机械的研究。

9.1　总体研究进展

在电动挖掘机领域，目前的研究较少，主要集中于少数公司和高校，且多以专利形式发布。在整机方面推出相关机型的有：日本的小松、日立建机、竹内，美国的卡特彼勒，瑞典的沃尔沃；中国的柳工、三一、徐工、山河智能、玉柴、华侨大学、浙江大学、太原理工大学等。日立建机、利勃海尔、卡特彼勒等国际巨头以及国内不少主机厂都有电动液压挖掘机产品。国内著名厂家和高校，如三一、柳工、山河智能、玉柴、华南重工及华侨大学等也研制了电动液压挖掘机。

总体上，关于电动工程机械的研究，由于工程机械作业工况的复杂性等原因，储能单元方面都是采用单一能源，如铅酸蓄电池、锂蓄电池或者超级电容等，并不能同时满足工程机械对能量密度和功率密度的需求；动力驱动方面，基本都是简单采用电动机代替内燃发动机驱动液压泵，在动力模式上电动机仅仅是模拟内燃发动机的功能，并没有充分发挥出电动机的优良调速特性优点；液压传动系统方面也没有对整机的电液控制系统进行专门设计。

9.2　典型样机介绍

9.2.1　改装型电动挖掘机

国内一些学者还在原来传统挖掘机基础上进行电动改造尝试，主要是直接拆除原整机上的内燃发动机系统，替换成基于电网供电的电动机驱动系统，这种改装机型由电网来供电运行，始终能够保证能源供应，使挖掘机具有强劲的动力，但是需要拉电缆线接入电网，限制了挖掘机作业的灵活性，不适用于一些无法直接接入电网的偏远地区；电网供电型电动工程机械的核心主要有两个：一个是采用伺服电动机代替内燃发动机驱动液压泵后的整机动力总成控制技术；另外一个是如何保证电动挖掘机的上车机构实现任意角度旋转。

如图 9-1 所示，该机型并没有采用动力蓄电池供电，而是采用电网直接供电。整机液压系统基本没有改变，没有采用能量回收技术，液压油散热器采用液压马达驱动，原有的内燃发动机水冷系统用来冷却电动机及其控制器。采用了一个单独的异步电动机（2.2kW）驱动空调用空气压缩机。整机大约每小时消耗 30kW·h。该机型适用于取电方便的场合。

如图 9-2a、b、c 所示，电网供电型电动挖掘机早期主要用于矿山，整机功率等级较大，电网供电装置并没有特殊设计，因此现场操作不太灵活。图 9-2d 和 e 中的供电装置经过了设计，可实现 360°旋转。图 9-2f 为小型挖掘机，自带多功能动力系统，可与 HPU300 配合使用组成双动力挖掘机。

图 9-1　华侨大学电网供电型–伺服电动机–液压泵电动挖掘机

一种较为理想的电网供电型滑环连接机构如图 9-3 所示，机构整体由支撑轴 1 进行支撑，支撑轴安装在挖掘机车体的右后方，中间通过推力球轴承配合，实现机构相对于轴的回转运动。机构外壳使用螺钉连接，导电滑环 6 安装在机构里面，滑环定子和轴配合，滑环转子和机构壳体配合，当机构作回转运动时，滑环转子可以和机构一起运动，实现滑环的功能。弯曲柱 4 和支撑柱 5 构成了上面的支撑结构，通过螺栓连接装配在上盖上面，用于连接外接电缆，使电缆具有一定高度，方便挖掘机从下方通过。整个机构如上所述用以实现电动挖掘机的全角度（360°）旋转。

a) SANY-SY485   b) Komatsu-PC8000   c) Liebherr-R9200E

d) Sunward-SWE25E   e) DOOSAN   f) Caterpillar-300.9D VPS

图 9-2   各厂家电网供电型电动挖掘机

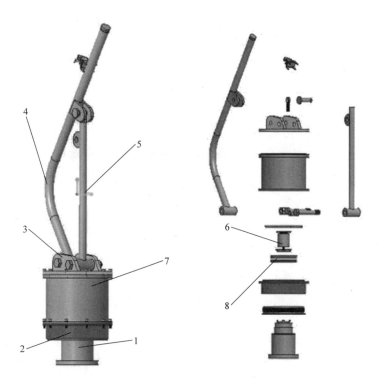

图 9-3   滑环连接机构

1—支撑轴   2—下部壳体   3—上盖   4—弯曲柱   5—支撑柱   6—导电滑环   7—上部壳体   8—推力球轴承

9.2.2   移动电源车供电型电动挖掘机

2016 年 11 月 22 日在上海工程机械宝马展中，杭州蓝力电动科技有限公司推出的高压电源分离式电动挖掘机改造方案（图9-4）。为了保证挖掘机长时间工作能力，专门设计了蓝力移动供电车（图 9-4b），为电动挖掘机不断地输送电能。在整机上，采用三相异步电动机为主电动机，在结构上设计成双伸出轴，一端驱动液压泵总成、一端通过带轮驱动各类原来的柴油机自带附件（发电机、空调压缩机等）。发电机产生 24V 电源用于给蓄电池充电；蓄电池为显示器、电气附件、冷却水泵、油箱冷却风扇、水箱冷却风扇等供电。整机增加一个电控单元，用于收发无线模块中的信号，与拖车端进行通信以控制上下电，同时控制挖掘机端的电动机工作及辅件运行。移动电源车系统主要包括蓄电池模块、拖车电缆收放装置、拖车控制模块、监控模块、无线通信模块等。该方案解决了电动挖掘机用户对蓄电池安全性方面的顾虑、蓄电池的价格也可以通过商业模式来解决。但该方案影响了机器自身移动的灵活性，比较适用于固定作业场合，不适用个体户用户。

a) 蓝力电动挖掘机   b) 蓝力移动供电车

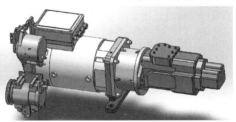

c) 电机泵总成

图 9-4 杭州蓝力的高压电源分离式电动挖掘机改造方案

9.2.3 蓄电池供电型电动挖掘机

2013 年，华侨大学研制了一台 6t 型电动液压挖掘机（图 9-5）。整机原理图如图 9-6 所示，考虑到电驱动系统对能量密度的要求和能量回收工况对充电速度的要求，该机型的能量储存单元采用了高功率型铅酸蓄电池作为储能单元，蓄电池容量为 300V，400A·h。主电动机采用异步电动机，额定功率为 40kW，额定转速 2010r/min，额定转矩 190N·m，峰值功率为 80kW，峰值转速为 3000r/min，峰值转矩为 400N·m，质量为 110kg；为整机配置了一个 DC/DC 对 24V 蓄电池进行充电。该机型每小时大约消耗电量 40kW·h。该机型的主要优点是结构简单，成本较低，但充电较慢、效率较低，无法进行高效回收各种负值负载，且体积过于庞大，寿命不高。

图 9-5　异步电动机 – 液压泵型 6t 型电动液压挖掘机

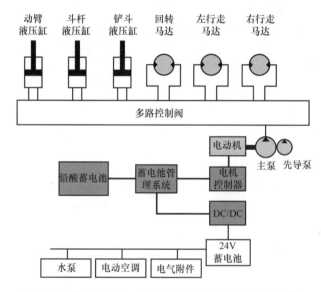

图 9-6　铅酸蓄电池 – 异步电动机驱动型挖掘机原理图

华侨大学在 2017 年又推出一台接近商业型电动挖掘机，如图 9-7 和图 9-8 所示。采用伺服电动机 – 负载敏感泵作为整机的动力源，并配置了华侨大学研制的负载敏感型专用电动机控制器，即通过负载敏感多路阀的压力检测口 LS 反馈到电动机控制器，对电动机进行负载敏感压力反馈控制，并通过液压泵出口压力、转速进行反馈，采用变恒功率模式。对整机附件（电动先导泵、水泵等）采用了专用三合一电源独立驱动。储能单元采用三元锂蓄电池，蓄电池容量在 110kW·h，蓄电池电压等级为 550V。由于专用电机泵的动态响应时间在 100 ~ 200ms 左右，因此自动怠速采用了停机控制技术。整机设定了自动模式和手动模式，自动模式比手动模式节能 35% 以上（图 9-9）。整机每小时消耗电量 12kW·h 左右，可连续工作 8h以上。

整机主要特色如下。

图 9-7　锂蓄电池供电型 – 伺服电动机 – 液压泵电动挖掘机

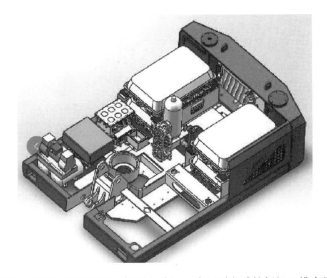

图 9-8　锂蓄电池供电型 – 伺服电动机 – 液压泵电动挖掘机三维布置图

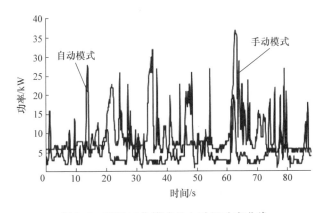

图 9-9　两种工作模式的电动机功率曲线

（1）动力蓄电池

采用磷酸铁锂动力蓄电池作为电动轮式挖掘机的电能存储单元，具有快速充电、高倍率放电寿命、动力强劲、能量密度高等优点，适合液压挖掘机的复杂作业工况、剧烈负载波动对动力源的需求。通过合理的装机电量匹配以及能量管理，电动轮式挖掘机的续航时间为 6~9h，可在 0.6~1.5h 内完成快速充电，满足挖掘机日常工作续航需求。同时，随着充电站的普及，电动轮式挖掘机可在工作间隙灵活转场充电，以抵消电动工程机械的续航短板。

（2）主电机泵

采用高频响的永磁电机泵。转速响应在 100~200ms 左右，能够快速响应挖掘机作业时负载的剧烈波动。同时，永磁同步电动机具有高效率工作特性，其效率可达 96%，使整车具备高能量利用率及优良的续航能力。

（3）控制策略

1）变转速变排量负载敏感控制。采用变转速电动机驱动负载敏感变量泵组成变转速变排量动力总成系统。通过变排量负载敏感控制，实现同时匹配负载压力和流量的负载敏感控制，即所得即所需。在此基础上，通过灵活的变转速控制，提高系统响应速度，并使负载敏感变量泵与电动机实时工作在综合高效区，克服传统负载敏感系统响应速度低，负载敏感变量泵效率波动大、能耗大的缺陷。

2）最大流量饱和优化控制。当负载敏感变量泵排量达到最大时，液压系统将进入流量饱和状态。通过电动机变转速的灵活控制，优化系统流量饱和区域，克服负载敏感系统流量饱和时各执行器速度下降的操控性能缺陷，最大程度上实现操纵手柄开度与执行器速度线性对应关系一致，提升整体的作业效率。

3）自动停机怠速控制。在变转速变排量负载敏感控制的基础上，通过自动停机怠速控制，在用户非停机工作间隙中实现自动停机怠速，减少整机能耗，进一步提升整机续航能力，并且在取消自动怠速时能迅速恢复目标转速，快速建立起目标压力。

4）整机辅助驱动优化控制。对整机辅件（液压蓄能器、散热器电动机、电动水泵等）采用优化控制策略，根据驾驶人的意图及整车状态信息判断，控制整机辅件工作在系统所需的最低功耗状态，优化整机辅件能耗，进一步提升整车续航能力。

5）高压安全故障保护。整机配置健全的软硬件高压安全保护机制，整机控制器实时监测各个高压部件的运行状态并进行故障诊断，一旦发生预警/故障情况，程序启动相应的故障保护措施，并通过显示屏向驾驶人提供预警/故障信息。高压箱、预充控制器等高压部件设置有高压硬件保护电路，一旦发生严重故障及事故时，将第一时间切断高压电源，保障驾驶人的人身安全。

日本竹内公司在 2011 年的美国 CONEXPO-CON/AGG2011 展会上推出了世界上第一台全电力式锂蓄电池供电的微型挖掘机 TB117e，如图 9-10 所示，整机质量仅为 1720kg。设备充电时间在 220~240V 电压下大约需要 6h，如果使用 110V 电压的电源，则需要 12h 才可以充满。完全充电后设备可连续运转 6h。但该机型除了以电为动力以外，液压系统与 TB016 相近。依据竹内初步试验，该电动挖掘机运行费用可较传统液压挖掘机减少 80%，排碳量减少 55%。全电动挖掘机不需要柴油燃料、也不需要更换机油、机油滤清器以及冷却剂。

图 9-10　日本竹内的电动液压挖掘机

9.2.4　电网蓄电池复合供电型电动履带式挖掘机

针对履带式挖掘机移动不灵活的特点，华侨大学在 2019 年推出了一款电网蓄电池复合供电型电动履带式挖掘机（图 9-11）。该机的原理图如图 9-12 所示，其机型可以通过电网单独供电、锂蓄电池单独供电、电网和锂蓄电池复合供电。蓄电池的容量可以根据实际作业需求动态选配。其他工作原理与电动轮式挖掘机类似。目前，日立建机、厦工和华南重工都在推出该机型。

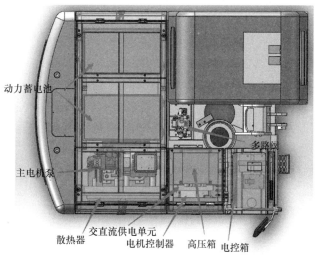

动力蓄电池

多路阀

主电机泵

散热器　　交直流供电单元　高压箱　电控箱
　　　　　　　电机控制器

图 9-11　电网蓄电池复合供电型电动履带式挖掘机

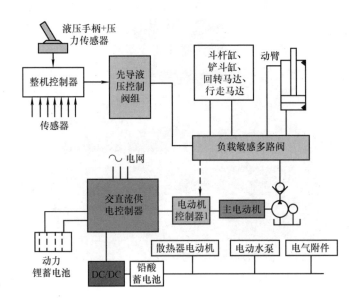

图 9-12 电网蓄电池复合供电型电动履带式挖掘机原理图

9.2.5 全电动挖掘机

如图 9-13 所示，2017 年 5 月 16 日，沃尔沃集团在英国伦敦举办了创新峰会，在现场展示了一台全电动挖掘机 EX2。EX2 挖掘机用两个锂蓄电池取代了内燃机，蓄电池容量为 38kW·h。在电能充足的情况，能够操作机器八个小时左右。该机型的最大特点是，液压结构也被电气结构所取代，从而减少了液压系统和内燃机的噪声。据介绍，该概念机能够达到零排放，能够降低 90% 的噪声水平。但是受到电动缸的功率限制，目前该方案仅能用在小吨位工程机械场合。

图 9-13 沃尔沃全电动挖掘机 EX2

图 9-13　沃尔沃全电动挖掘机 EX2（续）

第 10 章　总结与展望

10.1　总结

能耗高、排放差和噪声大一直是工程机械存在的问题，因此，在当前环境恶化日趋严重和社会能源紧缺的情况下，研究工程机械的节能技术具有重要意义。液压挖掘机作为一种典型的工程机械，其节能研究可以为同类型的其他工程机械相关问题的解决提供借鉴。

传统液压挖掘机动力系统大多数以柴油发动机作为动力机，由于挖掘机的负载波动非常剧烈，导致内燃发动机的工作点难以分布在高效区域，整机的能量利用率较低。为提高液压挖掘机的动力驱动效率，出现了各种动力节能技术，如传统内燃发动机的功率匹配技术、混合动力技术和电喷内燃发动机、液压自由活塞发动机等，虽然可以在一定程度上提高液压挖掘机的能量利用效率，但这些传统的动力节能技术仍以柴油发动机为主要动力机，能效提高有限，且难以真正实现零排放和零污染。此外，随着城市环保要求的不断提高，内燃发动机产生的噪声污染已成为不可忽视的重要问题。

鉴于传统工程机械在能耗、排放和噪声等方面的不足，量大而面广的工程机械迫切需要新技术和新方法。近年来，电驱动技术在汽车领域的成功应用，为工程机械的节能、减排和降噪提供了一条新的途径。由于电动工程机械可以很好地解决上述节能环保问题，因此，近年来出现了越来越多的电动工程机械，但绝大多数仅仅是应用在作业工况相对平缓的叉车上。而现有的电动液压挖掘机，绝大多数都是在原有整机基础上进行改装，即采用近似功率等级的电动机替代内燃发动机，供电能源采用铅酸蓄电池或者直接外接电缆由电网供电的形式。这种简单的改装仅仅是用电动机模拟内燃发动机功能，而没有发挥电动机优良的调速特性和过载能力，也没有针对电动化特点重新设计整机的电液控制系统，并不能充分发挥电驱动系统节能、减噪和零排放的优势。同时由于动力蓄电池能量密度仍不足和价格仍较高的状况，使得目前的电动液压挖掘机仍处于产业化的初级阶段，距离全面产业化还需要一段路程要走。

本书旨在从根本上解决传统工程机械能耗高和排放差的缺陷，对适合挖掘机各种复杂工况和多变工作模式的电驱动技术的关键技术、难点和未来发展趋势等进行剖析。

（1）作业型工程机械和行走型工程机械的工作特性不同

以履带式挖掘机为例，作业型工程机械的移动性能不好，且行走机构和作业机构几乎不同时工作。履带式挖掘机行走系统一般由"四轮一带"（驱动轮、导向轮、支重轮、托轮和履带）、张紧装置、缓冲装置和行走架等组成，其中驱动轮一般由液压马达 + 行星减速机或低速大转矩马达驱动。两条履带分别由液压马达驱动，可独立操作，能实现前进、后退、常规转向及原地转向等动作。因此，履带式挖掘机的行走系统电动化需要安装两个高功率密度的电动机，该电动机也需要经常工作在堵转大转矩输出模式，对电动机散热系统和控制系统提出了较为苛刻的要求，同时还需要采用专门的导电机构，实现上车机构和下车底盘的电能传输，成本较高。履带式挖掘机行走系统的工作时间较少，因而该机的电动化主要集中在作业机构，但是需要考虑履带式挖掘机不能像电动汽车一样，在蓄电池电量不足时可通过自身移动到具有充电设备的场所以解决蓄电池充电问题。

相反，行走型工程机械的行走系统移动较为灵活，以轮式挖掘机为例，轮式挖掘机需要经常转场于不同的工作场合。行走系统也是轮式挖掘机正常作业模式的一种，电动化需要同时对作业系统和行走系统进行电动化。轮式挖掘机作业系统的电动化和履带式挖掘机类似，但由于轮式工程机械的行走系统多采用内燃发动机 - 变矩器 - 机械传动单元 + 轮胎的传动方式。变矩器的效率较低，如果采用电动机代替内燃发动机驱动变矩器，其整机的性能并不理想。因此，行走型工程机械电动化需要单独设计能量传动方案和动力耦合单元等。

（2）不同吨位的挖掘机电动化技术不同

液压挖掘机按整机吨位分为迷你型（4t 以下）、小型（4 ~ 10t）、中型（10 ~ 40t）和大型（40t 以上）等四种。对于迷你型挖掘机，功率大概从几千瓦到 20kW，该类型的挖掘机最大的难点是安装空间太小，除了原来的柴油发动机安装空间外，几乎很难有多余的空间安装各个蓄电池包、电动机、整机电控单元等。此外，目前电动缸技术的快速发展，使迷你型挖掘机采用全电驱动技术成为可能。对于大型工程机械，电动机的功率等级较大，要满足单次充满电后 8 小时工作制，如果采用蓄电池供电，蓄电池包的容量将非常大，成本也较高；整机的电动机和电动机驱动器一般需要采用多电动机驱动。因此，目前的大吨位挖掘机的电动化一般基于电网供电型展开，主要应用于矿山机械中。因此，就目前的电动机、蓄电池技术，综合整机的功率等级、安装空间、经济性和技术成熟性等，更适用于中小型液压挖掘机。

（3）多电动机驱动优于单电动机驱动

与汽车不同，液压挖掘机是一个多执行器系统，包括了机械臂、斗杆、铲斗、回转和行走马达等。此外，挖掘机的工况波动非常剧烈，平均功率仅为峰值功率的30%~50%，为了动态匹配负载所需流量，在一个标准工作周期（大约15~20s）需要频繁加速/减速。对于单个电动机来说，其工作点分布在一个较大的区域，要求单个电动机的高效区域占总工作区的85%以上，较为苛刻。采用多电动机驱动方案不仅可以利用电动机过载能力强的特点，降低系统的装机功率，节省成本，而且可以根据系统压力信号预估负载功率大小，然后根据实际工况和储能单元的状态合理优化各个电动机的工作模式。因此，多电动机驱动方式比单电动机驱动方式在节能性和操控性等方面均更为优越，尤其是在中大型液压挖掘机领域。

（4）机械臂势能回收技术可进一步提高电动化工程机械的节能效果

液压挖掘机在工作过程中，整个机械臂的质量较大，动臂频繁地提升和下降。动臂提升以后，具有大量的重力势能。传统的液压挖掘机在下降过程以热能的形式耗散在主控阀节流口上，同时还导致系统发热，缩短了液压元件的使用寿命。如果能够回收与利用工作机构举升后具备的势能，可进一步提高工程机械的能量效率。

因此，针对机械臂势能，相关研究人员在液压系统中加入能量回收单元以回收重力势能，实现能量的循环利用，提高了系统效率。电动挖掘机由于动力系统中已经具备了大容量的储能单元，其最大的充电电流较大，为动臂势能回收奠定了很好的基础。所以，一般电动挖掘机采用电气式回收方法对机械臂势能进行回收。但是，在大多数电气式能量回收系统中，回收和再利用为两条不同的路径，由于回收的势能并不能通过回收单元直接驱动动臂液压缸，而是通过动力单元－液压泵－多路阀后驱动动臂液压缸，进一步降低了机械臂势能的回收和再利用的效率。

目前，日本的小松、神户制钢所、日立建机、卡亚巴工业株式会社等制造企业及科研单位先后针对电气式能量回收系统提出了多种无平衡液压缸的机械臂势能电气式回收方案。主要考虑到电动液压挖掘机具备了蓄电池等储能元件的特点，在动臂驱动液压缸的回油侧增加一个液压马达－发电机能量回收单元以及相应的节流辅助单元。当机械臂下放时，机械臂势能转换成驱动液压缸无杆腔的液压能，回收液压马达驱动发电机发电，电能经电动机控制器整流并储存在电能储存单元中。液压挖掘机动臂工作时，负载变化剧烈，加上势能回收元件的加入，改变了机械臂的速度控制模式，由阀控调速变成了容积调速。针对操作性能和优化发动机工作点，许多学者在方案上做了改进。浙江大学王庆丰教授团队提出了复合型机械臂能量回收系统方案，对关键元件液压马达－发电机进行了深入研究，并首次提出了通过液压马达－发电机代替压力补偿器的控制方法回收机械臂势能的方案，但该方案并没有针对消耗在压力补偿器的多执行器的耦合能量损失展开研究。浙江大学林添良考虑到动臂下放时间短，负载波动剧烈的特点，提出了一种基于蓄能器的新型机械臂势能复合回收系统，该方案将回收单元的功率等级降低了80%左右。中南大学、山河智能等也做了类似的研究。但是，以上各种机械臂电气式回收系统中都不能实现势能回收和再利用一体化，能量转换环节都较多。

（5）转台制动动能回收技术可进一步提高电动化工程机械的节能效果

对于液压挖掘机，转台也需要频繁地加速起动和减速制动，由于上车机构较大，在转台制动时同样也具有大量的制动动能。

在转台制动动能回收方面，目前比较典型的电储能回转平台制动能回收方案有两种：一种是转台由电动/发电机代替液压马达直接驱动，在减速制动时，制动动能通过发电机转化为电能储存在蓄电池或超级电容中；另一典型的方案是仍采用液压马达驱动，但在多路阀后的执行器回油路上采用独立的液压马达－发电机进行能量回收的节能方案。前者把回转驱动系统和能量回收系统集成在一起，对电动/发电机及其控制系统要求较高；目前国内外各大知名挖掘机企业和研究机构都采用该种方式，典型代表为日立建机、小松、浙江大学、山河智能、詹阳动力、三一、中联、柳工、吉林大学等，虽然采用电动机直接驱动转台克服了液压驱动效率较低的不足，以及通过电动机良好的调速特性保证了转台的操控性；但由于回转制动时间较短，回转驱动电动/发电机必须辅以超级电容才能快速存储和释放制动动能，该方案更适用于具备了超级电容的油电混合动力挖掘机；同时，该方案难以克服电动机在近零转速时的能量消耗较大和操控性较差的问题。而针对后者的研究，典型代表为中南大学的李赛百，华侨大学林添良等；该方案只适用于转台制动时手柄直接回中位的场合，实际上，为了制动更为平稳，驾驶人会根据转台的实际转速和制动距离动态调整手柄，而不是直接回中位；因此，回转马达制动腔的高压液压油分成两路：一路通过多路阀回油箱，造成节流损失；另外一路通过液压马达－发电机回收；因此，该方案没办法将大部分制动动能进行回收，能量回收效率较低；此外，同样更适用于具备了超级电容的油电混合动力挖掘机。

在具有平衡单元的转台制动动能回收方面，日立和三一研制的油电混合动力挖掘机就采用了电动/发电机－液压马达同轴相连的转台驱动方案。该方案在保留原有的液压马达驱动方案的基础上，在液压马达和减速器之间增加了一个电动/发电机－超级电容。在回转制动时，电动/发电机工作在发动机模式，把制动动能转换成电能储存在超级电容中，而在加速时，超级电容的电量又可以释放出来通过电动/发电机工作在电动模式辅助液压马达驱动转台。该方案在节能性和操作性方面均取得了一定的成绩。但也存在一定的不足之处，如转台的主要控制单元仍然是液压马达，电动/发电机只是辅助单元，大部分时间电动机并没有参与工作，并没有充分发挥电驱动效率比液压驱动效率较高的优点以及电动机良好的调速性能；此外，电量储能单元必须采用超级电容，才能满足转台加速和制动过程中对瞬时功率的要求。

（6）电传动技术对液压传动技术的影响

与动态响应较慢（几百毫秒）的柴油机相比，电动机具有更好的转矩和转速控制特性、更快的动态响应（几毫秒到几十毫秒）；此外，由于工程机械的功率等级较高，一般采用液压驱动。而现有的液压传动技术主要是根据柴油机的特性匹配的，并没有和电传动技术很好地匹配，主要问题如下。

1）液压泵的设计主要是基于定转速变排量控制的，其高效区间和动态响应不能适应电动机的大转速范围的频繁加减速需求。以挖掘机为例，液压泵的高效区间主要集中在1800r/min左右，流量匹配更多地基于变排量控制；而电动化后，液压泵的转速工作区间更大，如何保证液压泵在大转速范围内均处于高效区、高频响和高可靠性是需要攻克的技术问题之一。

2）目前，主流工程机械液压系统（如负载敏感系统、负流量系统和正流量系统）所用多路阀均是和变量泵的变排量机构匹配的，如何适应变转速变排量或变转速定排量系统也是需要解决的问题。

3）对于执行器来说，工程机械电动化后具备了电储能单元，这使分布式独立驱动控制成为可能，甚至可以直接采用电动缸驱动；但受限于现有电动缸的功率等级，基于液压驱动系统优点研究新型电液直线复合驱动执行器也是工程机械电动化后需要解决的一个重要问题。

（7）复合储能更适用于电动化工程机械

储能单元是制约电动工程机械发展的最为关键的因素。其主要性能指标有比功率、能量密度、循环寿命和成本等。到目前为止，电动汽车上使用的动力蓄电池经过了3代的发展。第1代是铅酸蓄电池，目前主要是阀控铅酸蓄电池（VRLA），由于其比能量较高、价格低和能高倍率放电，是目前唯一能大批量生产的电动汽车用蓄电池。第2代是碱性蓄电池，主要有镍氢（Ni-H）、镍镉（Ni-Cd）、钠硫（Na/S）、锂离子（Li-ion）和锌空气（Zn/Air）等多种动力蓄电池，其比功率和比能量都比铅酸蓄电池高，因此此类动力蓄电池在电动汽车上使用，可以大大提高电动汽车的动力性能和续航里程；但此类蓄电池价格却比铅酸蓄电池要高出许多，并且能量密度仍然不够保证整机的作业时间。第3代是以燃料蓄电池为代表的动力蓄电池，如氢燃料蓄电池等；燃料蓄电池可以直接将燃料的化学能转变为电能，能量转变效率高，比能量和比功率都比前两代蓄电池高，并且可以对反应过程进行控制，能量转化过程可以连续进行，因此是理想的汽车用动力蓄电池；但目前还处于研制阶段，一些关键技术还有待突破。

与汽车相比，工程机械的工作环境和工况恶劣许多，工程机械的电驱动系统不仅要保证每次充满电后的工作时间，还要保证重载挖掘时的爆发力；此外，由于外负载剧烈波动，致使电动工程机械中的储能单元经常工作在深度充放电状态，这就对储能单元的充放电次数提出了较为苛刻的要求。因此，电动汽车上使用的单一储能单元的能源形式不能直接移植到工程机械上使用，同时由于目前动力蓄电池发展的技术瓶颈使得各类储能单元均具有明显的优缺点。为了使电动工程机械更具市场竞争力，结合工程机械的液压传动系统优势，采用复合能源代替单一能源的形式，即选用能量密度高的电量储能单元和功率密度高的液压储能单元组合成电动驱动系统的复合能源，电量储能单元保证工作时间（续航能力），液压储能单元保证动力性能（爆发力）。

10.2　电动挖掘机技术发展瓶颈与难点

（1）作业时间、成本和安装空间如何兼顾

充满电后最长的作业时间（类似电动汽车的续航能力）是用户最为关注的性能指标，甚至比传统的内燃发动机驱动型工程机械还更为重要。毕竟对柴油机而言，没油了可以通过加油的方式补油。而电动机驱动型还需要预留一定电量保证整机的充电工作模式。而影响充满电的作业时间因素主要包括蓄电池、电控、电动机、液压系统等。其中，动力蓄电池作为电动挖掘机的动力核心，承担着作业时间主要的依赖因素，简单而言，蓄电池容量越大所能提供的电量自然更多。然而，并不能无限制地通过增加蓄电池数量来解决作业时间问题，原因如下。

1）与汽车不同，动力蓄电池数量增加导致蓄电池的质量增加，虽可以通过合理设计配重，并不会导致整机的质量增加，但动力蓄电池的增加需要足够的安装空间。从整车空间来看，电动挖掘机基本已经在各自整机尺寸可操作范围内尽可能地安装蓄电池，来保证最长作业时间与体积的平衡。就目前蓄电池的能量密度，在不改变外观的前提下布置满足 8 ~ 10h 工作的动力蓄电池几乎已经是极限，尤其是小型工程机械，几乎很难布置多余的蓄电池。

2）动力蓄电池增加还会提升蓄电池管理难度。首先是电耗值控制，它将决定电能利用效率，进而影响作业时间长短。其次，蓄电池数量的增加对蓄电池充电控制提出更高的要求。越多的蓄电池意味着更长的充电时间，尤其是会增加分段式充电难度。再次，蓄电池包的热管理难度会增大，越多蓄电池意味着自燃风险成倍提升，目前大容量的动力蓄电池几乎都采用了液冷系统。

3）动力蓄电池的增加也是需要成本的。以电动挖掘机常用的磷酸铁锂蓄电池为例，目前价格为 1000 ~ 1500 元/kW·h。8t 电动挖掘机每小时耗电大概在 15 ~ 20kW·h；若需要增加一个小时工作时间，则蓄电池需要增加 15 ~ 20kW·h，成本也会相应地增加 1.5 万 ~ 3 万元。

当然，保证充满电后的整机作业时间，除了蓄电池本身的性能和质量外，整机的电控系统同样重要。对于传统的液压挖掘机，整机效率只有 20% 左右，一方面是动力源（内燃发动机）的效率低，另一方面液压系统的效率也只有 35% 左右。因此，如何保证蓄电池、电机泵、液压系统和整机的附件系统等综合效率最优，在保证系统操控性的前提下，尽可能降低蓄电池的峰值电流、尽可能让蓄电池的工作温度处于其最优范围、尽可能延长蓄电池寿命也是其主要的控制目标。在相同配置的情况下，整机节能 10%，蓄电池寿命增加 1 年以上，对提升电动挖掘机的市场竞争力也具有非常重要的意义。

（2）慢充、快充还是其他充电方式

当前，电动汽车充电设施可大致分为如下三类。

1）AC 充电（level 1 或 level 2）：AC 充电系统中，车载逆变器将交流电转为直流电，然后可通过 level 1 充电器（美国家用插座，针对 120V）或 level 2 充电器（针对 240V）为蓄电池充电。输出功率大概从几千瓦到 25kW 之间，成本也较低，是目前慢充的主要充电方式。如果整机停机时间长，采用 AC level 1 和 level 2 的充电方式非常理想，最适用于家庭和工作场所的充电。可以利用整机停机时间对蓄电池进行慢充，尤其是夜间充电，电费也更为低廉。而慢充的方式对蓄电池的损伤也最小，可以提高蓄电池的使用寿命。

2）DC 充电（level 3 或直流快充（DCFC））：直流充电系统可将来自电网的交流电转为直流电，充电时无需逆变器。通常被称为直流快充或 level 3，输出功率为 25～350kW。DCFC 充电器适用于快速充电的场所，如电动汽车应用较多的高速公路的服务区、城市定点充电站等。但是，由于电动挖掘机为一个非道路移动机械，其充电设备一般需要根据工程施工的需要在施工现场安装 DCFC 充电设备。目前，国内很多矿场、码头、钢铁厂、化工厂等固定场合也具有大量的传统工程机械需要电动化改造的需求，该类型完全可以安装 DCFC 充电设备对电动工程机械进行充电。

3）无线充电：一般采用电磁波为蓄电池充电。通常存在一个充电板连接壁式插座和依附于整机的金属板。当前技术适用于 level 2 充电器，能够提供最高 11kW 的输出功率。

充电设备的输出功率决定着蓄电池充电的速度。对于电动汽车，可以多种方式在多个地点充电，如家庭、工作场所、公共充电桩、长途旅行的高速公路上。基本上，家庭、工作场所以及长途旅行充电器理论上可以覆盖电动汽车拥有者的全部电力需求。不过，也存在一些情况需要公共充电桩，例如，没有在家里或工作场所完成充电的。若需求超出蓄电池能够提供的续航里程，驾驶人也需要利用公共充电桩进行快速充电。对没有家庭充电设施的消费者，对公共充电桩的需求更为强烈。

但是对于电动挖掘机，作为一种典型的非道路移动机械，并不能像汽车一样往返于各公共场所的充电设施，更多地依赖于工作场所和家庭。对于个体户，如电动轮式挖掘机，可以采用慢充的方式在晚上为整机充电，家庭充电也更实惠。这是因为多数充电发生在夜间，而此时恰恰是非高峰用电时刻，电价更低。而对于工作场合，由于工程机械的作业模式具备了几十台甚至上百台挖掘机同时同一地点作业的场景，施工方完全可以自行配置快充的充电设施。

（3）基于机电液的动力系统能量管理及功率分配策略研究

电动挖掘机是一个机电液复杂驱动系统，多数电动挖掘机包含多个电动机、多个液压泵及多个执行器，整机的能量流动也较为复杂。动力能量传递链路有三种形式：一是由电量储能单元输出能量驱动执行器运动需要经过电能－机械能－液压能－机械能的多次能量转化；二是通过电动机－机械传动单元直接将电能转换成机械能驱动负载；三是当液压储能单元能量储存充足时，直接经过液压能－机械能的能量转化来驱动执行器运动；四是根据制订的控制策略，电能经电动机与液压泵转化的液压能和直接由液压蓄能器释放的液压能进行能量耦合来共同驱动执行器运动。

为了提高能量利用效率，不同的工况需要不同的控制策略，不同的控制策略又会造成不同的能量传递形式，均需要对能量进行综合管理，合理进行功率分配，以提高能量的利用效率。因此，开展能量管理及功率分配策略是电动挖掘机的一个技术难题。

（4）整机安全技术

如图 10-1 所示，与电动汽车类似，跟内燃发动机驱动挖掘机的能量形式相比，电动挖掘机的能量形式主要包括新增化学能、高压电能、磁能及相互转化形式，这就增加了安全隐患。化学能易燃烧、易污染；磁能对人体有潜在伤害、对环境及设备存在干扰；尤其是电能高电压、大电流，直接对人体或设备构成安全威胁。

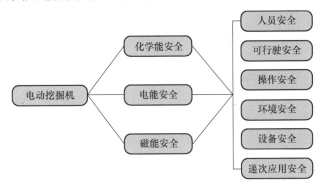

图 10-1　挖掘机电动化后新增的安全隐患

对于电动挖掘机，不仅具有电动汽车的安全隐患，同时高温、大于 $10g$ 的振动、高压直流电是影响电动工程机械安全性的主要因素。以高温为例，当动力蓄电池安装在工程机械底盘上时，蓄电池的安全性是最值得关注的技术。比如，动力蓄电池的工作温度一般为 $20\sim60℃$，然而，工程机械经常在环境温度为 $40℃$ 以上的场所作业，在如此苛刻的环境中工作，如何保证蓄电池的安全性是一项需要解决的技术难题。

（5）整车热平衡

液压系统、电动机、电动机控制器及蓄电池等均需要冷却，且各个部件的最佳工作温度不同；同时，一台整机上一般具有多套电动机和电动机控制器。因此，整机的热管理开发和各个系统热管理的有效整合，实现对能量的更高效的管控是电动挖掘机需要解决的一个技术难题。

1）散热器是电动挖掘机冷却系统中不可或缺的重要部件。而电子风扇式散热器又是电动汽车冷却系统中不可或缺的重要部件，其作用是将电动机与相关控制单元、蓄电池、液压系统等所产生的多余热量经过二次热交换，在外界强制气流的作用下，从高温零件所吸收的热量散发到空气中的热交换装置。因此，电子风扇式散热器的性能将直接影响整机与控制单元的散热效果，直接影响整个系统能量的消耗，影响其动力性、经济性和可靠性，乃至其正常工作和安全行驶的问题。

2）电动空调压缩技术。电动挖掘机取消了内燃发动机，没有内燃发动机冷却液的余热作为热源，这对电动挖掘机驾驶室采暖来说是一项很大的挑战，同时也为其他加热方式带来了发展机遇。目前，可以考虑燃油加热方式、电加热方式和热泵加热方式来解决电动挖掘机驾驶室采暖的问题。

使用燃油加热方式在提供舒适环境的同时，不影响电动汽车的行驶里程，在当前蓄电池性能不够理想的情况下，该方案可作为电动汽车驾驶室采暖的过渡方案；电加热方式在蓄电池性能发展到理想水平的情况下，会具有很高的可行性；热泵加热方式的加热效率高于电加热且不产生尾气排放，是今后在电动汽车驾驶室采暖方面继续研究与开发的重点，提高电动空调压缩机性能与优化热泵系统控制技术是该方案的难点。热泵加热方式与电加热方式配合使用，可以扩展热泵系统的应用范围。

（6）蓄电池的后续处理

以目前的电动汽车为例，始于2014年的电动汽车规模化，在经历了5~8年的生命周期后，于2018~2019年开始进入动力蓄电池大规模报废期。根据中国汽车技术研究中心的预测，2018~2020年，全国累计报废动力蓄电池将达12~20万t，到2025年或达35万t。相关机构预测，动力蓄电池回收利用市场规模将在2020年达到65亿元左右，其中梯级利用市场规模约41亿元，再生利用市场规模约24亿元。到2023年，市场规模合计将达到150亿元，其中梯级利用的市场规模约57亿元，再生利用市场规模约93亿元。

为促使动力蓄电池回收步入正轨，工信部等七部委联合发布的《新能源汽车动力蓄电池回收利用管理暂行办法》明确指出，汽车生产企业作为责任主体，应建立动力蓄电池回收渠道，负责回收新能源汽车使用及报废后产生的废旧动力蓄电池。

从利用方式来看，一是退役蓄电池梯级利用，使其在低速电动车、分布式光伏、储能等领域发挥余热；二是废旧蓄电池资源化处理。然而动力蓄电池种类繁多，结构复杂，拆解难度大，环保、安全风险高。

（7）标准－测试

目前，电动挖掘机刚处于起步阶段。从关键零部件到整机，都缺少针对电动挖掘机的相关测试。针对电动挖掘机的测试，需要针对电动化的特点，结合电动汽车的测试标准，在走向产业化之前需要完成以下测试。

1）电磁兼容性测试。为了保证整车各电气元部件不受环境电磁场和其他电气元部件的电磁信号干扰，保证整车操作的准确性；同时不产生对人体和环境有影响的电磁干扰，应进行各整车各电气元部件和整车关键位置进行电磁兼容性测试。

2）防水、防尘测试。电动工程机械常在野外恶劣环境下工作，灰尘较多，还会遇到涉水、雨天等情况，因而电动工程机械需要进行整车和高压零部件的防水防尘测试，保证整车在恶劣的工作条件下能够正常工作，且保护操作人员的安全。

3）热平衡测试。整车高压电气元部件和液压系统受温度影响较大，若整车热平衡失效不仅会导致效率低，甚至会发生自燃等危险。因此，对电动工程机械的整车热平衡测试是非常必要的。

4）整车绝缘测试。为了操作人员的人身安全和高压零部件的正常运行，进行整车绝缘的测试是很有必要的。

5）高原测试。燃油车变成电动车后，在高原的低压低氧环境下，蓄电池及热平衡都会受到影响，导致能量利用率降低，甚至无法正常工作。因此，对电动工程机械进行高原测试是有必要的。

6）电气元部件固定、连接和安装装置的可靠性测试。由于工程机械的负载波动大，整车的振动、颠簸和碰撞较频繁，为了使整车长时间正常工作和驾驶人的操作安全，整车的元部件包含电气元件的电气、机械、管路的固定连接和安装都需要进行整车可靠性测试和疲劳寿命测试。

7）防雷击测试。由于工程机械常在空旷的野外工作，不能排除遭受雷电的风险，因此，有必要进行防雷电的测试。

8）抗振、冲击和碰撞测试。由于工程机械的工况恶劣，负载波动大，会产生较大的振动和冲击，为了整车高压零部件的安全使用和寿命，需要进行抗振和耐冲击测试。

9）CAN 总线通信品质测试。工程机械电动化后，三电系统还有 DC/DC 变换器等电气集成度高，为了保证整车的精准控制和安全操作，进行 CAN 总线的品质测试是非常有必要的。

10）耐热测试。电动工程机械长时间在高温条件下工作，会导致能量利用率降低、整车热平衡失效、电气元部件损坏等问题，因此需进行耐热试验。

11）耐寒测试。电动工程机械在低温条件下工作，会导致能量利用率降低、整车起动异常等问题，因此需进行耐寒试验。

12）整车性能测试分析。它主要指的是能耗、续航时间和动力性能测试。本测试验内容主要针对与同等吨位传统燃油工程机械的能耗、各项动力性能和续航能力进行对比，让客户有较为直接的感观。

13）整车耐盐雾测试。

在沿海、港口和酸雨地区，电动工程机械长期工作会受到盐雾的腐蚀，导致电气元部件，包括电缆、信号/控制线出现绝缘等故障，因此，对整车进行耐盐雾测试是非常有必要的。

10.3 未来发展趋势

鉴于工程机械能耗高、排放差、用量大的特点及内燃发动机驱动型动力系统在节能、减排、降噪等方面效果有限，基于目前新能源技术的发展趋势，研究电动工程机械具有较好前景，不仅对于提高我国工程机械产品的竞争力意义重大，而且对于缓解环境污染和能源危机也具有深远的社会意义。

本书首先对电驱动系统的多种动力复合模式进行探索研究，得出目前适合工程机械发展的典型双能源双电动机整机系统特点，然后针对怠速工况提出了一种负载压力适应型自动怠速系统，最后重点对新型自动怠速系统的工作原理、关键元件参数设计、控制策略等方面进行了一定的研究，取得了一些有意义的成果，但是对电动工程机械的研究仅仅是一个开端，鉴于未来能源发展的趋势和工程机械节能减排的重要意义，开展深入持续的研究是很有必要的，根据作者研究工作的总结以及研究过程中的心得体会，建议进一步开展以下方面的课题研究。

10.3.1 电机泵一体化及大转速范围高效、高动态响应

电机泵是电动挖掘机中一个最为重要的关键动力元件。目前的电机泵单元一般由分立的液压泵和电动机同轴机械连接，该结构安装复杂且体积庞大，转动惯量较大，不适用于频响要求较高和安装空间有限的电动挖掘机。为了满足实际应用的要求，需进一步研究两者的结构集成，开发专用的电机泵单元，有效减小安装体积，提高动态响应性能。一般可以从以下几个方面考虑。

（1）大转速范围内的高效、高动态响应和高可靠性

考虑到电动机驱动液压泵的转速范围较大以及需要频繁对液压泵加减速的特点，研究液压泵在不同转速区间的工作特性，需要研制大转速范围高效、低噪声、高可靠性和高动态响应的电机泵总成。

（2）充分发挥液压功率密度比电磁场高的特点

以异步电动机为例，相同功率的异步电动机和液压泵相比，两者的质量比大约为 14∶1，而体积比约为 26∶1，转动惯量比约为 72∶1（转动惯量 = 质量×半径^2）。虽然近年来永磁同步电动机技术的快速发展，尤其是在功率密度方面已经越来越高，但仍然和液压单元存在一定的差距。

（3）利用液压油对电动机进行冷却

电动机在机电能量转换过程中所产生的损耗最终转化为电动机各部件的温升，行走工程机械用电动机体积较小、电动机散热环境恶劣，其运行时会产生较高的单位体积损耗，带来严重的温升问题，从而影响电动机的寿命和运行可靠性。改善冷却系统，提高散热能力，降低电动机的温升，提高电动机的功率密度是必须要解决的主要问题。目前最常见的冷却方式有风冷、水冷、蒸发冷却等，对于大功率、小

体积或高速电动机通常采用水冷方式。水冷的实质是将电动机的热量通过冷却结构中的水带到外部的散热器，然后散热器通过风冷将热量散到周围环境中，这样解决了电动机本身的散热面积不足、散热周围环境不好等问题。水冷系统能够使电动机维持在较低的温升状态，提高电动机运行可靠性；水冷系统可以使电动机选择更高的电磁负荷，提高材料利用率；此外，水冷电动机损耗小、噪声低和振动小；但总的来看，水冷技术比较复杂。一个好的水冷系统必须保证电动机能够有效降温，且要保证散热均匀性。另外，水冷系统必要要有较小的压头损失，从而可以降低水冷系统驱动水系的能耗。

传统风冷电动机的冷却效果一般，电流密度也一般约为 $5 \sim 8$ A/mm^2，因此，采用风冷电动机的体积和质量都较大，噪声也较大。而采用水冷/油冷后，水冷电动机外壳是经过防锈处理后的双层钢板焊接而成，在外壳夹层内不断地通循环的冷却水，把电动机运行时产生的热量几乎全部带走，达到使电动机对外界几乎不散发热量的效果。电动机的电流密度可以达到 $8 \sim 155$ A/mm^2 以上，电动机的体积和质量都可以更小，噪声也较小。当然，液压泵和电动机一体化后，可以利用液压油对电动机进行冷却，但必须考虑到液压油的黏度较高和液压油容易受污染等特点。

10.3.2　集液压参数反馈的电动机控制器

工程机械的作业工况复杂多变、周期性强，工业变频器及电动汽车电动机控制器都不能很好地移植到电动工程机械上。目前，对电动工程机械专用电动机控制器展开研究的高校及企业较少，市场上相应的成熟产品也较少，使得电动工程机械的控制性能受到了一定的限制。而几种常用的电动机控制策略主要侧重研究电动机的磁链或转矩性能，更加注重通用性。对工程机械这类工况复杂、负载波动大的控制对象，应将传统电动机控制算法结合智能控制进行改善以满足工程机械的工况与负载要求。针对作业型工程机械（挖掘机）的电机泵输出压力、流量需求特性，研究基于压力环、转速环和电流环的电机泵控制策略，研制专用集液压参数反馈的电机泵驱动器。

10.3.3　电动机直驱式电液复合缸

当前执行器的驱动方式主要包括电动机驱动、气压驱动和液压驱动等。电动机驱动执行器的效率和运动控制精度等方面取得了明显优势，但受到导磁材料的磁饱和性能影响，电动机精密驱动的功率输出能力相对有限。气动方式虽然节能环保，但工作压力等级较低、稳定性较差，因而电动机驱动和气动都较少应用于大功率装备驱动系统中。

液压驱动由于具有输出力/转矩大、功率密度高和过载能力强等优势，在工程机械、航空航天和装备制造等领域得到了广泛的应用，但也存在控制不够精细和能效低的不足。液压驱动系统按照控制方式的不同可以分为阀控系统和泵控系统。

阀控系统通过液压阀的流量控制来实现执行器的速度和位置控制，由于电液比例阀和伺服阀具有较高的频宽和响应速度，可以实现较高的运动精度。但阀芯联动造成的进出油口的节流损失使得阀控系统的能效较低。

泵控系统由于泵出口流量与执行器所需流量匹配，系统的节流损失大大降低，节能性优于阀控系统。泵控系统根据液压泵的流量调整方式分为定转速变排量、变转速定排量和变排量变转速三种。定转速变排量系统的变量泵排量调节机构结构复杂，系统响应时间较长，且电动机在小功率负载下效率较低。变转速定排量系统通过控制转速实现流量匹配，并且当系统无负载时电动机可以停机工作，因而具有更好的节能性；但系统也存在动态响应慢，且低速时控制特性较差、效率较低的问题。变转速变排量泵控系统通过转速和排量的双重控制，避免了电动机低速运行时控制特性差以及小流量大转矩负载下电动机效率低等问题；但由于系统的频宽较低，在大流量和高动态需求下，系统动态响应速度和运动跟踪精度均难以媲美阀控系统。

综上所述，阀控系统由于电液比例阀和伺服阀具有较高频响，为实现执行器的良好控制性能奠定了基础，但系统能效较低；泵控系统可实现较高的系统能效，但其动态响应较慢，限制了系统控制性能的提升。液压驱动难以兼顾高性能和高能效。考虑到电动机驱动和液压驱动各自的优势与不足：电动机驱动效率高控制精度高，但难以实现液压驱动同等的功率密度；液压驱动输出力/转矩大、功率密度高，但难以实现电动机驱动同等的控制性能。因此，工程机械电动化后，整机已经具备电驱动的能量源，但考虑到工程机械的功率等级较大和自身为液压驱动的特点，综合电动机驱动和液压驱动的优势，提出新型电动机直驱和液驱复合驱动与再生一体化的电液驱动系统，采用电动机–泵源–液压缸–液压蓄能器来同时保证高功率密度、高精度和高能效的目标，采用电动机通过机械传动耦合单元（直线电动机）易控制、精度高的特点，直接驱动液压缸活塞，实现活塞双向高精度运动，利用液压复合驱动液压缸活塞来实现高功率密度和快速响应；负值负载工况下，结合电动/发电机的发电功能和液压蓄能器实现能量回收和再生一体化。能量的回收和再利用途径一致，所回收的能量在释放过程中无需单独设置回路，减小了能量转换环节，大大提高了能量回收和再利用的效率。

10.3.4 机电液高度一体化趋势

电动挖掘机动力总成已经开始往一体化的趋势进行演变，电力电子的许多部件在物理上整合，并被集成到更少的模块中。目前不同企业对工程设计的考虑，尚未出现一个共识性的整合方案。从电动挖掘机的整个集成度提高来看，电动挖掘机的核心部件和连接的电缆、油管等将会快速下降。图 10-2 是电机泵一体化动力总成。

图 10-2　电机泵一体化动力总成

10.3.5　智能化

信息化、电动化、智能化是未来挖掘机发展的重点。在挖掘机产品电动化水平不断提高的情形下，挖掘机的工作稳定性、性能要求和故障诊断的复杂性也在不断提高，因此，必须提高挖掘机故障检测的可靠性、安全性、实时性。未来更加先进的技术手段将替代过去那些依靠人工进行设备检查、预警的工作。数据远程采集和故障诊断技术，是工程机械信息化、智能化研究的重点。所以，工程机械的主流发展方向是将传统挖掘机与现代的远程采集、GPS 定位、无线数据传输、远程控制以及远程故障诊断等技术相结合，实现智能化的工程施工、高效率的故障诊断、科学的管理等。同时，由于挖掘机的工作环境通常都比较恶劣，对于电动化的电动挖掘机而言，引起故障的外部因素很多，常见的如振动载荷、雷击、尘土、雨水等。电动挖掘机的施工地点一般离维修厂比较远，当发生故障时，由于地点和人员的限制，传统的诊断方法不能对故障进行及时、有效、准确的诊断，只能送到维修厂进行处理，这样将会导致挖掘机维修进度慢，影响施工进度，造成经济损失等。如果能在挖掘机发生潜在故障时，对其进行有效的维护和预测，将会大大减小维修时间和成本，大大减少经济损失。因此，电动挖掘机的远程故障诊断与监控系统符合当前工程机械信息化和智能化的发展趋势。

而电动挖掘机又会极大地推动智能挖掘机的广泛发展和使用，具体原因如下：重视技术的早期使用者希望一台车辆能同时具备电动和智能化这两种创新功能；电动挖掘机（如电控化技术）更容易实现智能化功能。

10.3.6　无线充电技术

随着新技术无线充电的诞生，未来电动挖掘机的用户偏向于这类充电方式，解决了电动挖掘机移动不灵活以及整机质量大，因移动充电而需要消耗大量电量的不足问题。但目前的无线电充电技术很难达到像手机通信设备一样随时随地地充电。

目前几种可行的无线充电方式主要是实现了无需使用充电电缆的特点，但均依赖于某特殊设备，难以实现随地充电的要求，不适用电动挖掘机领域。

早在一个世纪之前，尼古拉·特斯拉就进行了无线电力传输的试验。目前无线充电在智能手机和电动牙刷等小型电子产品中应用广泛。对于电动车来说，无线充电系统的构成包括埋在路面下的能够产生交变电磁场的感应线圈，车底部也需要一个与之对应的感应线圈，将磁场中的能量传递至蓄电池中。

而在无线充电上，如今一种基于该技术演变的新技术已崭露头角，那就是可以在行驶途中充电的"Charging – on – the – go"技术，也称动态无线充电技术。虽然无线充电技术还尚未大面积普及，业界对动态无线充电的技术已有所讨论。高通公司的 Halo 业务部与奥克兰大学目前研究的一个课题就是，今后利用行驶途中充电的方式建造一条特殊的"充电车道"，车辆根本无需停下，仅需在这条车道中行驶，便可将蓄电池充满。目前沃尔沃瑞典测试场中的一条 1/4 英里长的车道路面下就埋着动态无线充电技术所需的相关感应系统。在韩国龟尾市（Gumi），韩国先进科技学院（Korea Advanced Institute of Science and Technology）正在一条长 24 千米的城市环路中测试动态无线充电技术，试验车队为 12 辆公交车。地下感应线圈用 20kHz 的频率和 100kW 功率，以 85% 的传输效率在 170mm 的气隙间将能量传递给车辆。这项系统中，由于采用了大功率感应线圈，因此其电流产生的磁场强度并不是很精确，甚至有时候会影响到汽车车身中其他的金属架构。该系统在为电动车提供便利的同时，也引发了安全问题。而奥克兰大学的方案则与上述方案相反，其采用小功率线圈，能够保证安全性和电力传输精确性。不过，要有效地为电动车进行动态充电则需要大量的小功率线圈，甚至需要在道路底下铺满。这显然会大幅增加建设成本和系统复杂度。

以上两种方案均有其优劣势，而美国 Lukic 大学和北卡州立大学的两位博士生 Zeljko Pantic 和 Kibok Lee 发明了一种综合以上两种方案的新方法。系统中采用多个分段线圈，每段线圈均具有一定强度的磁场。将这些分段线圈串联后，则能产生相同强度的电流。车载接收线圈的尺寸与路面下的发射线圈相同，以提供最佳的传输效率。系统利用快速响应线圈实现共振效应，从而让传输功率提升了 400%。不过，研究者解释道，只有在两端的线圈完全对齐时才能达到最大传输效率，也就是说，大部分情况下该系统对电动车的充电效率会小打折扣。

10.3.7 · 动力蓄电池材料呼唤革命

长寿命、低成本、大负载、恶劣环境工作能力强、高能量密度以及支持快速充电的能量储能技术是未来工程机械和汽车全面电动化的前提。不能单纯通过增加蓄电池数量来提升储能密度和续航里程，同时还需制造较低单位成本的蓄电池来确保整机厂的利润空间，更不可以增加蓄电池管理难度，让节能环保、快速充电和安全驾驶成为空谈，那么唯有动力蓄电池材料革命，才是根本的解决之道。磷酸铁锂蓄电池虽然价格低廉，但因储能密度较低，逐渐被高续航要求的电动乘用车淘汰，三元锂蓄电池则因蓄电池成本高和自燃风险高，束缚了整机厂发展，急需新兴蓄电池来拯救；即便是下一代的固态锂蓄电池技术，也仅仅是通过改变蓄电池结构，将锂纳制成的玻璃混合物作为传导物质，取代以往锂蓄电池的电解液，来提升蓄电池储能密度，但因未改变蓄电池材料，蓄电池成本仍然较高。

10.3.8　燃料电池

燃料电池（Fuel cell）是一种主要透过氧或其他氧化剂进行氧化还原反应，把燃料中的化学能转换成电能的发电装置。最常见的燃料为氢，其他燃料来源于任何的能分解出氢气的碳氢化合物，如天然气、醇和甲烷等。燃料电池有别于原电池，优点在于透过稳定供应氧和燃料来源，即可持续不间断地提供稳定电力，直至燃料耗尽，而不像一般非充电蓄电池一样用完就丢弃；也不像充电蓄电池一样，用完须继续充电。因此透过电堆串联后，燃料电池甚至能成为发电量百万瓦（MW）级的发电厂。

氢能源用作汽车动力的一个优势在于续航里程较长，而这是因其质量能量密度极高才能做到的。锂离子的质量能量密度为 $0.36 \sim 0.88MJ/kg$，而氢气的质量能量密度为 $142MJ/kg$。但氢气的体积能量密度较低，所以在汽车上使用时，一般的解决方案是将氢气压缩或液化以缩小储氢罐的体积，对于储氢技术要求非常高。因而，氢燃料电池汽车在过去一直处于无法达到规模量产的尴尬境地。

但人们并未放弃这类清洁能源。一方面，氢燃料电池具有无可比拟的优势，在其运行过程中，不仅没有氮氧化物这种有毒气体，连二氧化碳都没有。与燃油汽车相比，氢燃料电池汽车完全达到了"零碳排放"。氢能源还有一大优势：可再生。氢能作为一种二次能源，可从化石能源中获取，有助于煤炭等一次能源清洁高效利用；还可以通过电解水制取，增加电力系统灵活性，实现大规模储能及调峰。从这个角度看，氢能源的全生命周期的能源效率要优于汽油和柴油。

电动汽车，直接利用随处可见的电能即可。由于氢气从制备、运输到储存、利用，基本都可以沿用石油产业链留下的设备、油轮、输油管、加油站。且氢气的来源主要为天然气（含石油、重油、炼厂气和焦炉气等）和煤（含焦炭和石油焦等）转化制氢。因此，氢能源应用于电动车辆上具有较高的发展潜力。

氢能源最大的问题是安全问题。氢的危险性是汽油的100多倍，容许存量比汽油小两个量级，因此任何一种加氢站模式（储氢罐、氢气发生器、氢气管道）都无法在安全的前提下满足实际需要。根据《汽车加油加气站设计与施工规范》（2014版）（GB50156—2012）来看，城市加氢站最大允许储量是1t。理论上最多加200辆丰田Mirai。目前国内比较出名的上海安亭加氢示范站的介绍里有写"本站最大储氢量0.8t，可供20辆氢能源大型客车或50辆氢能源汽车使用"。目前氢气的制取、存储和运输技术有一定的局限性，相信未来的不久，氢燃料电池在汽车和工程机械的应用具备了很大的可行性。

参 考 文 献

[1] 王浪. 纯电驱动工程机械动力总成控制策略研究 [D]. 华侨大学, 2019.

[2] 谢鑫. 基于变转速控制电动挖掘机正流量系统研究 [D]. 华侨大学, 2019.

[3] 周圣焱. 纯电驱动工程机械主驱电动机控制系统研究 [D]. 华侨大学, 2019.

[4] 黄伟平. 纯电驱动工程机械负载压力适应型自动急速系统研究 [D]. 华侨大学, 2017.

[5] 林元正. 基于排量自适应 – 变转速的电动挖掘机动力总成系统研究 [D]. 华侨大学, 2020.

[6] 孙逢春, 程夕明. 电动汽车动力驱动系统现状及发展 [J]. 汽车工程, 2000 (4):
220 – 224.

[7] GE L, QUAN L, ZHANG X, et al. Efficiency improvement and evaluation of electric hydraulic ex-
cavator with speed and displacement variable pump [J]. Energy Conversion and Management,
2017, 150: 62 – 71.

[8] 刘彬. 电驱动小型液压挖掘机功率匹配及能效特性研究 [D]. 太原理工大学, 2016.

[9] 张骥. 电动挖掘机动力与传动系统设计及仿真 [D]. 青岛大学, 2015.

[10] 李波. 电动挖掘机方案设计及动力电池匹配优化研究 [D]. 西南交通大学, 2018.

[11] 任好玲, 林添良, 陈其怀, 等. 液压传动 [M]. 北京: 机械工业出版社, 2019.

[12] 林添良. 工程机械节能技术及应用 [M]. 北京: 机械工业出版社, 2017.

[13] 吴根茂. 新编实用电液比例技术 [M]. 杭州: 浙江大学出版社, 2006.

[14] 闻邦椿. 机械设计手册 [M]. 6 版. 北京: 机械工业出版社, 2018.

[15] 龍小平. 电动: 从赶超到创新的拐点 [J]. 工程机械与维修, 2017 (5): 30.

[16] 王伟伟. 负载敏感系统动态特性与节能分析 [D]. 燕山大学, 2011.

[17] SHEN W, MAI Y, SU X, et al. A new electric hydraulic actuator adopted the variable displace-
ment pump [J]. Asian Journal of Control, 2016, 18 (1): 178 – 191.

[18] LEE J, LEE J, LEE H, et al. Integrated control algorithm of hydraulic pump with electric EM to
improve energy efficiency of electric excavator [J]. Transactions of the Korean Society of Mechan-
ical Engineers, A, 2015, 39 (2): 195 – 201.

[19] MALAFEEV S I, NOVGORODOV A A. Design and implementation of electric drives and control
systems for mining excavators [J]. Russian Electrical Engineering, 2016, 87 (10): 560 – 565.